U0155286

CKA/CKAD 应试指南

从Docker到Kubernetes

完全攻略

段超飞◎著

北京大学出版社
PEKING UNIVERSITY PRESS

内 容 简 介

本书系统介绍了 docker 及 kubernetes 的相关知识，可以帮助读者快速了解及熟练配置 kubernetes。

本书共分为 16 章。首先介绍了 docker 基础和 docker 进阶。其次介绍了 kubernetes 的基础操作，包括部署安装 kubernetes 集群、升级 kubernetes、创建及管理 pod 等。然后重点介绍存储管理、密码管理、deployment、daemonset 及其他控制器、探针、job、服务管理、网络管理、包管理及安全管理等内容。最后通过一个综合实验 devops，全面复习本书所有内容。

本书适合想系统学习 docker 和 kubernetes，以及希望通过 CKA 和 CKAD 考试的读者学习使用。此外，本书中的许多案例还可以直接应用于生产环境。

图书在版编目(CIP)数据

CKA/CKAD 应试指南：从 Docker 到 Kubernetes 完全攻略 / 段超飞著 . — 北京：北京大学出版社，2021.7

ISBN 978-7-301-32236-9

Ⅰ.①C… Ⅱ.①段… Ⅲ.①Linux 操作系统 – 程序设计 Ⅳ.①TP316.85

中国版本图书馆 CIP 数据核字 (2021) 第 110192 号

书　　　名	CKA/CKAD应试指南：从Docker到Kubernetes完全攻略
	CKA/CKAD YINGSHI ZHINAN: CONG DOCKER DAO KUBERNETES WANQUAN GONGLÜE
著作责任者	段超飞　著
责 任 编 辑	张云静　吴秀川
标 准 书 号	ISBN 978-7-301-32236-9
出 版 发 行	北京大学出版社
地　　　址	北京市海淀区成府路205 号　100871
网　　　址	http://www.pup.cn　　新浪微博: @ 北京大学出版社
电 子 信 箱	pup7@ pup.cn
电　　　话	邮购部 010–62752015　发行部 010–62750672　编辑部 010–62570390
印 刷 者	北京圣夫亚美印刷有限公司
经 销 者	新华书店
	787毫米×1092毫米　16开本　22.5印张　510千字
	2021年7月第1版　2021年7月第1次印刷
印　　　数	1–4000册
定　　　价	99.00元

序

PREFACE

段超飞老师是国内较早一批通过 CKA 认证、CKAD 认证、CKS 认证、COA 认证的专业人士，我们作为 Linux Foundation 开源软件学园的官方人员，与段老师在工作中有诸多交集，也熟知段老师的专业能力和水平。

此前，随着云原生技术的发展与应用，kubernetes 已经成为行业的事实标准，在国内的知名度大幅提升，专业认证成为从业人员的必备资质之一。市场上虽然有一些介绍 kubernetes 操作的书籍，但针对帮助从业人员取得 CKA、CKAD 等认证考试相关的参考书籍仍然屈指可数。

所以当段老师完成这本《CKA/CKAD 应试指南：从 Docker 到 Kubernetes 完全攻略》时，我们一方面惊喜于段老师的造诣，同时更为能够帮助更多正在使用 kubernetes 技术的开发者取得 CKA/CKAD 专业认证感到欣慰。因此我们为本书作序，希望本书能够为广大正在努力实现人生目标的程序员朋友提供更多的帮助与信心。

kubernetes 的名字来自希腊语，意思是"舵手"或"领航员"，但在业内，我们常简称为k8s，也就是将 kubernetes 中间的 8 个字母"ubernete"替换为"8"后的简称。

熟悉 k8s 或相关技术领域的从业人员都知道，k8s 的出现是容器技术发展的一次重大突破与创新，使得应用的部署和运维更加方便。现如今，k8s 已经主导了绝大多数云业务流程，越来越多的IT 公司开始深入布局 k8s。

就业前景广阔，人才稀缺，导致市场上对 k8s 相关技术领域从业人才的需求量越来越大，自然而然，k8s 技术领域相关岗位的薪资也水涨船高，成为业内收入很高的一个层级。对企业而言，认证证书是应聘者能力的证明，而团队拥有的认证人员数量越多，则越可以帮助企业在市场上获得更大的竞争力。对于开发者个人来说，获得一项或几项 k8s 认证，不仅能够证明自己在 k8s 技术领域的能力，更是职业生涯的一个里程碑，是建立自己在开源社区地位的一块重要基石。

作为云原生计算基金会（Cloud Native Computing Foundation，CNCF）设立的唯一官方权威认证，k8s 的专业技术认证主要有以下 3 种。

（1）CKA（Certified Kubernetes Administrator，Kubernetes 管理员认证）。

（2）CKAD（Certified Kubernetes Application Developer，Kubernetes 应用程序开发者认证）。

（3）CKS（Certified Kubernetes Security Specialist，Kubernetes 安全专家认证）。

这 3 种认证各有侧重点，目前多数人考取的是 CKA 认证，其次是 CKAD，而 CKS 则是在 k8s 广泛应用于生产环境后，为保障系统安全而基于 k8s 安全要点推出的进阶认证，只有持有有效的 CKA 证书，才能获得参与该项考试的资格。

目前企业需求最盛的正是 CKA 人才，是否掌握 CKA 也直接成为企业判断云技术人才能力的重要标准之一，其含金量可见一斑。CKA 认证的考试内容并不复杂，但是考生必须拥有足够的 k8s 实践经验，因为考试形式是直接上机在集群上操作，在 2 小时内完成所有考试内容，才有机会拿到证书。

以下是目前 CKA 认证考试内容的构成及所占比例。需要注意的是，这个考试内容的构成及比例仅仅作为参考，具体考试内容要以参加考试当期的考题为准。

（1）集群架构，安装和配置：25%；

（2）工作负载和调度：15%；

（3）服务和网络：20%；

（4）存储：10%；

（5）故障排除：30%。

虽然 k8s 工程师人才缺口巨大，但企业还是有很大的选择空间，好的机会永远是留给有准备的人。k8s 考试难度因人而异，我们建议考生不要急于求成，应该避免通过参加培训机构的短期应考班来提升考试通过的概率，全面掌握过硬的 k8s 技术才是在职场中立于不败之地的不二法门。

如果你已经是一位有经验的 k8s 工程师，我们相信段老师的《CKA/CKAD 应试指南：从 Docker 到 Kubernetes 完全攻略》一定可以助你顺利达成愿望，早日成为一名 CKA/CKAD 认证专家。如果你是一名初入行的开发者，本书可以帮助你打下一个坚实的理论基础，构建一个完整的 k8s 知识体系，加以实操练习和工作实践，必然能够在不久的将来成为一名合格的 CKA/CKAD 认证专家。

段老师作为 Linux Foundation 授权导师（LFAI）、云计算资深培训讲师，拥有 10 年以上的教学培训经历，为近 30 家大型企业提供过培训服务，而且段老师的 CKA 培训班一年培训 500 多个学员，考试通过率达 98%，所以本书对于正在预备考试的同学来说，有相当大的参考价值。

最后，我们预祝每一位读者都能顺利通过考试，早日实现自己的人生目标！但也要温馨提醒各位读者，持证并不等于上岗，尤其是到心仪的公司上岗。考证可以帮你获得初级职位，但是想要走得更远，就需要与时俱进，主动学习和积极参与国际开源社区建设都是让你快速成长的有效途径。

Linux Foundation 开源软件学园

前 言

INTRODUCTION

这几年 kubernetes 技术迅速发展，成为现在最火热的 IT 技术之一，阿里云、腾讯云、azure 等公有云厂商提供的都是基于 kubernetes 的容器服务。CNCF 作为孵化出 kubernetes 的官方机构，顺势推出了自己的基于 kubernetes 的认证：CKA 和 CKAD。

CKA 全称为 Certified Kubernetes Administrator（Kubernetes 管理员认证），是 CNCF 推出的第一个官方认证，其内容主要为 kubernetes 最常用的知识点，包括安装及更新 kubernetes 集群、pod 的创建及管理、各种控制器的使用、密码管理、存储管理等。

CKAD 全称为 Certified Kubernetes Application Developer（Kubernetes 应用程序开发者认证），侧重于在 kubernetes 环境里部署与设计应用程序。

不管是 CKA 还是 CKAD，都侧重于实战，考试题都是上机实操题，没有任何的选择题，所以要想通过 CKA/CKAD 的考试，除了要对 kubernetes 的各个知识点有深入的了解之外，还要经过大量的练习。

如果想系统学习 kubernetes，参加 CKA 培训并通过 CKA 的考试是最佳途径，通过 CKA 考试，不管是对企业还是对个人都大有好处。

对企业：kubernetes 认证服务供应商，需要有 3 名 CKA。

对个人：学习之后最好能有一个检测自己学习成果的指标，所以通过认证考试才是最好的方法。一来可以系统地学习，二来可以通过证书向企业证明自己的实力。

◆ 为什么写这本书

现在 CKA/CKAD 认证越发火热，参加考试的人员日益增多，但市面上专门针对 CKA/CKAD 考试的辅导教材较少，写本书的主要目的就是来填补市场空缺，帮助参加 CKA/CKAD 考试的人员顺利通过认证。

写本书的另一个原因是作者做了很多年的培训业务，发现不管是在线培训，还是线下的企业内训，存在的一个问题就是学员在课堂上听懂了，但是在课后自己练习的时候，总是出现这样或那样的问题，并且学员记的笔记可能还会出现一些疏漏，这样不仅耽误了大量的时间，学习效率还不高。

　　基于此，作者总结、整理了在课堂上讲授的知识点，并详细列出操作步骤，学员只要严格按照书中的步骤跟着操作，就可达到很好的学习效果。

♦ 这本书的特点是什么

　　本书基于 kubernetes v1.21.1 版本，不仅包括 CKA/CKAD 考试的所有考点，也包括了 kubernetes 其他最常见的知识。章节之间的顺序已经过精心排列，内容由浅入深，每章的实验只会用到已经讲过的知识点，不会用到后面讲的知识，所以练习的时候只要按照章节顺序依次往后练习即可。本书的具体特点如下。

　　（1）步骤详细，跟着步骤逐步操作便能快速掌握全部知识点，简单、易学。

　　（2）内容全面，详细介绍了 kubernetes 相关的基础和核心知识，是一本不可多得的系统学习 kubernetes 的实战型教材。

　　（3）配有模拟考题，帮助读者检验学习效果，遇到问题，可随时查看配套下载资源的详细答案解析。

♦ 本书的读者对象

　　本书专门为打算通过 CKA/CKAD 考试的人士编写，是成功通过 CKA/CKAD 考试的绝佳参考书，适用于以下读者。

　　（1）想系统学习 kubernetes 的人员。

　　（2）从事 kubernetes 工作的相关人员。

　　（3）想参加并通过 CKA/CKAD 考试的人员。

♦ 赠送资源

　　为了使读者能够顺利通过 CKA/CKAD 考试，本书赠送使用 descheduler 平衡 pod 在 worker 上的分布、使用 kuboard 创建 deployment、kubernetes 集群证书过期后如何续期，以及 etcd 的备份和恢复等根据作者多年经验总结出的相关文档。读者可以扫描右侧的二维码，关注"博雅读书社"微信公众号，找到"资源下载"栏目，根据提示获取赠送资源。

♦ 创作者说

　　本书由段超飞编著。在本书的编写过程中，作者竭尽所能呈现最好、最全的 kubernetes 实用知识，但仍难免有疏漏和不妥之处，敬请广大读者指正。

目 录

CONTENTS

第 1 章
docker 基础

考试大纲

通过本章的学习，读者可以了解到什么是容器，如何管理镜像和容器，了解 docker 网络。

本章要点

考点 1：安装 docker 及下载镜像

考点 2：镜像的管理

考点 3：创建容器

考点 4：管理容器

考点 5：docker 网络设置

考点 6：容器互联

1.1 容器介绍及环境准备

[必知必会]：了解什么是容器

对于初学者来说不太容易理解什么是容器，这里举个例子。想象一下，我们把系统安装在一个 U 盘里，此系统里安装好了 mysql。然后把这个 U 盘插入一台正在运行的物理机上，这个物理机上并没有安装 mysql，如图 1-1 所示。

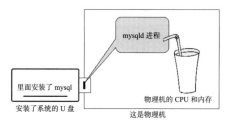

图 1-1　了解容器和镜像

然后把 U 盘里的 mysqld 进程"拽"到物理机上运行。但是这个 mysqld 进程只能适应 U 盘里的系统，不一定能适应物理机的系统。所以找一个类似气球的东西把 mysqld 进程在物理机里包裹保护起来，这个 mysqld 进程依然享受 U 盘里的生态环境（系统），却可以从物理机上吸收 CPU 和内存作为维持 mysqld 进程运行的"养分"。

那么这个类似气球的东西，就是容器，U 盘就是镜像。

在 Linux 下安装软件包的时候经常会遇到各种包依赖，或者有人不会在 Linux 系统（比如 Ubuntu、centos）里安装软件包。这样以后就不需要安装和配置 mysql 了，直接把这个"U 盘"插到电脑上，然后生成一个容器出来，这样就有 mysql 这个服务了，是不是很方便？

所谓镜像，就是安装了系统的硬盘文件，这个系统里安装了想要运行的程序，比如 mysql、nginx，并规定好使用这个镜像所生成的容器里面运行什么进程。这里假设有一个安装了 mysql 的镜像，如图 1-2 所示。

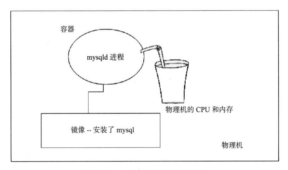

图 1-2　了解容器和镜像

在服务器上有一个 mysql 的镜像（即已经安装好了 mysql），然后使用这个镜像生成一个容器。这个容器里只运行一个 mysqld 进程。容器里的 mysqld 进程直接从物理机吸收 CPU 和内存以维持它的正常运行。

以后需要什么应用就直接拉取什么镜像下来，然后使用这个镜像生成容器。比如需要对外提供 mysql 服务，那么就拉取一个 mysql 镜像，然后生成一个 mysql 容器。如果需要对外提供 web 服务，那么就拉取一个 nginx 镜像，然后生成一个 nginx 容器。

一个镜像是可以生成很多个容器的，如图 1-3 所示。

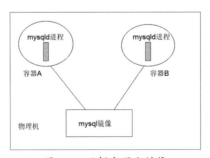

图 1-3　了解容器和镜像

要管理镜像和容器，需要先安装 docker。整个 docker 部分共需要 2 台机器，配置如图 1-4 所示。

vms100.rhce.cc   vms101.rhce.cc
192.168.26.100   192.168.26.101

图 1-4　拓扑图

2 台机器配置如表 1-1 所示。

表 1-1　所需机器的配置

主机名	IP 地址	内存需求	操作系统版本
vms100.rhce.cc	192.168.26.100	4GB	centos 7.4
vms101.rhce.cc	192.168.26.101	4GB	centos 7.4

注意：所需要的虚拟机可以在 http://www.rhce.cc/2748.html 下载，所有的机器需要关闭 selinux，并把 firewalld 默认的 zone 设置为 trusted，记住，不是执行 iptables -F 或者 systemctl stop firewalld。

1.2 安装并配置 docker

[必知必会]：安装 docker 并配置加速器

要管理容器和镜像，系统必须要安装 runtime（运行时），所谓运行时就是管理容器的东西，docker 是运行时，containerd 也是运行时。这里我们主要讲 docker 的使用，所以首先需要安装 docker-ce。

1.2.1 安装 docker-ce

本练习在 vms100 上操作。

步骤 1：配置 yum 源。

```
[root@vms100 ~]# rm -rf /etc/yum.repos.d/* ; wget -P /etc/yum.repos.d ftp://ftp.
rhce.cc/k8s/*
...
100%[=====================>] 276        --.-K/s 用时 0s

 "/etc/yum.repos.d/k8s.repo" 已保存 [276]


[root@vms100 ~]#
```

步骤 2：安装 docker。

```
[root@vms100 ~]# yum install docker-ce  -y
已加载插件: fastestmirror
base        | 3.6 kB  00:00:00
epel        | 5.4 kB  00:00:00
extras
...
作为依赖被升级 :
   audit.x86_64 0:2.8.4-4.el7              audit-libs.x86_64 0:2.8.4-4.el7
...
   selinux-policy.noarch 0:3.13.1-229.el7_6.15
selinux-policy-targeted.noarch 0:3.13.1-229.el7_6.15

完毕!
[root@vms100 ~]#
```

步骤 3：启动 docker 并设置开机启动。

```
[root@vms100 ~]# systemctl enable docker --now
Created symlink from /etc/systemd/system/multi-user.target.wants/docker.service to
/usr/lib/systemd/system/docker.service.
[root@vms100 ~]#
```

1.2.2 解决镜像下载慢的问题

因为在使用 docker pull 拉镜像的时候，默认是从 docker hub 里拉取镜像，但是在国内访问这个网站速度可能会很慢，有两种方法来解决这个问题：配置加速器和使用国内镜像。

1. 配置阿里云加速器

阿里云提供了下载镜像的加速器链接，到阿里云控制台→镜像容器服务→镜像加速器，可以看到阿里云所提供的镜像加速器地址，如图 1-5 所示。

图 1-5　阿里云加速器地址

步骤 1：编辑 /etc/docker/daemon.json，内容如下。

```
[root@vms100 ~]# cat /etc/docker/daemon.json
{
```

```
    "registry-mirrors": ["https://frz7i079.mirror.aliyuncs.com"]
}
[root@vms100 ~]#
```

步骤 2：重启 docker。

```
[root@vms100 ~]# systemctl restart docker
[root@vms100 ~]#
```

步骤 3：测试拉取 nginx 镜像。

```
[root@vms100 ~]# docker pull nginx
Using default tag: latest
Trying to pull repository docker.io/library/nginx ...
latest: Pulling from docker.io/library/nginx
1ab2bdfe9778: Pull complete
a17e64cfe253: Pull complete
e1288088c7a8: Pull complete
Digest: sha256:53ddb41e46de3d63376579acf46f9a41a8d7de33645db47a486de9769201fec9
Status: Downloaded newer image for docker.io/nginx:latest
[root@vms100 ~]#
```

可以看到配置了加速器之后，可以很快地从 docker 官方仓库下载镜像了。

2. 使用网易云仓库

如果不配置加速器的话，也可以使用国内的 docker 镜像仓库。国内许多机构已经把 docker hub 里的镜像同步到他们自己的镜像仓库，比如网易、阿里云、清华大学等。这里先使用网易云的镜像仓库。

步骤 1：到网址 c.163.com 注册一个账户并登录，依次单击产品与服务→云计算基础服务→镜像仓库→镜像中心，如图 1-6 所示。

图 1-6　网易云镜像中心

在搜索栏输入想要的镜像，比如 centos，如图 1-7 所示。

图 1-7 网易云里搜索镜像

步骤 2：单击其中的一个节点，比如上图的 library/centos，结果如图 1-8 所示。

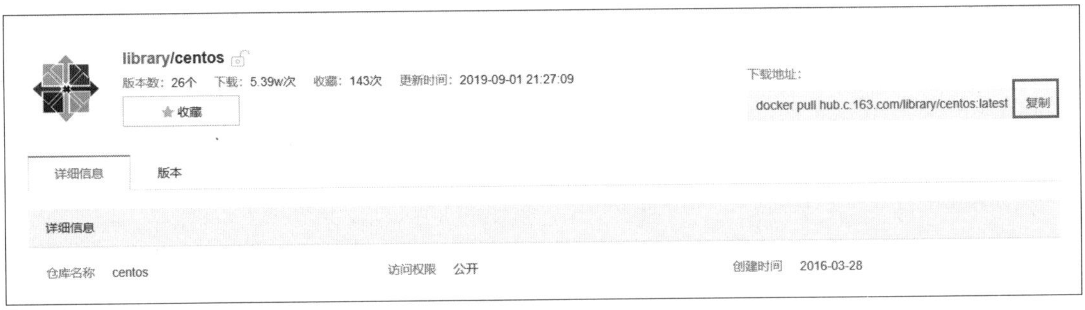

图 1-8 网易云里搜索镜像

步骤 3：单击右上角的"复制"，在 ssh 客户端里粘贴并按【Enter】键。

```
[root@vms100 ~]# docker pull hub.c.163.com/library/centos:latest
Trying to pull repository hub.c.163.com/library/centos ...
latest: Pulling from hub.c.163.com/library/centos
2409c3878ba1: Pull complete
Digest: sha256:ab7e9c357fa8e5c822dd22615d3f704090780df1e089ac4ff8c6098f26a71fef
Status: Downloaded newer image for hub.c.163.com/library/centos:latest
[root@vms100 ~]#
```

请自行在 163 的仓库里把 mysql 和 wordpress 下载下来，后面会用到。

3. 阿里云的仓库

这里演示如何在阿里云镜像仓库里下载镜像。

步骤 1：注册阿里云账户并登录，在控制台里依次单击产品与服务→容器镜像服务→镜像中心→镜像搜索。

在搜索栏输入要查询的镜像，比如 nginx，如图 1-9 所示。

图 1-9 在阿里云里搜索镜像（1）

读者的搜索结果可能和我的搜索结果不一样，但是操作步骤是一样的。

步骤 2：单击任意搜索的结果，如图 1-10 所示。

图 1-10 在阿里云里搜索镜像（2）

图 1-11 中右上角是下载地址，下面是对应的版本，下载的时候结合这两部分，比如拉取 1.2 版本。

```
[root@vms100 ~]# docker pull registry.cn-hangzhou.aliyuncs.com/nginx-phpfpm/nginx-
end:1.2
Trying to pull repository registry.cn-hangzhou.aliyuncs.com/nginx-phpfpm/nginx-end
...
1.2: Pulling from registry.cn-hangzhou.aliyuncs.com/nginx-phpfpm/nginx-end
f2aa67a397c4: Pull complete
...输出...
Status: Downloaded newer image for registry.cn-hangzhou.aliyuncs.com/nginx-phpfpm/
nginx-end:1.2
```

```
[root@vms100 ~]#
```

注意：阿里云镜像在不断升级，看到的界面可能不是这样的。

1.3 镜像管理

[必知必会]：了解镜像的命名及导入导出镜像

前面讲了要是想创建容器的话，必须要有镜像，本节主要讲解镜像的管理。

1.3.1 镜像的命名

一般情况下，镜像是按照如下格式命名的。

服务器 IP: 端口 / 分类 / 镜像名 :tag

如果不指明端口，默认为 80，tag 默认为 latest，比如 192.168.26.101:5000/cka/centos:v2，再比如 hub.c.163.com/library/mysql:latest。分类也可以不写，比如 docker.io/nginx:latest。

在把镜像上传（push）到仓库的时候，镜像必须要按这种格式命名，因为仓库地址就是由镜像前面的 IP 决定的。如果只是在本机使用镜像的话，可以随意命名。

查看当前系统有多少镜像。

```
[root@vms100 ~]# docker images
REPOSITORY                                    TAG        IMAGE ID        CREATED          SIZE
docker.io/nginx                               latest     5a3221f0137b    2 weeks ago      126 MB
registry.cn-hangzhou.aliyuncs.com/nginx-phpfpm/nginx-end
                                              1.2        3432fc9580db    10 months ago    109 MB
hub.c.163.com/library/wordpress               latest     dccaeccfba36    2 years ago      406 MB
hub.c.163.com/library/centos                  latest     328edcd84f1b    2 years ago      193 MB
hub.c.163.com/library/mysql                   latest     9e64176cd8a2    2 years ago      407 MB
[root@vms100 ~]#
```

这里因为显示太长，拐弯了。

1.3.2 对镜像重新做标签

如果想给本地已经存在的镜像起一个新的名字，可以用 tag 来做，语法如下。

docker tag 旧的镜像名   新的镜像名

tag 之后，新的镜像名和旧的镜像名是同时存在的。

步骤 1：给镜像做新标签。

```
[root@vms100 ~]# docker tag registry.cn-hangzhou.aliyuncs.com/nginx-phpfpm/nginx-
end:1.2   xxxx-nginx:v11-v1
[root@vms100 ~]#
```

这里是为 registry.cn-hangzhou.aliyuncs.com/nginx-phpfpm/nginx-end:1.2 重新做个 tag，名字为 xxxx-nginx:v11-v1，镜像名为 xxxx-nginx，标签为 v11-v1，这样命名的目的是让大家看到命名的随意性，建议 tag 可以设置为版本号、日期等有意义的字符。

步骤 2：再次查看镜像。

```
[root@vms100 ~]# docker images
REPOSITORY          TAG         IMAGE ID        CREATED         SIZE
docker.io/nginx     latest      5a3221f0137b    2 weeks ago     126 MB
xxxx-nginx          v11-v1      3432fc9580db    10 months ago   109 MB
registry.cn-hangzhou.aliyuncs.com/nginx-phpfpm/nginx-end   1.2
                                3432fc9580db    10 months ago   109 MB
...
[root@vms100 ~]#
```

可以看到对某镜像做了标签之后，看似是两个镜像，其实对应的是同一个（这类似于 Linux 里硬链接的概念，一个文件两个名字而已），镜像 ID 都是一样的。删除其中一个镜像是不会删除存储在硬盘上的文件的，只有把 image id 所对应的所有名字全部删除，才会从硬盘上删除。

1.3.3 删除镜像

如果要删除镜像的话，需要按如下语法来删除。

语法：docker rmi 镜像名 :tag

比如下面要把 registry.cn-hangzhou.aliyuncs.com/nginx-phpfpm/nginx-end:1.2 删除。

步骤 1：删除镜像。

```
[root@vms100 ~]# docker rmi registry.cn-hangzhou.aliyuncs.com/nginx-phpfpm/nginx-
end:1.2
Untagged: registry.cn-hangzhou.aliyuncs.com/nginx-phpfpm/nginx-end:1.2
Untagged: registry.cn-hangzhou.aliyuncs.com/nginx-phpfpm/nginx-end@
sha256:6054e809cd219d7acbc364e983a268d13ee8dc585935172a80b146ff09292e6d
[root@vms100 ~]#
```

这里可以看到只是简单的一个 untagged 操作，并没有任何的 deleted 操作。

步骤 2：查看镜像。

```
[root@vms100 ~]# docker images
REPOSITORY                          TAG       IMAGE ID       CREATED        SIZE
docker.io/nginx                     latest    5a3221f0137b   2 weeks ago    126 MB
xxxx-nginx                          v11-v1    3432fc9580db   10 months ago  109 MB
hub.c.163.com/library/wordpress     latest    dccaeccfba36   2 years ago    406 MB
hub.c.163.com/library/centos        latest    328edcd84f1b   2 years ago    193 MB
hub.c.163.com/library/mysql         latest    9e64176cd8a2   2 years ago    407 MB
[root@vms100 ~]#
```

可以看到 3432fc9580db 对应的本地文件依然是存在的，因为它（id 为 3432fc9580db）有两个名字，现在只是删除了一个名字而已，所以在硬盘上仍然是存在的。

只有删除最后一个名字，本地文件才会被删除。

步骤 3：删除镜像。

```
[root@vms100 ~]# docker rmi xxxx-nginx:v11-v1
Untagged: xxxx-nginx:v11-v1
Deleted: sha256:3432fc9580db77d3ba98817f651c271a3acf02cb
...输出...
Deleted: sha256:f246685cc80c2faa655ba1ec9f0a3516f46c5bca14
Deleted: sha256:d626a8ad97a1f9c1f2c4db3814751ad94fcd88363
[root@vms100 ~]#
```

1.3.4 查看镜像的层结构

我们所用的镜像都是从网上下载下来的，它们在制作过程中都是一点点修改的，一步步做出来的。如果要看某镜像这些步骤，可以用 docker history 命令，语法如下。

`docker history 镜像名`

查看镜像的结构。

```
[root@vms100 ~]# docker history hub.c.163.com/library/centos
IMAGE           CREATED        CREATED BY            SIZE                    COMMENT
328edcd84f1b    2 years ago    /bin/sh -c #(nop)    CMD ["/bin/bash"]       0 B
<missing>       2 years ago    /bin/sh -c #(nop)    LABEL name=CentOS Base .. 0 B
<missing>       2 years ago    /bin/sh -c #(nop)    ADD file:63492ba809361c5.. 193 MB
[root@vms100 ~]#
```

最上层的 CMD 定义为，使用这个镜像生成的容器里运行的进程为 /bin/bash。

1.3.5 导出镜像

有一些服务器无法连接到互联网，所以无法从互联网上下载镜像。在还没有私有仓库的情况下，如何把现有的镜像传输到其他机器上呢？这里我们就需要把本地已经 pull 下来的镜像导出为一个本地文件，这样就可以很容易地传输到其他机器。导出镜像的语法如下。

`docker save 镜像名 > file.tar。`

先查看当前目录里的内容：

```
[root@vms100 ~]# ls
anaconda-ks.cfg  set.sh
[root@vms100 ~]#
```

步骤 1：把 docker.io/nginx:latest 导出为 nginx.tar。

```
[root@vms100 ~]# docker save docker.io/nginx > nginx.tar
[root@vms100 ~]# ls
anaconda-ks.cfg  nginx.tar  set.sh
[root@vms100 ~]#
```

如果导出多个镜像的话，语法如下。

```
docker save 镜像名1 镜像名2 镜像名3 ...  > file.tar
```

不可以使用如下方式。

```
docker save 镜像名1  > file.tar
docker save 镜像名2  >> file.tar
...
```

步骤2：导出所有的镜像。

```
[root@vms100 ~]# docker save docker.io/nginx hub.c.163.com/library/wordpress hub.
c.163.com/library/centos hub.c.163.com/library/mysql > all.tar
[root@vms100 ~]#
```

步骤3：删除所有的镜像，有以下3种方法。

（1）关闭docker，清空 /var/lib/docker/，记住是清空 /var/lib/docker/ 里的内容，不是删除此目录。

（2）手动一个一个地删除。

（3）写脚本，内容如下。

```
[root@vms100 ~]# cat rm_all_image.sh
#!/bin/bash
file=$(mktemp)
docker images | grep -v REPOSITORY | awk '{print $1":"$2}' >> $file
while read line ; do
    docker rmi $line
done < $file
[root@vms100 ~]#
[root@vms100 ~]# chmod +x rm_all_image.sh
[root@vms100 ~]# ./rm_all_image.sh
... 大量的输出 ...
[root@vms100 ~]#
```

步骤4：查看现有镜像。

```
[root@vms100 ~]# docker images
REPOSITORY    TAG       IMAGE ID    CREATED    SIZE
[root@vms100 ~]#
```

1.3.6 导入镜像

既然上面已经把镜像导出为一个文件了，那么我们就需要把这个文件导入，语法如下。

```
 docker load -i file.tar
```

步骤1：把 nginx.tar 导入为镜像。

```
[root@vms100 ~]# docker load -i nginx.tar
cb42413394c4: Loading layer  72.51MB/72.51MB
1c91bf69a08b: Loading layer   64.6MB/64.6MB
56bc37de0858: Loading layer  3.072kB/3.072kB
```

```
3e5288f7a70f: Loading layer  4.096kB/4.096kB
85fcec7ef3ef: Loading layer  3.584kB/3.584kB
Loaded image: nginx:latest
[root@vms100 ~]#
```

步骤 2：导入所有镜像。

```
[root@vms100 ~]# docker load -i all.tar
1c95c77433e8: Loading layer [====================>] 72.47 MB/72.47 MB
002a63507c1c: Loading layer [====================>] 57.31 MB/57.31 MB
...
8129a85b4056: Loading layer [====================>] 1.536 kB/1.536 kB
Loaded image: hub.c.163.com/library/mysql:latest
[root@vms100 ~]#
```

1.4 创建容器

[必知必会]：如何创建及删除容器，了解容器的生命期

容器就是镜像在物理机运行的一个实例，大家把容器理解为一个气球，气球里运行了一个进程。这个进程透过气球吸收物理机的内存和 CPU 资源。

查看当前有多少正在运行的容器。

```
[root@vms100 ~]# docker ps
CONTAINER  ID IMAGE COMMAND  CREATED STATUS  PORTS        NAMES
[root@vms100 ~]#
```

这个命令显示的仅仅是正在运行的容器，如果要查看所有的（正在运行的和没有运行的）容器，需要写命令 docker ps -a，这里需要加上 -a 选项表示所有的。

1.4.1 创建容器

运行一个最简单的容器。

```
[root@vms100 ~]# docker run hub.c.163.com/library/centos
[root@vms100 ~]#
[root@vms100 ~]# docker ps
CONTAINER ID    IMAGE     COMMAND      CREATED   STATUS    PORTS           NAMES
[root@vms100 ~]# docker ps -a
CONTAINER ID    IMAGE    COMMAND      CREATED STATUS      PORTS     NAMES
bfa8fa89f288   hub.c.163.com/library/centos    "/bin/bash"   7 seconds ago
Exited (0) 6 seconds ago          confident_curie
[root@vms100 ~]#
```

从这里可以看到创建出来了一个容器，容器的 ID 为 bfa8fa89f288，容器名是随机产生的名字，为 confident_curie，所使用的镜像是 hub.c.163.com/library/centos，容器里运行的进程为 /bin/bash（也

就是镜像里 CMD 指定的）。

docker ps 看不到，docker ps -a 能看到，且状态为 Exited，说明容器是关闭状态。容器运行一瞬间就关闭了，为什么？那下面来了解一下容器的生命期问题。

1.4.2 容器的生命期

我们把容器理解为人的肉体，里面运行的进程理解为人的灵魂。如果人的灵魂宕机了，则肉体也就宕掉了，只有灵魂正常运行，肉体才能正常运行，如图 1-11 所示。

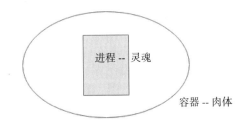

图 1-11　容器和进程之间的关系

同理，只有容器里的进程正常运行，容器才能正常运行，容器里的进程挂了，则容器也就挂掉了。因为没有终端的存在，/bin/bash 就像执行 ls 命令一样一下就执行完了，所以容器生命期也就到期了。

如果把这个 bash 附着到一个终端上，这个终端一直存在的话，则 bash 就一直存在，那么是不是容器就能一直存活了呢？

删除容器的语法：

```
docker rm 容器 ID/ 容器名
```

如果删除正在运行的容器，可以使用 -f 选项：

```
docker rm -f 容器 ID/ 容器名
```

删除刚才的容器。

```
[root@vms100 ~]# docker rm bfa8fa89f288
bfa8fa89f288
[root@vms100 ~]#
```

重新创建容器，加上 -i -t 选项，可以写作 -it 或者 -i -t，

-t：模拟一个终端。

-i：可以让用户进行交互，否则用户看到一个提示符之后就卡住不动了。

步骤 1：创建一个容器。

```
[root@vms100 ~]# docker run -it hub.c.163.com/library/centos
[root@c81c978cdf1f /]#
[root@c81c978cdf1f /]# exit
[root@vms100 ~]#
```

创建出容器之后自动进入容器里，可以通过 exit 退出容器。

```
[root@vms100 ~]# docker ps -q  #-q 选项可以只显示容器 id，不会显示太多信息
[root@vms100 ~]# docker ps -a -q
c81c978cdf1f
[root@vms100 ~]#
```

但是，一旦退出容器，容器就不再运行了。

步骤 2：删除此容器。

```
[root@vms100 ~]# docker rm c81c978cdf1f
c81c978cdf1f
[root@vms100 ~]# docker ps -a -q
[root@vms100 ~]#
```

如果希望创建好容器之后不自动进入容器，可以加上 -d 选项。

步骤 3：再次创建一个容器。

```
[root@vms100 ~]# docker run  -dit  hub.c.163.com/library/centos
4aa86357a3df164f985a82e358a1961fe50f7be401bb984d006c09e2957f3175
[root@vms100 ~]#
[root@vms100 ~]# docker ps -q
4aa86357a3df
[root@vms100 ~]#
```

因为加了 -d 选项，所以创建好容器之后并没有自动进入容器里。

```
[root@vms100 ~]# docker attach 4aa86357a3df
[root@4aa86357a3df /]#
[root@4aa86357a3df /]# exit # 再执行 exit 退出
exit
[root@vms100 ~]# docker ps -q
[root@vms100 ~]# docker ps -a -q
4aa86357a3df
[root@vms100 ~]#
```

可以看到只要退出来容器就会自动关闭。

步骤 4：删除此容器。

```
[root@vms100 ~]# docker rm 4aa86357a3df
4aa86357a3df
[root@vms100 ~]#
```

在运行容器的时候加上 --restart=always 选项，可以解决退出容器自动关闭的问题。

步骤 5：创建容器，增加 --restart=always 选项。

```
[root@vms100 ~]# docker run -dit --restart=always hub.c.163.com/library/centos
75506e8581955448dfa61f16678d1b364e997fa265947a2ede532c323e501f0e
[root@vms100 ~]# docker ps -q
75506e858195
[root@vms100 ~]#
```

进入到容器并退出。

```
[root@vms100 ~]# docker attach 75506e858195
[root@75506e858195 /]# exit
exit
[root@vms100 ~]# docker ps -q
75506e858195
[root@vms100 ~]#
```

可以看到容器依然是存活的。

步骤 6：删除此容器。

```
[root@vms100 ~]# docker rm 75506e858195
Error response from daemon: You cannot remove a running container
75506e8581955448dfa61f16678d1b364e997fa265947a2ede532c323e501f0e. Stop the
container before attempting removal or use -f
```

因为容器是活跃的，所以无法直接删除，需要加上 -f 选项。

```
[root@vms100 ~]#
[root@vms100 ~]# docker rm  -f  75506e858195
75506e858195
[root@vms100 ~]#
```

每次删除容器的时候都使用容器 ID 的方式比较麻烦，在创建容器的时候可以使用 --name 指定容器名。

步骤 7：创建容器，使用 --name 指定容器的名字。

```
[root@vms100 ~]# docker run -dit --restart=always --name=c1 hub.c.163.com/library/
centos
798a43c4f26cda49653c292a4566097a9344c8c20fd00938ce9f5a8d01abdd61
[root@vms100 ~]#
[root@vms100 ~]# docker ps
CONTAINER ID  IMAGE        COMMAND   CREATED        STATUS PORTS      NAMES
798a43c4f26c  hub.c.163.com/library/centos  "/bin/bash"  2 seconds ago Up 1
second         c1
[root@vms100 ~]#
```

这样容器的名字为 c1，以后管理起来比较方便，比如切换到容器，然后退出。

```
[root@vms100 ~]# docker attach c1
[root@798a43c4f26c /]# exit
exit
[root@vms100 ~]#
```

步骤 8：删除此容器。

```
[root@vms100 ~]# docker rm -f c1
c1
[root@vms100 ~]#
[root@vms100 ~]# docker ps -q -a
[root@vms100 ~]#
```

1.4.3 创建临时容器

如果要临时创建一个测试容器，又怕用完忘记删除它，可以加上 --rm 选项。

创建临时容器。

```
[root@vms100 ~]# docker run -it --name=c1 --rm hub.c.163.com/library/centos
[root@4067418eebf0 /]#
[root@4067418eebf0 /]# exit
exit
[root@vms100 ~]#
```

创建容器时加了 --rm，退出容器之后容器会被自动删除。

```
[root@vms100 ~]# docker ps -a -q
[root@vms100 ~]#
```

可以看到此容器被自动删除了，注意 --rm 和 --restart=always 不可以同时使用。

1.4.4 指定容器里运行的命令

前面在创建容器的时候，容器里运行的是什么进程，是由镜像里的 CMD 指令定义好的，关于如何构建镜像，后面有专门章节详细讲解。如果想自定义容器里运行的进程，可以在创建容器的命令最后面指定，比如：

```
[root@vms100 ~]# docker run -it --name=c1 --rm hub.c.163.com/library/centos sh
sh-4.2#
sh-4.2#
sh-4.2# exit
exit
[root@vms100 ~]#
```

这里就是以 sh 方式运行，而不是以 bash 运行的。

在容器里运行 sleep 10。

```
[root@vms100 ~]# docker run -it --name=c1 --rm hub.c.163.com/library/centos sleep
10
[root@vms100 ~]#
```

容器里运行的命令是 sleep 10，10s 之后命令结束，则容器也会关闭，此时容器的生命期也就是 10s。

注意：此时容器里运行的是 sleep 10，不是 bash 或者 sh，所以此时要是执行 docker attach c1 会卡住，因为想要看到提示符，必须保证 bash 或者 sh 运行才行，而此时在容器里根本没有 bash 或者 sh 运行。

1.4.5 创建容器的时候使用变量

在利用一些镜像创建容器的时候需要传递变量，比如使用 mysql 的镜像、wordpress 的镜像创建容器时，都需要通过变量来指定一些必备的信息。需要变量的话用 -e 来指定，可以多次使用 -e 来指定多个变量。

创建一个容器 c1，里面传递两个变量。

```
[root@vms100 ~]# docker run -it --name=c1 --rm -e aa=123 -e bb=456 hub.c.163.com/
library/centos
[root@13a417ebc9c3 /]#
[root@13a417ebc9c3 /]# echo $aa
123
[root@13a417ebc9c3 /]# echo $bb
456
[root@13a417ebc9c3 /]# exit
exit
[root@vms100 ~]#
```

在创建容器的时候，通过 -e 指定了 2 个变量 aa 和 bb，进入容器可以看到具有这两个变量。

1.4.6 把容器端口映射到物理机

外部主机（即本机之外的其他主机）是不能和容器进行通信的，如果希望外部主机能访问到容器的内容，就需要使用 -p 把容器的端口映射到物理机上，以后访问物理机对应的端口就可以访问到容器了，如图 1-12 所示。

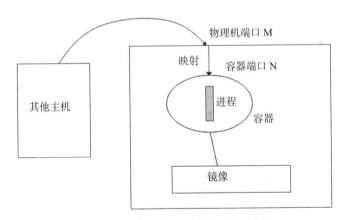

图 1-12 把容器的端口映射到物理机上

语法：

-p N：物理机随机生成一个端口映射到容器的端口 N 上。

-p M:N：把容器的端口 N 映射到物理机指定的端口 M 上。

步骤 1：创建一个容器，把容器端口 80 映射到物理机的一个随机端口。

```
[root@vms100 ~]# docker run -d --name=web --restart=always -p 80 docker.io/nginx
d207651019fdf1475d444cd43b01826958b4a5fb691024567bb7991d4a606339
[root@vms100 ~]#
```

这里把容器 web 的 80 端口映射到物理机的随机端口,这个端口号可以通过如下命令查询。

```
[root@vms100 ~]# docker ps
CONTAINER ID    IMAGE  COMMAND    CREATED    STATUS    PORTS    NAMES
d207651019fd    docker.io/nginx    "nginx -g 'daemon ..."    42 seconds ago
    Up 42 seconds    0.0.0.0:32770->80/tcp    web
[root@vms100 ~]#
```

可以看到映射到物理机的端口 32770 上了,访问物理机的端口 32770,即可访问到 web 容器,如图 1-13 所示。

图 1-13　访问物理机端口 32770

自行删除此容器:docker rm -f web。

如果想映射到物理机指定的端口,请使用如下命令。

```
[root@vms100 ~]# docker run -d --name=web --restart=always -p 88:80 docker.io/nginx
305500d7b5008f7a41de5c6415991b2788a932e744c74d3ba5cb0f71b1a5fb31
[root@vms100 ~]
```

此处把容器的端口 80 映射到物理机的 88 端口(可以自行指定端口,比如 80),那么访问物理机的端口 88 即可访问到 web 容器的端口 80,如图 1-14 所示。

图 1-14　访问物理机端口 88

自行删除此容器。

1.5 实战练习——创建 mysql 的容器

请记住,创建 mysql 容器的时候,不要使用从阿里云或者 docker 官方仓库下载的 mysql 镜像,直接使用从网易镜像源 (c.163.com) 下载的镜像即可。

在使用 mysql 镜像的时候,至少需要指定一个变量 MYSQL_ROOT_PASSWORD 来指定 root 密码,其他变量,比如 MYSQL_USER、MYSQL_PASSWORD、MYSQL_DATABASE 这些都是可选的。

```
[root@vms100 ~]# docker history hub.c.163.com/library/mysql
IMAGE      CREATED      CREATED BY         SIZE         COMMENT
9e64176cd8a2   2 years ago     /bin/sh -c #(nop)  CMD ["mysqld"]     0 B
...
[root@vms100 ~]#
```

可以看到使用 mysql 镜像创建出来的容器里运行的是 mysqld。

步骤 1:创建容器。

```
[root@vms100 ~]# docker run -d --name=db --restart=always -e MYSQL_ROOT_
PASSWORD=redhat -e MYSQL_DATABASE=blog hub.c.163.com/library/mysql
debbb87bab89cc723807a3624189a357a6e38c492653482cc82f46032b9d6b18
[root@vms100 ~]#
```

这里使用 MYSQL_ROOT_PASSWORD 指定了 MySQL root 密码为 redhat,在容器里创建一个数据库,名字为 blog(由选项 -e MYSQL_DATABASE=blog 指定)。

步骤 2:做连接测试。

在物理机上用 yum 安装 mariadb 客户端,命令为 "yum -y install mariadb",然后连接容器。

```
[root@vms100 ~]# mysql -uroot -predhat -h172.17.0.2
...
MySQL [(none)]> show databases;
+--------------------+
| Database           |
+--------------------+
| information_schema |
| blog               |
| mysql              |
| performance_schema |
| sys                |
+--------------------+
5 rows in set (0.00 sec)

MySQL [(none)]> exit
Bye
[root@vms100 ~]#
```

容器的 IP 可以通过如下命令查看到。

```
[root@vms100 ~]# docker exec db ip a | grep 'inet ' #注意, inet 后面有个空格
    inet 127.0.0.1/8 scope host lo
    inet 172.17.0.2/16 scope global eth0
[root@vms100 ~]#
```

1.6 管理容器的命令

容器如同一台没有显示器的电脑，如何查看容器里的东西，又如何在容器里执行命令呢？这里可以利用 docker exec 来实现，如图 1-15 所示。

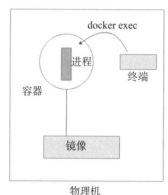

图 1-15　在容器里执行命令

通过 docker exec 就可以执行容器里的命令了。

1.6.1 在容器里执行指定的命令

语法：

```
docker exec 容器名  命令
```

步骤 1：在容器 db 里执行 ip a | grep 'inet ' 命令。

```
[root@vms100 ~]# docker exec db ip a | grep 'inet '
    inet 127.0.0.1/8 scope host lo
    inet 172.17.0.2/16 scope global eth0
[root@vms100 ~]#
```

如果容器里没有要执行的命令，就会出现报错。

```
[root@vms100 ~]# docker exec db ifconfig
rpc error: code = 2 desc = oci runtime error: exec failed: container_linux.go:235:
starting container process caused "exec: \"ifconfig\": executable file not found
in $PATH"

[root@vms100 ~]#
```

如果想获取 shell 控制台的话，需要加上 -it 选项。

步骤 2：获取容器里 bash 控制台。

```
[root@vms100 ~]# docker exec -it db bash
root@a2eb5b77e538:/#
```

```
root@a2eb5b77e538:/#
root@a2eb5b77e538:/# exit
exit
[root@vms100 ~]#
```

注意：有的镜像里不存在 bash，可以使用 sh 替代。

1.6.2 物理机和容器互相拷贝文件

有时我们需要让物理机和容器之间互相拷贝一些文件，它们之间拷贝文件的语法如下。

```
docker cp /path/file    容器:/path2   把物理机的 /path/file 拷贝到容器里的 /path2 里
docker cp    容器:/path2/file /path/  把容器里的 /path2/file 拷贝到物理机的 /path 里
```

步骤 1：把物理机的 /etc/hosts 拷贝到容器的 /opt 里。

```
[root@vms100 ~]# docker exec db ls /opt
[root@vms100 ~]#
[root@vms100 ~]# docker cp /etc/hosts db:/opt
[root@vms100 ~]# docker exec db ls /opt
hosts
[root@vms100 ~]#
```

可以看到容器的 /opt 目录里原来是没有 hosts 文件的，现在已经拷贝进去了。

步骤 2：把容器的 /etc/passwd 拷贝到物理机的 /opt 里。

```
[root@vms100 ~]# ls /opt/
rh
[root@vms100 ~]# docker cp db:/etc/passwd /opt/
[root@vms100 ~]# ls /opt/
passwd  rh
[root@vms100 ~]#
```

可以看到物理机的 /opt 目录里原来是没有 passwd 文件的，现在已经拷贝过来了。

1.6.3 关闭、启动、重启容器

一般情况下在操作系统里重启某个服务，可以通过 systemctl restart 服务名来重启，容器里一般是没法使用 systemctl 命令的。如果要重启容器里的程序，直接重启容器就可以了。下面演示如何关闭、启动、重启容器。

步骤 1：关闭、启动、重启容器。

```
[root@vms100 ~]# docker ps -q
a2eb5b77e538
[root@vms100 ~]# docker stop db
db
[root@vms100 ~]# docker ps -q
[root@vms100 ~]# docker start db
```

```
db
[root@vms100 ~]# docker ps -q
a2eb5b77e538
[root@vms100 ~]# docker restart db
db
[root@vms100 ~]# docker ps -q
a2eb5b77e538
[root@vms100 ~]#
```

步骤 2：查看容器里运行的进程。

语法：

```
docker top 容器名
```

这个类似于任务管理器，可以查看到容器里正在运行的进程。

```
[root@vms100 ~]# docker top db
UID       PID     PPID    C      STIME     TTY        TIME       CMD
polkitd   15804   15787   0      16:43     ?          00:00:00   mysqld
[root@vms100 ~]#
```

1.6.4 查看容器里的输出

当容器没法正常运行的时候，我们需要查看容器里的输出来进行排错。如果要查看容器里的日志信息，可以通过如下命令进行查看。

```
docker logs 容器名
```

查看容器日志时，如果要持续显示日志内容，即只要容器内容更新，日志中就能立刻显示出来，可以使用 "docker logs -f 容器名" 命令，操作如下。

步骤 1：查看容器日志输出。

```
[root@vms100 ~]# docker logs db
Initializing database
2021-02-18T03:15:21.279428Z 0 [Warning] TIMESTAMP with implicit DEFAULT value is
deprecated. Please use --explicit_defaults_for_timestamp server option (see
documentation for more details).
    ...大量输出 ...
2021-02-18T03:15:28.387421Z 0 [Note] Beginning of list of non-natively partitioned
tables
2021-02-18T03:15:28.392767Z 0 [Note] End of list of non-natively partitioned tables
[root@vms100 ~]#
```

如果要查看容器的属性，可以通过 "docker inspect 容器名" 来实现。

步骤 2：查看容器 db 的属性。

```
[root@vms100 ~]# docker inspect db
[
    {
```

```
            "Id":
    ... 大量的输出 ...
"Gateway": "172.17.0.1",
                    "IPAddress": "172.17.0.2",
                    "IPPrefixLen": 16,
                    "IPv6Gateway": "",
                    "GlobalIPv6Address": "",
                    "GlobalIPv6PrefixLen": 0,
                    "MacAddress": "02:42:ac:11:00:02"
                }
            }
        }
    }
]
[root@vms100 ~]#
```

在这个输出里，可以查看到容器的各种信息，比如数据卷、网络信息等。

1.7 数据卷的使用

当容器创建出来之后，容器会映射到物理机的某个目录（这个目录叫作容器层），在容器里写的东西实际都存储在容器层，所以只要容器不删除，在容器里写的数据就会一直存在。但是一旦删除容器，对应的容器层也会被删除。

如果希望数据能永久保存，则需要配置数据卷，把容器里指定目录挂载到物理机某目录，如图 1-16 所示。

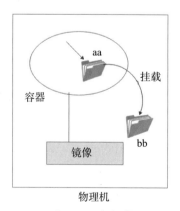

图 1-16 数据卷

这里把容器里目录 aa 挂载到物理机的 bb 目录，当往容器目录 aa 里写数据时，实际上是往物理机的目录 bb 里写的。这样即使删除了容器，但物理机目录 bb 里的数据仍然是存在的，就实现了数据的永久保留（除非手动删除）。

在创建容器时，用 -v 指定数据卷，用法如下。

-v /dir1：物理机的目录 /var/lib/docker/volumes/ID/_data/ 会挂载到容器的 /dir1 目录里，这里的 ID 是随机生成的。

-v /dir2:/dir1：在物理机里指定目录 /dir2 映射到容器的 /dir1 目录里。

记住，-v /dir2 是物理机的目录，dir1 是容器里的目录，这两个目录如果不存在的话，在创建容器时会自动创建。

步骤 1：创建容器 c1，物理机的一个随机目录挂载到容器的 /data 目录。

```
[root@vms100 ~]# docker run -dit --name=c1 --restart=always -v /data  hub.c.163.
com/library/centos
5e7b70be7dbbb106f7c4648a5aea8f61fa52e877d6f19669b8fad3ec9e9ed93f
[root@vms100 ~]#
```

在此命令里，-v 后面只指定了一个目录 /data/，指的是在容器里创建 /data，挂载物理机里随机一个目录。

步骤 2：查看容器里的目录 /data 对应到物理机的哪个目录。

```
[root@vms100 ~]# docker inspect c1 | grep -A5 Mounts
        "Mounts": [
            {
                "Type": "volume",
                "Name":
"3b9d162e61790b76d3fb3353672ca760f6ea369881bf952bf48939ed76d0d531",
                "Source": "/var/lib/docker/
volumes/3b9d162e61790b76d3fb3353672ca760f6ea369881bf952bf48939ed76d0d531/_data",
                "Destination": "/data",
[root@vms100 ~]#
```

上面有两个参数，其中 Destination 指的是容器里的目录，Source 指的是物理机对应的目录。

往容器里拷贝一个文件。

```
[root@vms100 ~]# docker exec c1 ls /data
[root@vms100 ~]# ls /var/lib/docker/
volumes/3b9d162e61790b76d3fb3353672ca760f6ea369881bf952bf48939ed76d0d531/_data
[root@vms100 ~]#
```

可以看到目录是空的。

```
[root@vms100 ~]# docker cp /etc/hosts c1:/data
[root@vms100 ~]# docker exec c1 ls /data
hosts
[root@vms100 ~]# ls /var/lib/docker/
volumes/3b9d162e61790b76d3fb3353672ca760f6ea369881bf952bf48939ed76d0d531/_data
hosts
[root@vms100 ~]#
```

步骤 3：删除此容器。

```
[root@vms100 ~]# docker rm -f c1
c1
[root@vms100 ~]#
```

如果想在物理机里也指定目录而不是随机目录，则用法为 -v /xx:/data，此处冒号前面是物理机的目录，冒号后面是容器里的目录。

步骤 4：创建容器 c1，把物理机的目录 /xx 映射到容器的 /data 目录里。

```
[root@vms100 ~]# docker run -dit --name=c1 --restart=always -v /xx:/data  hub.
c.163.com/library/centos
a02739b678d21b0994fb06d9d65c9a1417a145ba992db57606be07d28208334e
[root@vms100 ~]#
```

查看此容器属性。

```
[root@vms100 ~]# docker inspect c1 | grep -A5 Mounts
        "Mounts": [
            {
                "Type": "bind",
                "Source": "/xx",
                "Destination": "/data",
                "Mode": "",
[root@vms100 ~]#
```

步骤 5：拷贝一些测试文件过去观察一下。

```
[root@vms100 ~]# docker exec c1 ls /data
[root@vms100 ~]# ls /xx   #两个都是空的
[root@vms100 ~]# docker cp /etc/hosts c1:/data #往容器的 /data 里拷贝一个文件
[root@vms100 ~]# docker exec c1 ls /data
hosts
[root@vms100 ~]# ls /xx/ #物理机的目录 /xx 里也有了这些数据
hosts
[root@vms100 ~]#
```

步骤 6：删除此容器。

```
[root@vms100 ~]# docker rm -f c1
c1
[root@vms100 ~]#
```

刚才在创建容器指定卷的时候，是这样写的：-v /xx:/data，其实这里隐藏了一个默认选项 rw，即完整的写法是 -v /xx:/data:rw，也就是容器里 /data 是以 rw 的方式挂载物理机的 /xx 目录，可以使用 ro（只读）的方式挂载卷。

步骤 7：创建容器时设置卷为只读。

```
[root@vms100 ~]# docker run -dit --name=c1 --restart=always -v /xx:/data:ro  hub.
c.163.com/library/centos
a593c19d7cc47d6d7f1514c806cc056b1d6d5aa01956c06e4faa4baab0256139
[root@vms100 ~]#
```

此时往容器里拷贝一个数据。

```
[root@vms100 ~]# docker cp /etc/hosts c1:/data
Error response from daemon: mounted volume is marked read-only
[root@vms100 ~]#
```

拷贝不过去，因为现在是以 ro 的方式挂载物理机的 /xx 目录。

步骤 8：删除此容器。

```
[root@vms100 ~]# docker rm -f c1
c1
[root@vms100 ~]#
```

1.8 docker 网络

[必知必会]：了解并创建 docker 网络

前面讲创建 mysql 容器的时候，进行测试时连接的 IP 是 172.17.0.2，那么容器的 IP 是怎么分配的呢？

1.8.1 了解 docker 网络

要先了解 docker 里的网络到底是怎么回事，如图 1-17 所示。

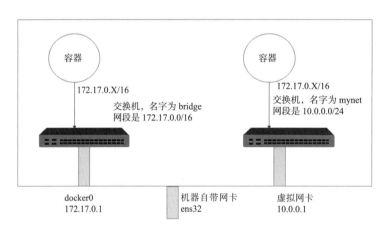

图 1-17 docker 网络结构图

在物理机里创建一个 docker 网络，本质上就是为 docker 容器创建一个交换机，然后给这个交换机指定一个网段。创建好网络之后，会在物理机上产生一个虚拟网卡，这个网卡的 IP 地址是这个 docker 网段的第一个 IP 地址。

比如安装好 docker 之后，会自动创建一个名字叫作 bridge 的网络，把它想象成是一个交换机，它的网段是 172.17.0.0/16，物理机里会生成一张网卡 docker0，IP 是 172.17.0.1。创建容器时，容器默认就是连接到此交换机的，所以容器里的 IP 也是 172.17.0.0/16 里的一个 IP。

如果想再创建一个网络 mynet，相当于为容器又创建了一个交换机，这个网段如果指定为 10.0.0.0/24 的话，则此交换机在物理机上所产生的虚拟网卡的 IP 是此网段的第一个 IP，即 10.0.0.1。连接到此交换机上的容器的 IP 也是 10.0.0.0/24 里的一个 IP。

步骤 1：查看当前 docker 网络。

```
[root@vms100 ~]# docker network list
NETWORK ID          NAME                DRIVER              SCOPE
d5ce17cd1128        bridge              bridge              local
03b05ec43e7a        host                host                local
a935f5599b67        none                null                local
[root@vms100 ~]#
```

步骤 2：查看名字为 bridge 的网络的信息。

```
[root@vms100 ~]# docker network inspect bridge
[
    {
        "Name": "bridge",
... 大量输出 ...
    },
        "Labels": {}
    }
]
[root@vms100 ~]#
```

1.8.2 创建 docker 网络

创建网络的语法：

```
docker network create -d 类型 ( 一般写 bridge) --subnet= 网段   网络名
```

记忆方法：

（1）执行 man -k docker --> 找到 docker-network-create。

（2）man docker-network-create 里面有很多例子。

步骤 1：创建名字为 mynet 的网络，网段为 10.0.0.0/24。

```
[root@vms100 ~]# docker network create -d bridge --subnet=10.0.0.0/24 mynet
e252fe757c2c8b40d078a2d4ec5838cb1cb276496d8e4c22f38908336418d677
[root@vms100 ~]#
```

这里创建了一个名字为 mynet、类型为 bridge 的网络，网段为 10.0.0.0/24，以后使用该网络的容器获取的 IP 就在 10.0.0.0/24 内。

查看该网络的信息。

```
[root@vms100 ~]# docker network  inspect mynet
[
    {
        "Name": "mynet",
... 输出 ...
        "Driver": "bridge",
        "EnableIPv6": false,
        "IPAM": {
            "Driver": "default",
            "Options": {},
            "Config": [
                {
                    "Subnet": "10.0.0.0/24"
                }
            ... 输出 ...
        }
    }
]
[root@vms100 ~]#
```

如果创建某容器想使用 mynet 的话，则需要使用 --net=mynet 来指定。

步骤 2：创建名字为 c1 的容器，连接到刚创建的网络 mynet 里。

```
[root@vms100 ~]# docker run --net=mynet -it  --name=c1 --rm  hub.c.163.com/library/
centos
[root@56589f42218b /]#
```

在 ssh 客户端另外的标签里查询 c1 的 IP 信息。

```
[root@vms100 ~]# docker inspect c1 | grep IPAddress
            "SecondaryIPAddresses": null,
            "IPAddress": "",
                    "IPAddress": "10.0.0.2",
[root@vms100 ~]#
```

可以看到获取的 IP 是 10.0.0.2，这个 IP 就属于 mynet 网段。

退出 c1 容器，此容器会自动删除。

1.9 容器互联

【必知必会】：配置多个容器如何互相连接

有时我们需要多个应用共同工作才能对外提供服务，比如使用 wordpress 和 mysql 两个应用才能搭建博客。wordpress 需要连接到 mysql 上，这样就需要两个容器，此时就需要将 wordpress 容器连接到 mysql 容器上。

1.9.1 方法 1：通过容器 IP 的方式访问

前面在实战练习里，已经创建了一个名字叫作 db 的容器，ip 为 172.17.0.2 且里面有一个数据库叫作 blog。

```
[root@vms100 ~]#  docker exec db ip a | grep 'inet '
    inet 127.0.0.1/8 scope host lo
    inet 172.17.0.2/16 scope global eth0
[root@vms100 ~]#
```

下面使用 wordpress 镜像创建一个容器，此容器需要连接到 mysql 上。

这个容器需要使用的变量如下。

--WORDPRESS_DB_HOST 用来指定 mysql 服务器的地址。

--WORDPRESS_DB_USER 用来指定登录 mysql 的用户名。

--WORDPRESS_DB_PASSWORD 用来指定登录 mysql 的密码。

--WORDPRESS_DB_DATABASE 用来指定需要的数据库。

步骤 1：创建 wordpress 的容器，并把端口发布出去，使得外界的主机能访问。

```
[root@vms100 ~]# docker run -dit --name blog --restart=always -e WORDPRESS_DB_
HOST=172.17.0.2 -e WORDPRESS_DB_USER=root -e WORDPRESS_DB_PASSWORD=redhat -e
 WORDPRESS_DB_NAME=blog -p 80:80 hub.c.163.com/library/wordpress
85647b3af3d21d110971a4b40ccf650a6e396baae6d8e775d32333e16349cc45
[root@vms100 ~]#
```

这里通过变量 WORDPRESS_DB_HOST 指定了 mysql 服务器的地址。

在地址栏输入 192.168.26.100，如图 1-18 所示。

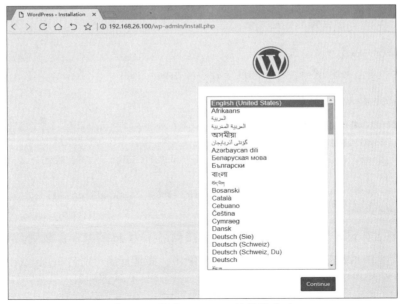

图 1-18　访问 wordpress 的容器（1）

选择中文→继续，如图 1-19 所示。

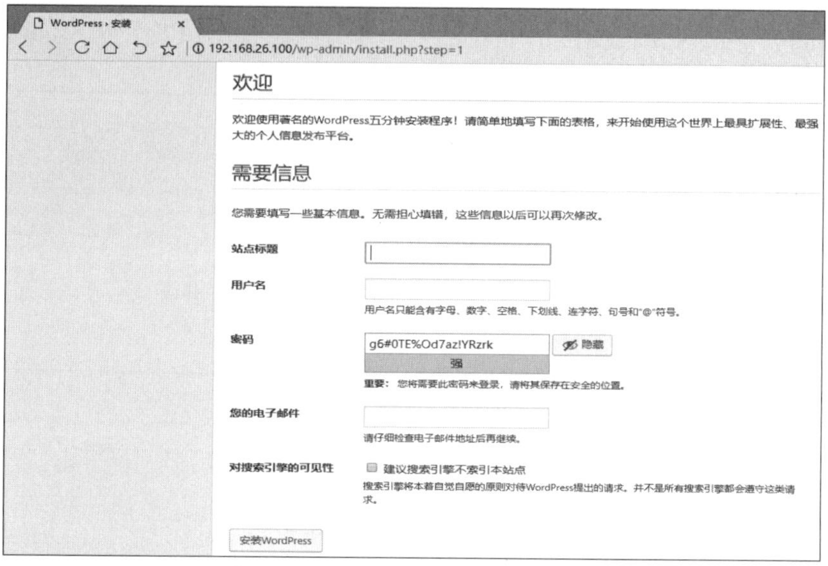

图 1-19　访问 wordpress 的容器（2）

并没有要求输入数据库的信息，因为它已经可以自动连接到数据库了。

删除 blog 这个容器。

这种方法有个问题，就是如果 db 容器出问题而重新生成的时候，IP 可能会发生改变，那么 wordpress 就连接不上了。

1.9.2　方法 2：使用 link 的方式

在创建容器时，--link 选项的用法如下。

`--link 容器名：别名`

在此命令后续部分想连接到此容器的话，直接使用别名即可。

步骤 1：再次创建 wordpress 容器。

```
[root@vms100 ~]# docker run -dit --name blog --restart=always --link db:mysqlxx -e
WORDPRESS_DB_HOST=mysqlxx -e WORDPRESS_DB_USER=root -e WORDPRESS_DB_
PASSWORD=redhat -e WORDPRESS_DB_NAME=blog -p 80:80 hub.c.163.com/library/
wordpress
4805ee0d8a5cd079ad7e2d028e30695288172645fa354874c2aadc642f4a7e17
[root@vms100 ~]#
```

这里创建名字叫 blog 的容器，使用 --link 连接到名字为 db 的容器，起别名为 mysqlxx，在 WORDPRESS_DB_HOST 这个变量里不再写 db 的 IP 了，而是直接写别名 mysqlxx，此时 blog 正常运行，且能访问到数据库。

注意：--link 里容器的别名是可以随意起的。

但是这个命令还是太过于复杂，可以进一步简化。刚才介绍了 wordpress 镜像所使用的变量，现在来看下它们的默认值。

--WORDPRESS_DB_HOST 默认为 link 所连接的容器，且别名为 mysql。

--WORDPRESS_DB_USER 默认为 root。

--WORDPRESS_DB_PASSWORD 默认为 mysql 的 root 所使用的密码。

--WORDPRESS_DB_DATABAASE 默认为 wordpress。

所以如果我们创建 MySQL 容器的时候，指定一个数据库是 wordpress 而不是 blog 的话，则上面的选项都可以不写。

步骤 2：删除 blog 和 db 容器。

```
[root@vms100 ~]# docker rm -f db
db
[root@vms100 ~]# docker rm -f blog
blog
[root@vms100 ~]#
```

步骤 3：创建一个 mysql 的容器。

```
[root@vms100 ~]# docker run -d --name=db --restart=always -e MYSQL_ROOT_
PASSWORD=redhat -e MYSQL_DATABASE=wordpress  hub.c.163.com/library/mysql
7a422e94a4bd3d747f6d434593da730532b14334a3ddd814103e3f4e9f98a939
[root@vms100 ~]#
```

在这个 mysql 容器里，通过变量 MYSQL_DATABASE 创建一个名字叫 wordpress 的库。在 wordpress 容器里如果没指定使用 mysql 里哪个库的话，默认使用的是名字叫 wordpress 的库。

步骤 4：创建一个 wordpress 的容器，所有变量均使用默认值。

```
[root@vms100 ~]# docker run -dit --name blog --restart=always --link db:mysql  -p
80:80 hub.c.163.com/library/wordpress
33d96d183cceaa01f65caa97ef137a7ad5025fc7dbac9c30324ce319d0827773
[root@vms100 ~]#
```

这里别名使用的是 mysql，--WORDPRESS_DB_HOST 默认会连接别名为 mysql 的容器，这里创建 wordpress 容器的选项很少，因为都是使用的默认值。

在浏览器里测试，如图 1-20 所示。

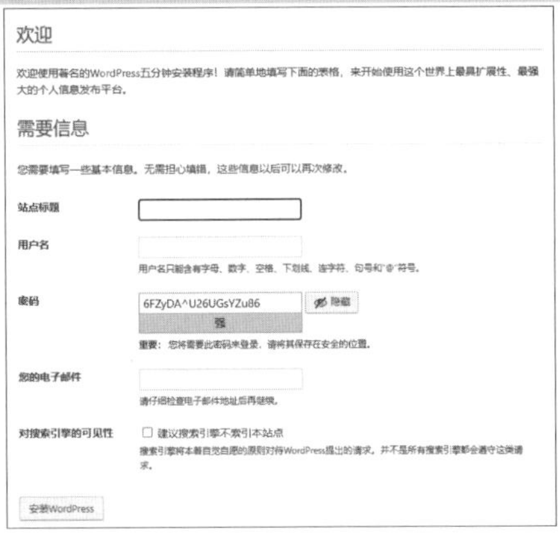

虽然在创建 wordpress 容器时没有指定太多 mysql 的信息，但依然能跳过数据库的设置，说明 wordpress 容器是正确连接到数据库了。

自行删除这两个容器。

图 1-20　访问 wordpress 的容器（3）

模拟考题

1. 在 vms100 上查看当前系统里有多少镜像。

2. 在 vms100 上对 nginx:latest 做标签，名字为 192.168.26.100/nginx:v1，并导出此镜像为一个文件 nginx.tar。

3. 在 vms100 上使用镜像 192.168.26.100/nginx:v1 创建容器，满足如下要求。

（1）容器名为 web。

（2）容器重启策略设置为 always。

（3）把容器的端口 80 映射到物理机（vms100）的端口 8080 上。

（4）把物理机（vms100）目录 /web 挂载到容器的 /usr/share/nginx/html 里。

4. 在容器 web 的目录 /usr/share/nginx/html 里创建文件 index.html，内容为 "hello docker"。

5. 打开浏览器，地址栏输入 192.168.26.100:8080，查看是否能看到 hello docker。

6. 删除容器 web 和镜像 192.168.26.100/nginx:v1。

第 2 章
docker 进阶

考试大纲

通过本章的学习，读者可以自己构建镜像，搭建私有仓库。

本章要点

考点 1：通过 Dockerfile 构建镜像

考点 2：使用 registry 搭建私有仓库

考点 3：使用 harbor 搭建私有仓库

2.1 自定义镜像

【必知必会】：通过 Dockerfile 构建自己的镜像

前面所使用的镜像都是我们从网上下载下来的，有的镜像并不能满足我们的需求，比如 centos 的镜像里就没有 ifconfig 命令，所以很多时候我们需要根据自己的需要来自定义镜像。

自定义镜像的过程并非从零到有的过程，而是在已经存在镜像的基础上进行修改，这个已经存在的镜像我们称之为"基镜像"。

要自定义镜像的话就需要写 Dockerfile 文件了，如果文件名不是 Dockerfile 的话，那么编译镜像的时候需要使用 -f 来指定文件名，如图 2-1 所示。

构建镜像的本质就是，先利用基镜像生成一个临时容器，然后在这个临时容器里执

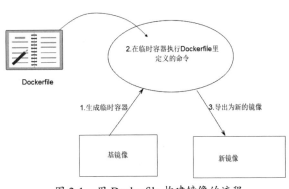

图 2-1　用 Dockerfile 构建镜像的流程

行 Dockerfile 里指定的命令，等做完所有的操作之后，会把这个临时容器导出为一个新的镜像。最后把这个临时容器删除。

关键就是如何写 Dockerfile，Dockerfile 的格式及常用命令如下。

FROM：指定基镜像。

MAINTAINER：维护者的信息。

RUN：想在临时容器里执行的操作系统命令。

ADD file /path/：把物理机里 file 拷贝到镜像的指定目录 /path。

COPY file /path/：把物理机里 file 拷贝到镜像的指定目录 /path。

ENV：指定变量。

USER：指定容器内部以哪个用户运行进程。

VOLUME：指定数据卷。

EXPOSE：指定镜像容器所使用的端口，这个只是一个标记。

CMD：指定镜像创建出来的容器运行什么进程。

练习 1：创建可以执行 ifconfig 的 centos 镜像

Dockerfile 内容如下。

```
[root@vms100 ~]# cat Dockerfile
FROM hub.c.163.com/library/centos
MAINTAINER duan
RUN yum install net-tools -y

CMD ["/bin/bash"]
[root@vms100 ~]#
```

这个文件里指明了基于 hub.c.163.com/library/centos 这个镜像自定义新的镜像，在新的镜像里安装 net-tools 工具包。

在临时容器执行系统命令的时候都要以 RUN 开头，构建语法如下。

docker build -t 新镜像名 :tag .，这里的 "." 表示的是当前目录。如果构建镜像的文件名不是 Dockerfile 的话，需要使用 -f 指定文件名，如下：

```
docker build -t 新镜像名 :tag . -f file
```

开始构建。

```
[root@vms100 ~]# docker build -t centos:v1 .
Sending build context to Docker daemon 230.1 MB
... 输出 ...
Step 4/4 : CMD /bin/bash
 ---> Running in 8e0fb6170a3b
 ---> b3c554b578c4
Removing intermediate container 8e0fb6170a3b
Successfully built b3c554b578c4
```

```
[root@vms100 ~]#
```

构建完成，查看现有镜像。

```
[root@vms100 ~]# docker images
REPOSITORY          TAG        IMAGE ID        CREATED          SIZE
centos              v1         b3c554b578c4    22 seconds ago   301 MB
docker.io/nginx     latest     5a3221f0137b    2 weeks ago      126 MB
...
[root@vms100 ~]#
```

使用该镜像创建出一个容器，验证是否可以使用 ifconfig 命令。

```
[root@vms100 ~]# docker run --rm -it centos:v1
[root@cea78ca52d6f /]# ifconfig eth0
eth0: flags=4163<UP,BROADCAST,RUNNING,MULTICAST>  mtu 1500
        inet 172.17.0.4  netmask 255.255.0.0  broadcast 0.0.0.0
        inet6 fe80::42:acff:fe11:4  prefixlen 64  scopeid 0x20<link>
        ether 02:42:ac:11:00:04  txqueuelen 0  (Ethernet)
        RX packets 5  bytes 418 (418.0 B)
        RX errors 0  dropped 0  overruns 0  frame 0
        TX packets 6  bytes 508 (508.0 B)
        TX errors 0  dropped 0 overruns 0  carrier 0  collisions 0

[root@cea78ca52d6f /]# exit
exit
[root@vms100 ~]#
```

可以看到一切是正常的。

练习 2：自定义 nginx 镜像

先做准备工作，把所需要的 repo 文件拷贝出来。

```
[root@vms100 ~]# cd /etc/yum.repos.d/
[root@vms100 yum.repos.d]# tar zcf /root/repo.tar.gz  *
[root@vms100 yum.repos.d]# cd
[root@vms100 ~]#
```

这里把物理机 /etc/yum.repos.d 里的 repo 文件放在压缩文件 repo.tar.gz 里了。

物理机目录 /etc/yum.repos.d/ 里的这些 repo 文件是在一开始安装 docker 时就下载下来的。

创建 index.html 内容如下。

```
[root@vms100 ~]# cat index.html
test11
[root@vms100 ~]#
```

写 dockerfile1，内容如下。

```
[root@vms100 ~]# cat dockerfile1
FROM hub.c.163.com/library/centos
MAINTAINER duan
```

```
#清除自带的 yum 源文件
RUN rm -rf /etc/yum.repos.d/*
#把打包好的 repo 文件拷贝到 /etc/yum.repos.d 里，作为新的 yum
ADD repo.tar.gz  /etc/yum.repos.d/
RUN yum  install -y nginx
#把 nginx 默认主页文件拷贝进去
ADD index.html /usr/share/nginx/html

EXPOSE 80

CMD ["nginx", "-g","daemon off;"]
[root@vms100 ~]#
```

注意 1：centos 自带的 yum 源里并没有 nginx 软件包，所以在执行 yum install nginx -y 之前需要配置 yum 源，这里把打包好的 repo 文件拷贝到镜像的 /etc/yum.repos.d 里。

注意 2：在容器里 nginx 作为守护进程运行的话，必须要以 nginx -g daemon off 这个格式运行，这个格式是固定的。

注意 3：一定要注意拷贝 yum 源，安装，再拷贝 index.html 的顺序，考虑下为什么。

开始构建，指定镜像的名字为 nginx:v1。

```
[root@vms100 ~]# docker build  -t nginx:v1  .  -f dockerfile1
Sending build context to Docker daemon 1.293 GB
Step 1/7 : FROM hub.c.163.com/library/centos
 ---> 328edcd84f1b
... 大量输出 ...
Successfully built cd67044bfa52
Successfully tagged nginx:v1
[root@vms100 ~]#
```

因为文件名是 dockerfile1，不是 Dockerfile，所以这里需要 -f 来指定。

使用此镜像运行一个容器，并验证。

```
[root@vms100 ~]# docker run -d --name=web --restart=always -p 80:80 nginx:v1
654d73edf7dd51242511014605bbea5908d984d4a65fb96190d6210dabe60120
[root@vms100 ~]#
```

在浏览器里打开 192.168.26.100，查看结果，如图 2-2 所示。

图 2-2　测试新的镜像是否编译成功

有的读者会问，如何修改 nginx 的配置文件？其实只要把配置文件修改好，以 ADD 的方式添加过去即可。

自行删除 web 容器。

练习 3：验证 ADD 和 COPY 的区别

ADD 和 COPY 都可以把当前目录里的文件拷贝到临时容器里，但是 ADD 和 COPY 在拷贝压缩文件的时候存在一些区别。ADD 把压缩文件拷贝到临时容器里时会自动解压，COPY 不带解压功能。

在当前目录随意创建一个压缩文件，这里有个 aa.tar.gz，内容如下。

```
[root@vms100 ~]# tar ztf aa.tar.gz
epel.repo
index.html
[root@vms100 ~]#
```

创建 dockerfile2，内容如下。

```
[root@vms100 ~]# cat dockerfile2
FROM hub.c.163.com/library/centos
MAINTAINER duan
# 在临时容器里创建目录 /11 和 /22
RUN mkdir /11 /22
# 利用 ADD 把 aa.tar.gz 拷贝到 /11 里，利用 COPY 把 aa.tar.gz 拷贝到 /22 里
ADD aa.tar.gz /11
COPY aa.tar.gz /22

CMD ["/bin/bash"]
[root@vms100 ~]#
```

aa.tar.gz 以 ADD 的方式拷贝到镜像的 /11 目录。

aa.tar.gz 以 COPY 的方式拷贝到镜像的 /22 目录。

编译镜像，镜像名为 centos:add-copy。

```
[root@vms100 ~]# docker build -t centos:add-copy . -f dockerfile2
Sending build context to Docker daemon 1.293 GB
Step 1/6 : FROM hub.c.163.com/library/centos
...
Removing intermediate container 7d00f53629f3
Successfully built d21b6fa6234a
[root@vms100 ~]#
```

使用该镜像创建出容器验证结果。

```
[root@vms100 ~]# docker run --rm -it centos:add-copy
[root@7bdd096a6221 /]# ls /11
epel.repo   index.html
[root@7bdd096a6221 /]# ls /22/
aa.tar.gz
[root@7bdd096a6221 /]# exit
```

```
exit
[root@vms100 ~]#
```

可以看到，以 ADD 方式拷贝过去的压缩文件进行了解压操作，而以 COPY 方式拷贝过去的并没有解压。

练习 4：USER 命令的使用

前面做的镜像里，都是以 root 来运行进程，如果要以指定的用户来运行进程，可以使用 USER 命令，创建 dockerfile3，内容如下。

```
[root@vms100 ~]# cat dockerfile3
FROM hub.c.163.com/library/centos
MAINTAINER duan
RUN useradd lduan
USER lduan

CMD ["/bin/bash"]
[root@vms100 ~]#
```

这里首先创建出 lduan 用户，然后用 USER 指定后面容器里要以 lduan 来运行进程。

编译镜像，镜像为 centos:user。

```
[root@vms100 ~]# docker build -t centos:user . -f dockerfile3
...
Removing intermediate container 97e2d65cb77f
Successfully built 518cea386492
[root@vms100 ~]#
```

使用该镜像创建容器。

```
[root@vms100 ~]# docker run --restart=always  --name=c1 -it centos:user
[lduan@a7f0227edfb7 /]$
[lduan@a7f0227edfb7 /]$ whoami
lduan
[lduan@a7f0227edfb7 /]$ exit
exit
[root@vms100 ~]#
```

可以看到容器里的进程是以 lduan 的身份来运行的。如果要以 root 身份进入容器里的话，加上 --user=root 选项即可。

```
[root@vms100 ~]# docker exec -it --user=root  c1  bash
[root@a7f0227edfb7 /]#
[root@a7f0227edfb7 /]# whoami
root
[root@a7f0227edfb7 /]# exit
exit
[root@vms100 ~]#
```

删除这个容器 c1。

```
[root@vms100 ~]# docker rm -f c1
c1
[root@vms100 ~]#
```

练习 5: 用 ENV 来指定变量

创建 dockerfile4。

```
[root@vms100 ~]# cat dockerfile4
FROM hub.c.163.com/library/centos
MAINTAINER duan
ENV myenv=/aa

CMD ["/bin/bash"]
[root@vms100 ~]#
```

构建镜像名字为 centos:env。

```
[root@vms100 ~]# docker build -t centos:env . -f dockerfile4
```

使用该镜像创建出来一个容器。

```
[root@vms100 ~]# docker run --rm -it centos:env
[root@457c99cfd44b /]# echo $myenv
/aa
[root@457c99cfd44b /]# exit
exit
[root@vms100 ~]#
```

可以看到容器里存在一个变量 myenv=aa。

在创建容器的时候是可以使用 -e 来指定变量的值的。

```
[root@vms100 ~]# docker run --rm -it -e myenv=xxx centos:env
[root@1084136a59d2 /]# echo $myenv
xxx
[root@1084136a59d2 /]# exit
exit
[root@vms100 ~]#
```

练习 6: 数据卷

创建 dockerfile5。

```
[root@vms100 ~]# cat dockerfile5
FROM hub.c.163.com/library/centos
MAINTAINER duan
VOLUME ["/data1"]

CMD ["/bin/bash"]
[root@vms100 ~]#
```

此新镜像创建出来的容器里，会创建一个目录 /data1 绑定物理机的随机目录。

构建镜像，名字为 centos:volume。

```
[root@vms100 ~]# docker build -t centos:volume . -f dockerfile5
```

使用此镜像创建一个容器出来。

```
[root@vms100 ~]# docker run --rm -it  centos:volume
[root@ff3ee713ea74 /]# ls /data1/
[root@ff3ee713ea74 /]#
```

在其他终端查看此容器的属性。

```
[root@vms100 ~]# docker inspect ff3ee713ea74 | grep -A5 Mounts
        ...
                "Source": "/var/lib/docker/
volumes/44a9c964f8192431aa18c5861e5ac80364133639a5615c29d1201fee3ac3e70a/_data",
                "Destination": "/data1",
[root@vms100 ~]#
```

注意:如果想有多个挂载点的话,应该写成 VOLUME ["/data1","/data"]。

作业:创建可以 ssh 的 centos

dockerfile 内容如下。

```
FROM centos:v1
MAINTAINER duan
RUN rm -rf /etc/yum.repos.d/*
ADD epel.repo /etc/yum.repos.d/
ADD CentOS-Base.repo /etc/yum.repos.d/
RUN yum install openssh-clients openssh-server -y
RUN ssh-keygen -t rsa -f /etc/ssh/ssh_host_rsa_key  &&  ssh-keygen -t ecdsa -f /
etc/ssh/ssh_host_ecdsa_key  &&  ssh-keygen -t ed25519 -f /etc/ssh/ssh_host_ed25519_
key
RUN sed -i '/UseDNS/cUseDNS no' /etc/ssh/sshd_config

RUN echo "root:redhat" | chpasswd
EXPOSE 22
CMD ["/usr/sbin/sshd", "-D"]
```

更好的写法:

```
FROM centos:v1
MAINTAINER duan
RUN rm -rf /etc/yum.repos.d/*
ADD repo.tar.gz /etc/yum.repos.d/
RUN yum install openssh-clients openssh-server -y && \
    ssh-keygen -t rsa -f /etc/ssh/ssh_host_rsa_key  && \
    ssh-keygen -t ecdsa -f / etc/ssh/ssh_host_ecdsa_key  && \
    ssh-keygen -t ed25519 -f /etc/ssh/ssh_host_ed25519_ key  && \
    sed -i '/UseDNS/cUseDNS no' /etc/ssh/sshd_config && \
    echo "root:redhat" | chpasswd
EXPOSE 22
CMD ["/usr/sbin/sshd", "-D"]
```

2.2 使用 registry 镜像搭建私有仓库

【必知必会】：能够用 registry 搭建私有仓库

前面我们创建容器所需要的镜像都是从网络下载的，但是生产服务器很多是不能连接到外网的，那么此时该如何使用镜像呢？

这个时候，我们可以在自己的内网搭建一个私有仓库，把需要的镜像上传到私有仓库，这样其他主机需要镜像的话，就可以从私有仓库自行下载了。

要想配置私有仓库的话，有两种方法。

（1）使用 registry 镜像。

（2）利用 harbor。

本章暂且先讲 registry 配置私有仓库，后面会单独讲解如何使用 harbor 配置私有仓库。

先查看下面的拓扑图，如图 2-3 所示。

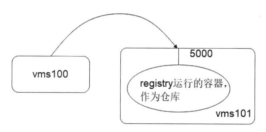

图 2-3　使用 registry 搭建私有仓库

这里把 vms101 作为私有仓库，在 vms101 上用镜像 registry 创建一个容器出来，这个容器就作为私有仓库。容器的端口是 5000，为了让外部其他主机能访问到此容器，所以创建这个 registry 容器的时候，需要映射到物理机的 5000 端口。后面通过 192.168.26.101:5000 即可访问到此容器。

在 vms101 上安装并启动 docker-ce，自行下载镜像 registry。

```
docker pull hub.c.163.com/library/registry:latest
```

2.2.1 搭建私有仓库并设置

在 vms101 上配置。

步骤 1：设置 docker 可以通过 http 的方式访问，有两种方法，二选一即可。

（1）修改 /usr/lib/systemd/system/docker.service，在 ExecStart 后面添加：

```
ExecStart=/usr/bin/dockerd  --insecure-registry=192.168.26.101:5000  -H fd://
--containerd=/run/containerd/containerd.sock
```

然后重启 docker。

```
[root@vms101 ~]# systemctl daemon-reload ; systemctl restart docker
```

```
[root@vms101 ~]#
```

（2）或者修改 /etc/docker/daemon.json，内容如下。

```
[root@vms101 ~]# cat /etc/docker/daemon.json
{
    "insecure-registries": ["192.168.26.101:5000"]
}
[root@vms101 ~]#
```

注意：如果配置了加速器的话，或者说 {} 里有多行值的话，除了最后一行之外，每行都要以逗号结束，比如这样：

```
{
    "registry-mirrors": ["https://frz7i079.mirror.aliyuncs.com"],    --->这里有逗号
    "insecure-registries": ["192.168.26.101:5000"]
}
```

步骤 2：重启 docker。

```
[root@vms101 ~]# systemctl restart docker
[root@vms101 ~]#
```

步骤 3：利用 registry 镜像创建一个容器。

```
[root@vms101 ~]# docker run -d --name myreg -p 5000:5000 --restart=always -v /
myreg:/var/lib/registry hub.c.163.com/library/registry
dffd37ea2c0f590c93c8233f96bed35d9b984ba5aed8204981168573daa1f863
[root@vms101 ~]#
```

此时私有仓库就配置好了。这里把容器的端口映射到物理机的 5000 端口，上传的镜像都是放在容器的 /var/lib/registry 目录里，为了能够保证删除容器之后上传的镜像也是存在的，这里做了一个数据卷，把容器的 /var/lib/registry 映射到物理机的 /myreg 目录。

下面在 vms100 上配置。

步骤 4：修改相关配置，使得 docker 能以 http 方式访问，这里修改的是 /etc/docker/daemon.json，内容如下。

```
[root@vms100 ~]# cat /etc/docker/daemon.json
{
    "registry-mirrors": ["https://frz7i079.mirror.aliyuncs.com"],
    "insecure-registries": ["192.168.26.101:5000"]
}
[root@vms100 ~]#
```

步骤 5：重启 docker。

```
[root@vms100 ~]# systemctl restart docker
[root@vms100 ~]#
```

步骤 6：在 vms100 上对要推送的镜像进行 tag 操作。

```
[root@vms100 ~]# docker tag centos:v1  192.168.26.101:5000/cka/centos:v1
```

```
[root@vms100 ~]#
```

这里新的 tag 的服务器要指向 docker 仓库的地址，即 192.168.26.101:5000，后面的分类 cka 及镜像名都可以随意定义。

步骤 7：把此镜像推送到 docker 仓库。

```
[root@vms100 ~]# docker push 192.168.26.101:5000/cka/centos:v1
The push refers to a repository [192.168.26.101:5000/cka/centos]
589830c63604: Pushed
b362758f4793: Pushing [=======>                    ] 115.6 MB/192.5 MB
...
v1: digest: sha256:441d92a9bcead311817e501cd3be261497af size: 741
[root@vms100 ~]#
```

以此类推，可以推送多个镜像，分类可以根据需要自己定义，我这里把 wordpress 和 mysql 都推送到私有仓库里了。

```
docker tag hub.c.163.com/library/mysql 192.168.26.101:5000/rhce8/mysql:v1
docker push 192.168.26.101:5000/rhce8/mysql:v1
docker tag hub.c.163.com/library/wordpress 192.168.26.101:5000/rhce8/wordpress:v2
docker push 192.168.26.101:5000/rhce8/wordpress:v2
```

步骤 8：利用之前写过的 rm_all_image.sh 清空 vms100 上所有的镜像。

```
[root@vms100 ~]# docker images
REPOSITORY      TAG      IMAGE ID          CREATED           SIZE
[root@vms100 ~]#
```

2.2.2 从私有仓库下载镜像

本节练习如何从私有仓库拉取镜像，首先要查看私有仓库里有多少镜像。

步骤 1：安装工具 jq。

```
[root@vms100 ~]# yum install jq -y
    ... 输出 ...
已安装：
  jq.x86_64 0:1.6-2.el7

作为依赖被安装：
  oniguruma.x86_64 0:6.8.2-1.el7

完毕！
[root@vms100 ~]#
```

步骤 2：查看私有仓库所具有的仓库。

```
[root@vms100 ~]#  curl -s http://192.168.26.101:5000/v2/_catalog | jq
{
  "repositories": [
```

```
    "cka/centos",
    "rhce8/mysql",
    "rhce8/wordpress"
  ]
}
[root@vms100 ~]#
```

此时只看到了分类及镜像，并没有看到这些镜像的 tag，如果想看某镜像具体的 tag，使用如下命令。

```
[root@vms100 ~]# curl http://192.168.26.101:5000/v2/cka/centos/tags/list
{"name":"cka/centos","tags":["v1"]}
[root@vms100 ~]#
```

可以看到 cka/centos 对应的 tag 为 v1。这样完整的镜像就是 192.168.26.101:5000/cka/centos:v1。

步骤 3：也可以通过写一个脚本实现列出仓库里一共有多少镜像。

```
[root@vms100 ~]# cat list_img
#!/bin/bash
file=$(mktemp)
curl -s $1:5000/v2/_catalog | jq | egrep -v '\{|\}|\[|]' | awk -F\" '{print
$2}' > $file
while read aa ; do
tag=($(curl -s $1:5000/v2/$aa/tags/list | jq | egrep -v '\{|\}|\[|]|name' | awk
-F\" '{print $2}'))
    for i in ${tag[*]} ; do
      echo $1:5000/${aa}:$i
    done
done < $file
rm -rf $file
[root@vms100 ~]#
```

步骤 4：给此脚本加上一个可执行权限。

```
[root@vms100 ~]# chmod +x list_img
[root@vms100 ~]#
```

步骤 5：执行脚本列出 192.168.26.101 上有多少镜像。

```
[root@vms100 ~]# ./list_img 192.168.26.101
192.168.26.101:5000/cka/centos:v1
192.168.26.101:5000/rhce8/mysql:v1
192.168.26.101:5000/rhce8/wordpress:v2
[root@vms100 ~]#
```

步骤 6：下载镜像。

```
[root@vms100 ~]# docker pull 192.168.26.101:5000/cka/centos:v1
Trying to pull repository 192.168.26.101:5000/cka/centos ...
```

```
v1: Pulling from 192.168.26.101:5000/cka/centos
364f9b7c969a: Pull complete
7d559fcdf1a2: Pull complete
Digest: sha256:441d92a9bcead311817e501cd32bce0c2bbb837a49e6bd2e75f8b4be261497af
Status: Downloaded newer image for 192.168.26.101:5000/cka/centos:v1
[root@vms100 ~]#
```

步骤 7：删除此镜像。

```
[root@vms100 ~]# docker rmi 192.168.26.101:5000/cka/centos:v1
Untagged: 192.168.26.101:5000/cka/centos:v1
...
[root@vms100 ~]#
```

2.2.3 删除本地仓库里的镜像

本地已经拉取下来的镜像可以通过 docker rmi 来删除，那么存在仓库里的镜像该如何删除呢？下面开始练习删除仓库里的镜像。

因为镜像仓库是放在 vms101 上的，所以下面的步骤是在 vms101 上操作的。

用命令 wget ftp://ftp.rhce.cc/cka-tool/delete_docker_registry_image 下载脚本。

步骤 1：设置变量 REGISTRY_DATA_DIR，值为 /path/docker/registry/v2，此处的 /path 是在创建容器时物理机对应的目录，这里是 /myreg。

```
[root@vms101 ~]# export REGISTRY_DATA_DIR=/myreg/docker/registry/v2
[root@vms101 ~]# chmod +x delete_docker_registry_image
```

步骤 2：现在删除 rhce8/wordpress:v2 这个镜像。

```
[root@vms101 ~]# ./delete_docker_registry_image -i rhce8/wordpress:v2
... 大量输出 ...
[root@vms101 ~]#
```

步骤 3：到 vms100 上验证。

```
[root@vms100 ~]# ./list_img 192.168.26.101
192.168.26.101:5000/cka/centos:v1
192.168.26.101:5000/rhce8/mysql:v1
[root@vms100 ~]#
```

可以看到已经成功地删除了。

步骤 4：自行把 vms101 上的 registry 容器删除。

```
[root@vms101 ~]# docker rm -f myreg
myreg
[root@vms101 ~]#
```

步骤 5：为了以后方便，在 vms100 上为镜像 192.168.26.101:5000/cka/centos:v1 重新做一个 tag，名字为 centos:v1。

```
[root@vms100 ~]# docker tag 192.168.26.101:5000/cka/centos:v1 cenos:v1
[root@vms100 ~]#
```

2.3 使用 harbor 搭建私有仓库

【必知必会】：使用 harbor 搭建私有仓库

前面讲的用 registry 搭建私有仓库的方法虽然简单，但是都以命令的方式来管理的。有另外一种更好用的工具可以搭建私有仓库，就是 harbor。

harbor 是一个通过 web 界面管理仓库里的镜像，使用起来非常方便且功能强大。安装 harbor 需要 compose，compose 是一种容器编排工具，所以需要先把 docker-compose 安装好。

2.3.1 安装 compose

本实验里，准备在 vms101 上搭建 harbor，所以下面的操作在 vms101 上进行。

步骤 1：使用 yum 安装 docker-compose。

```
[root@vms101 ~]# yum install docker-compose -y
已加载插件: fastestmirror
base          | 3.6 kB  00:00:00
epel          | 5.4 kB  00:00:00
extras        | 3.4 kB  00:00:00
kubernetes/signature
...

已安装:
  docker-compose.noarch 0:1.18.0-4.el7

作为依赖被安装:
  libtirpc.x86_64 0:0.2.4-0.16.el7          python3.x86_64 0:3.6.8-10.el7
  python3-libs.x86_64 0:3.6.8-10.el7        python3-pip.noarch
  python36-urllib3.noarch 0:1.25.6-1.el7    python36-websocket-client.noarch
  0:0.47.0-2.el7

完毕!
[root@vms101 ~]#
```

步骤 2：查看 compose 版本。

```
[root@vms101 ~]# docker-compose -v
docker-compose version 1.18.0, build 8dd22a9
[root@vms10 1~]#
```

2.3.2 安装 harbor

前面用 registry 搭建过仓库，因为现在改用另外的软件搭建私有仓库，为了能让 docker 通过 http 访问，必须要修改相关配置。

步骤 1：在 vms101 上修改 /etc/docker/daemon.json，并重启 docker。

```
{
    "insecure-registries": ["192.168.26.101"]
}
```

和之前相比，就是把 5000 端口删除，重启 docker。

```
[root@vms101 ~]# systemctl daemon-reload ; systemctl restart docker
[root@vms101 ~]#
```

步骤 2：到 https://github.com/goharbor/harbor/releases 下载最新版 harbor 离线包并解压，解压之后进入目录 harbor。

```
[root@vms101 ~]# tar zxvf harbor-offline-installer-v2.0.6.tgz
harbor/common/templates/
...
harbor/common.sh
harbor/harbor.yml.tmpl
[root@vms101 ~]#
[root@vms101 ~]# cd harbor/
[root@vms101 harbor]# ls
common.sh  harbor.v2.0.6.tar.gz  harbor.yml.tmpl  install.sh  LICENSE  prepare
[root@vms101 harbor]#
```

步骤 3：导入 harbor 所需要的镜像。

```
[root@vms101 harbor]# docker load -i harbor.v2.0.6.tar.gz
16c66899afe2: Loading layer [================>] 34.51MB/34.51MB
140ffb3df060: Loading layer [================>] 9.639MB/9.639MB
... 大量输出 ...
Loaded image: goharbor/registry-photon:v2.0.6
[root@vms101 harbor]#
```

步骤 4：运行脚本 ./prepare 执行一些准备工作。

```
[root@vms101 harbor]# ./prepare
prepare base dir is set to /root/harbor
WARNING:root:WARNING: HTTP protocol is insecure. Harbor will deprecate http
protocol in the future. Please make sure to upgrade to https
    ...输出 ...
Clean up the input dir
[root@vms101 harbor]#
```

步骤 5：生成 harbor.yml 文件。

```
[root@vms101 harbor]# cp harbor.yml.tmpl harbor.yml
```

```
[root@vms101 harbor]#
```

编辑 harbor.yml 文件，修改 hostname 的值为本主机名。

```
5 hostname: vms101.rhce.cc
```

把以下几行注释掉。可以在代码前加上 "#" 号，此时加 "#" 号的代码就会被注释掉，不再生效。

```
13 #https:
15 #   port: 443
17 #   certificate: /your/certificate/path
18 #   private_key: /your/private/key/path
```

注意，前面的数字是所在行号。

harbor_admin_password 是登录 harbor 的密码，大概在 34 行，这里默认为 Harbor12345，可以在此处修改管理员密码。

```
34 harbor_admin_password: Harbor12345
```

步骤 6：运行 ./install.sh。

```
[root@vms101 harbor]# ./install.sh
[Step 0]: checking if docker is installed ...

Note: docker version: 20.10.3
[Step 1]: checking docker-compose is installed ...
Note: docker-compose version: 1.18.0
...
Creating nginx ...
Creating harbor-jobservice ...
✔ ----Harbor has been installed and started successfully.----
[root@vms101 harbor]#
```

安装完毕，下面开始访问 harbor。

步骤 7：在浏览器里输入 192.168.26.101，如图 2-4 所示。

图 2-4 登录 harbor

用户名输入 admin，密码输入 Harbor12345，单击登录，如图 2-5 所示。

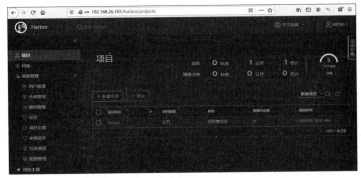

图 2-5　harbor 的界面

注意：单击左下角的"浅色主题"，整个面板的颜色以浅色显示。

步骤 8：单击项目→新建项目，如图 2-6 所示。

图 2-6　创建项目

项目名称输入 cka，访问级别选择公开，单击"确定"按钮。

步骤 9：选择系统管理→用户管理→创建用户，如图 2-7 所示。

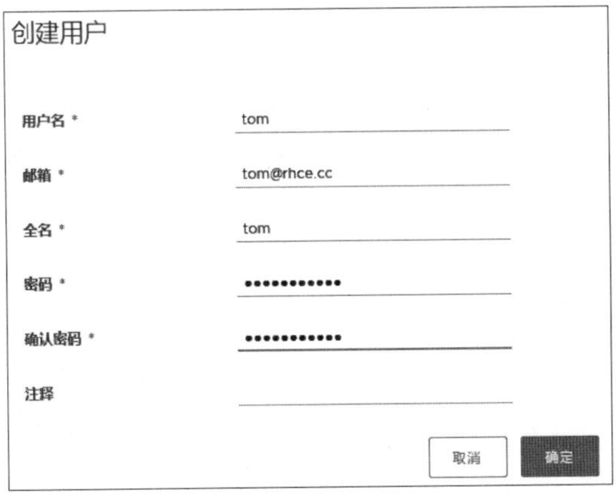

图 2-7　创建用户

设置新创建用户的信息，单击"确定"按钮。

步骤 10：为项目添加用户。

单击项目→ cka，如图 2-8 所示。

项目
日志
系统管理
用户管理
仓库管理
复制管理
标签
项目定额
审查服务
项目
项目 0 私有 2 公开
镜像仓库 0 私有 0 公开
+ 新建项目
× 删除
项目名称
访问级别
角色
镜像仓库数
cka 公开 项目管理员 0
library 公开 项目管理员 0

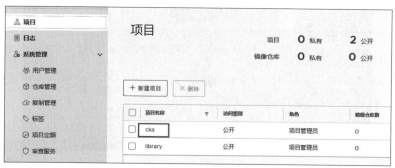

图 2-8　进入到 cka 项目

单击“+ 用户”，如图 2-9 和图 2-10 所示。

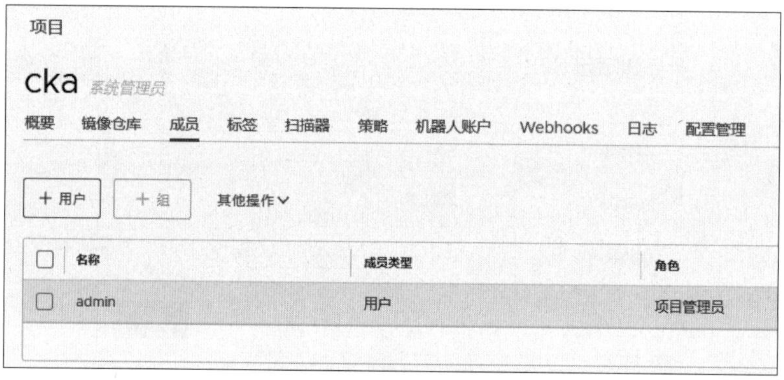
项目
cka 系统管理员
概要 镜像仓库 成员 标签 扫描器 策略 机器人账户 Webhooks 日志 配置管理
+ 用户
+ 组
其他操作
名称
成员类型
角色
admin 用户 项目管理员

图 2-9　为项目关联用户

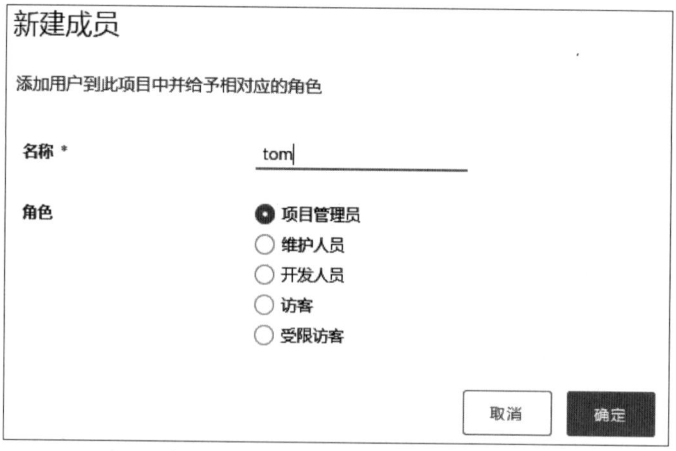
新建成员
添加用户到此项目中并给予相对应的角色
名称 *
tom
角色
项目管理员
维护人员
开发人员
访客
受限访客
取消
确定

图 2-10　把 tom 设置为项目管理员

名称里输入 tom，角色选择项目管理员，单击“确定”按钮。

点击镜像仓库，可以看到没有任何镜像，如图 2-11 所示。

图 2-11 查看项目里的镜像

下面在客户端 vms100 上操作。

步骤 11：因为更换了私有仓库，所以要修改 /etc/docker/daemon.json，如下所示。

```
[root@vms100 ~]# cat /etc/docker/daemon.json
{
  "registry-mirrors": ["https://frz7i079.mirror.aliyuncs.com"],
  "insecure-registries": ["192.168.26.101"]
}
[root@vms100 ~]#
```

步骤 12：重启 docker。

```
[root@vms100 ~]# systemctl restart docker
[root@vms100 ~]#
```

步骤 13：登录私有仓库。

```
[root@vms100 ~]# docker login 192.168.26.101
Username: tom
Password:
WARNING! Your password will be stored unencrypted in /root/.docker/config.json.
Configure a credential helper to remove this warning. See
https://docs.docker.com/engine/reference/commandline/login/#credentials-store

Login Succeeded
[root@vms100 ~]#
```

按提示输入刚创建的 tom 用户和密码，登录成功后会在当前目录下生成一个隐藏文件夹
.docker，里面记录了登录信息。

```
[root@vms100 ~]# ls .docker/
config.json
[root@vms100 ~]#
```

步骤 14：测试推送镜像。

```
[root@vms100 ~]# docker tag centos:v1 192.168.26.101/cka/centos:v1
[root@vms100 ~]#
```

```
[root@vms100 ~]# docker push 192.168.26.101/cka/centos:v1
The push refers to a repository [192.168.26.101/cka/centos]
589830c63604: Pushed
b362758f4793: Pushing [===================>
...
v1: digest: sha256:441d92a9bcead3118b4be261497af size: 741
[root@vms100 ~]#
```

步骤 15：打开 harbor 管理页面，如图 2-12 所示。

图 2-12　查看项目里的镜像

这里已经可以看到刚刚推送过来的镜像了。

▶ 模拟考题

1. 在 vms100 上为了构建一个新的镜像，请编写一个 Dockerfile，要求如下。

（1）基于镜像 hub.c.163.com/library/centos:latest。

（2）新的镜像里包含 ifconfig 命令。

（3）新的镜像里包含变量 myname=test。

（4）新的镜像里包含一个用户 tom，并且使用此镜像运行容器时，容器里的进程以 tom 身份运行。

（5）使用此镜像创建容器时，默认运行的进程为 /bin/bash。

2. 使用此 Dockerfile 构建一个名字为 192.168.26.101:5000/cka/centos:v1 的镜像。

3. 在 vms101 上以容器的方式搭建一个本地私有仓库，要求如下。

（1）使用镜像 hub.c.163.com/library/registry:latest。

（2）推送的镜像要能持久保存在物理机（vms101）的 /myreg 目录里。

（3）容器名为 myreg。

（4）此容器的端口 5000 映射到物理机（vms101）的端口 5000 上。

（5）重启策略设置为 always。

4. 在 vms100 和 vms101 上适当修改配置，使得在 vms100 上不管是从 vms101 拉取镜像，还是往 vms101 上推送镜像，都以 http 的方式，而不是以 https 的方式。

第 3 章
部署 kubernetes 集群

考试大纲

了解 kubernetes 的架构，并部署 kubernetes 集群。

本章要点

考点 1：使用 kubeadm 部署 kubernetes 集群

考点 2：添加及删除 worker

考点 3：查看 pod 及节点的负载

考点 4：了解及管理命名空间

在 docker 里每次都需要使用 docker run 命令一个一个地去创建容器，这种创建方式有以下几个缺点。

（1）效率太低，生产环境里需要成千上万个容器，手动创建效率太低。

（2）不具备高可用性，如果某台服务器挂了，上面的容器就不会运行了。

（3）管理难，如果某个容器出现了问题，很难被发现。

所以为了更方便地管理容器，我们需要使用容器的编排工具。所谓编排工具，可以理解为是为 docker 加个壳。常见的编排工具包括 docker swarm、mesos、openshift、kubernetes 等，本书主要讲述 kubernetes 这种工具的使用。

3.1 了解 kubernetes 架构及组件介绍

【必知必会】：了解 kubernetes 的架构，了解 kubernetes 组件的作用

为了使大家能够理解 kubernetes 的架构，先以虚拟化架构来说明，如图 3-1 所示。

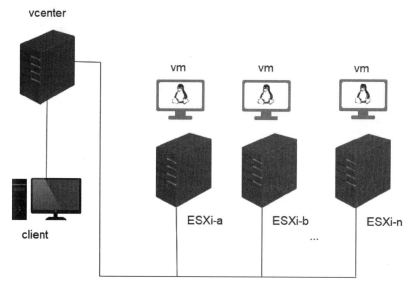

图 3-1　虚拟化架构

在 vmware vsphere 虚拟化环境里,ESXi 是专门用来运行虚拟机的,为了统一管理、统一调度这些 ESXi 及里面的虚拟机,我们需要安装一台 vcenter。这台 vcenter 作为一个控制台,通过 vsphere client 或者 vsphere web client 连接到 vcenter 上,然后就可以对整个虚拟化架构进行管理了。

k8s 的架构和这种虚拟化环境的架构是类似的,如图 3-2 所示。

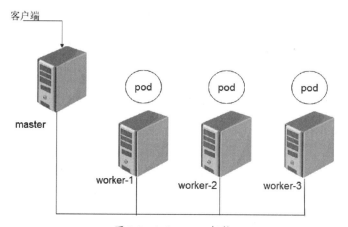

图 3-2　kubernetes 架构

这里的 master 就相当于 vsphere 里的 vcenter,是一个控制台,也叫作 control plane node(控制平面节点),这里的 worker 相当于 vsphere 里的 ESXi,是专门用于运行 pod(容器)的。

前面讲到 docker 直接管理容器,在 k8s 环境里直接管理的是 pod。pod 翻译成中文叫作"豆荚",豆荚里有豌豆。豌豆藤上结的是一颗颗的豆荚而不是一粒粒的豆,即豌豆藤上管理的最小单位是豆荚。豌豆藤是 kubernetes,豆荚是 pod,豌豆是容器,即 kubernetes 里的最小的调度单位是 pod。一个 pod 里可以有多个容器,一般情况下我们只会在 pod 里设计一个容器。因为在 pod 里有各种策略、各种网络设置，所以更方便我们去管理，如图 3-3 所示。

图 3-3　pod 和容器的关系

在 kubernetes 里，我们不需要再使用 docker run 这种方式去创建容器了，kubernetes 会创建出一个个的"豆荚"，即 pod。

客户端连接到 master 上之后，说我要创建一个 pod，则 master 会根据调度程序决定这个 pod 到底是在哪台 worker 上创建。

下面介绍 k8s 里的常见组件，如图 3-4 所示。

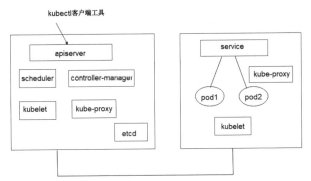

图 3-4　kubernetes 常见组件

在 master 上运行的组件名称及作用如表 3-1 所示。

表 3-1　master 上运行的组件及作用

组件名称	作用
kubectl	是命令行工具，用户要创建、删除什么东西，一般都用它来做
api-server	是一个接口，接收用户发送的请求
scheduler	调度器，当用户创建 pod 时，判定这个 pod 将会被调度在哪台 worker 上创建
controller-manager	整个 k8s 的大管家，包括监测节点状态、pod 数目等

下面的组件是在所有节点上都有的，如表 3-2 所示。

表 3-2　worker 上运行的组件和作用

组件名称	作用
kubelet	在包括 master 在内的所有节点上运行，是一个代理，接受 master 分配过来的任务，并把节点信息反馈给 master 上的 api-server
kube-proxy	在包括 master 在内的所有节点上运行，用于把发送给 service 的请求转发给后端的 pod，其模式有 iptables 和 ipvs。关于 service 后面会讲

续表

组件名称	作用
calico 网络	使得节点中的 pod 能够互相通信，集群安装好之后，一定要安装它

前面讲的 docker，都是在单主机上配置的，不同主机的容器要是想互相通信的话，要不通过端口映射，要不就通过安装 calico 网络来实现。而 k8s 环境是多主机的，pod 可能会分布在不同的机器上，为了让这些 pod 能顺利地互相通信，需要在 k8s 环境里安装 calico 网络。

3.2 安装 kubernetes 集群

本节主要是完整地搭建一套 kubernetes 集群出来，包括实验环境的准备、安装 master、把 worker 加入集群、安装 calico 网络等。

3.2.1 实验拓扑图及环境

完成本章及后续的实验，我们需要 3 台机器：1 台 master，2 台 worker，拓扑图及配置如图 3-5 所示。

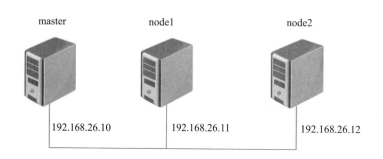

图 3-5　实验拓扑图

机器的配置如表 3-3 所示。

表 3-3　机器的配置

主机名	IP 地址	内存需求	操作系统版本	角色
vms10.rhce.cc	192.168.26.10	4GB	centos 7.4	master
vms11.rhce.cc	192.168.26.11	4GB	centos 7.4	worker1
vms12.rhce.cc	192.168.26.12	4GB	centos 7.4	worker2

3.2.2 实验准备

在安装 kubernetes 之前，需要设置好 yum 源，关闭 selinux 及关闭 swap 等。下面的准备操作都是在所有的节点上做的。

步骤 1：建议所有节点使用 centos7.4，在所有节点上同步 /etc/hosts。

```
[root@vmsX ~]# cat /etc/hosts
127.0.0.1    localhost localhost.localdomain localhost4 localhost4.localdomain4
::1          localhost localhost.localdomain localhost6 localhost6.localdomain6
192.168.26.10    vms10.rhce.cc        vms10
192.168.26.11    vms11.rhce.cc        vms11
192.168.26.12    vms12.rhce.cc        vms12
[root@vmsX ~]#
```

步骤 2：在所有节点上配置防火墙和关闭 selinux。

```
[root@vmsX ~]# firewall-cmd --get-default-zone
trusted
[root@vmsX ~]# getenforce
Disabled
[root@vmsX ~]#
```

步骤 3：在所有节点上关闭 swap，并注释掉 /etc/fstab 里的 swap 相关条目。

```
[root@vms10 ~]# swapon -s
文件名                       类型          大小          已用      权限
/dev/sda2                   partition     10485756      12        -1
[root@vmsX ~]# swapoff -a
[root@vmsX ~]# sed -i '/swap/s/UUID/#UUID/g' /etc/fstab
```

步骤 4：在所有节点上配置好 yum 源（请提前安装好 wget，再执行下面的操作）。

```
[root@vmsX ~]# rm -rf /etc/yum.repos.d/* ; wget -P /etc/yum.repos.d/ ftp://ftp.
rhce.cc/k8s/*
...
[root@vmsX ~]#
```

步骤 5：在所有节点安装并启动 docker，并设置 docker 自动启动。

```
yum install docker-ce -y
systemctl enable docker --now
```

步骤 6：在所有节点设置内核参数。

```
[root@vmsX ~]# cat <<EOF > /etc/sysctl.d/k8s.conf
net.bridge.bridge-nf-call-ip6tables = 1
net.bridge.bridge-nf-call-iptables = 1
net.ipv4.ip_forward = 1
EOF
[root@vmsX ~]#
```

让其立即生效。

```
[root@vmsX ~]# sysctl -p /etc/sysctl.d/k8s.conf
[root@vmsX ~]#
```

注意：如果发现如图 3-6 所示的错误，则通过 modprobe br_netfilter 解决问题。

```
sysctl: cannot stat /proc/sys/net/bridge/bridge-nf-call ip6tables: 没有那个文件或目录
sysctl: cannot stat /proc/sys/net/bridge/bridge-nf-call-iptables: 没有那个文件或目录
net.ipv4.ip_forward = 1
```

图 3-6　加载模块报错

基本上，先安装 docker-ce 并启动 docker，再修改参数是不会出现上述问题的。

步骤 7：在所有节点上安装软件包。

```
[root@vmsX ~]# yum install -y kubelet-1.21.1-0 kubeadm-1.21.1-0 kubectl-1.21.1-0
--disableexcludes=kubernetes
已加载插件: fastestmirror
...
更新完毕:
  yum.noarch 0:3.4.3-167.el7.centos

  完毕!
[root@vmsX ~]#
```

注意：安装时如果没有指定版本，则安装的是最新版本

步骤 8：在所有节点上启动 kubelet，并设置开机自动启动。

```
[root@vmsX ~]# systemctl restart kubelet ; systemctl enable kubelet
Created symlink from /etc/systemd/system/multi-user.target.wants/kubelet.service
to /usr/lib/systemd/system/kubelet.service.
[root@vmsX ~]#
注意: 此时 kubelet 的状态为 activating
```

3.2.3　安装 master

下面的操作是在 vms10 上进行的，目的是把 vms10 配置成 master。

步骤 1：在 master 上执行初始化。

注意：因为阿里云里缺少一个镜像，所以在所有节点上启动 docker 之后，要用命令 wget ftp://ftp.rhce.cc/cka-tool/coredns-1.21.tar 下载阿里云里缺少的镜像，然后在所有节点上通过 docker load -i coredns-1.21.tar 命令导入。

```
[root@vms10 ~]# kubeadm init --image-repository registry.aliyuncs.com/google_
containers --kubernetes-version=v1.21.1 --pod-network-cidr=10.244.0.0/16
... 输出 ...
Then you can join any number of worker nodes by running the following on each as
root:
Your Kubernetes control-plane has initialized successfully!
To start using your cluster, you need to run the following as a regular user:
mkdir -p $HOME/.kube
sudo cp -i /etc/kubernetes/admin.conf $HOME/.kube/config
sudo chown $(id -u):$(id -g) $HOME/.kube/config
Alternatively, if you are the root user, you can run:
```

```
    export KUBECONFIG=/etc/kubernetes/admin.conf
... 输出 ...
Then you can join any number of worker nodes by running the following on each as
root:
    kubeadm join 192.168.26.10:6443 --token 524g6o.cpzywevx4ojems69 \
    --discovery-token-ca-cert-hash
 sha256:6b19ba9d3371c0ac474e8e70569dfc8ac93c76fd841ac8df025a43d49d8cd860
[root@vms10 ~]#
```

上面输出提示安装完之后的操作，按上面的提示分别执行每条命令。

注意 1：这里用 --image-repository 选项指定使用阿里云的镜像。

注意 2：--pod-network-cidr=10.244.0.0/16 在这里指的是 pod 的网段。

注意 3：如果想安装其他版本的话，直接在 --kubernetes-version 里指定。

```
kubeadm init --image-repository registry.aliyuncs.com/google_containers
--kubernetes-version=v1.21.0 --pod-network-cidr=10.244.0.0/16
```

注意：需要先安装对应版本的 kubectl、kubeadm、kubelet。

步骤 2：复制 kubeconfig 文件。

```
[root@vms10 ~]# mkdir -p $HOME/.kube
[root@vms10 ~]# sudo cp -i /etc/kubernetes/admin.conf $HOME/.kube/config
[root@vms10 ~]# sudo chown $(id -u):$(id -g) $HOME/.kube/config
[root@vms10 ~]#
```

上面的提示中，如下命令是用于把 worker 加入 kubernetes 集群的命令。

```
kubeadm join 192.168.26.10:6443 --token 524g6o.cpzywevx4ojems69 \
--discovery-token-ca-cert-hash
sha256:6b19ba9d3371c0ac474e8e70569dfc8ac93c76fd841ac8df025a43d49d8cd860
```

如果忘记了保存此命令的话，可以用如下命令获取。

```
[root@vms10 ~]# kubeadm token create --print-join-command
kubeadm join 192.168.26.10:6443 --token w6v53s.16xt8ssokjuswlzx
--discovery-token-ca-cert-hash
sha256:6b19ba9d3371c0ac474e8e70569dfc8ac93c76fd841ac8df025a43d49d8cd860
[root@vms10 ~]#
```

3.2.4 配置 worker 加入集群

下面的步骤是把 vms11 和 vms12 以 worker 的身份加入 kubernetes 集群。

步骤 1：在 vms11 和 vms12 分别执行以下命令。

```
[root@vmsX ~]# kubeadm join 192.168.26.10:6443 --token
 w6v53s.16xt8ssokjuswlzx --discovery-token-ca-cert-hash
 sha256:6b19ba9d3371c0ac474e8e70569dfc8ac93c76fd841ac8df025a43d49d8cd860
[preflight] Running pre-flight checks
   [WARNING Service-Kubelet]: kubelet service is not enabled, please run 'system
```

```
ctlenable kubelet.service'
... 输出 ...
Run 'kubectl get nodes' on the master to see this node join the cluster.

[root@vmsX ~]#
```

步骤 2：切换到 master 上，可以看到所有节点已经加入集群了。

```
[root@vms10 ~]# kubectl get nodes
NAME                STATUS      ROLES                   AGE       VERSION
vms10.rhce.cc       NotReady    control-plane,master    2m27s     v1.21.1
vms11.rhce.cc       NotReady    <none>                  21s       v1.21.1
vms12.rhce.cc       NotReady    <none>                  19s       v1.21.1
[root@vms10 ~]#
```

从这里可以看到所有节点的状态为 NotReady，我们需要安装 calico 网络才能使得 k8s 正常工作。

3.2.5 安装 calico 网络

因为在整个 kubernetes 集群里，pod 都是分布在不同的主机上的，为了实现这些 pod 的跨主机通信，必须要安装 CNI 网络插件，这里选择 calico 网络。

步骤 1：在 master 上下载配置 calico 网络的 yaml。

```
[root@vms10 ~]# wget https://docs.projectcalico.org/v3.19/manifests/calico.yaml
... 输出 ...
[root@vms10 ~]#
```

步骤 2：修改 calico.yaml 里的 pod 网段。

把 calico.yaml 里 pod 所在网段改成 kubeadm init 时选项 --pod-network-cidr 所指定的网段，用 vim 打开此文件然后查找 "192"，按如下标记进行修改。

```
    # no effect. This should fall within '--cluster-cidr'.
    # - name: CALICO_IPV4POOL_CIDR
    #   value: "192.168.0.0/16"
    # Disable file logging so 'kubectl logs' works.
    - name: CALICO_DISABLE_FILE_LOGGING
      value: "true"
```

把两个 # 及 # 后面的空格去掉，并把 192.168.0.0/16 改成 10.244.0.0/16。

```
    # no effect. This should fall within '--cluster-cidr'.
    - name: CALICO_IPV4POOL_CIDR
      value: "10.244.0.0/16"
    # Disable file logging so 'kubectl logs' works.
    - name: CALICO_DISABLE_FILE_LOGGING
      value: "true"
```

改的时候请看清缩进关系，即这里的对齐关系。

步骤 3：提前下载所需要的镜像。

查看此文件用哪些镜像。

```
[root@vms10 ~]# grep image calico.yaml
          image: calico/cni:v3.19.1
          image: calico/cni:v3.19.1
          image: calico/pod2daemon-flexvol:v3.19.1
          image: calico/node:v3.19.1
          image: calico/kube-controllers:v3.19.1
[root@vms10 ~]#
```

在所有节点（包括 master）上把这些镜像下载下来。

```
[root@vmsX ~]# for i in calico/cni:v3.19.1 calico/pod2daemon-flexvol:v3.19.1 calico/
node:v3.19.1 calico/kube-controllers:v3.19.1 ; do docker pull $i ; done
... 大量输出 ...
[root@vmsX ~]
```

步骤 4：安装 calico 网络。

在 master 上执行如下命令。

```
[root@vms10 ~]# kubectl apply -f calico.yaml
... 大量输出 ...
[root@vms10 ~]#
```

步骤 5：验证结果。

再次在 master 上运行命令 kubectl get nodes，查看运行结果。

```
[root@vms10 ~]# kubectl get nodes
NAME             STATUS    ROLES                   AGE    VERSION
vms10.rhce.cc    Ready     control-plane,master    13m    v1.21.1
vms11.rhce.cc    Ready     <none>                  11m    v1.21.1
vms12.rhce.cc    Ready     <none>                  11m    v1.21.1
[root@vms10 ~]#
```

可以看到所有节点的状态已经变为 Ready 了。

③.③ 安装后的设置

【必知必会】：设置使用 Tab 键，删除节点，常用的命令

有一点需要注意，在 kubernetes 集群安装好之后，kubectl 命令都是在 master 上执行的。在敲命令时发现，kubectl 后面的子命令如果能执行 Tab 键，会带来极大的便捷性，但是默认却是不能使用 Tab 键的，需要设置一下。

步骤 1：编辑 /etc/profile，在第二行加上 source <(kubectl completion bash) 并使之生效。

```
[root@vms10 ~]# head -3 /etc/profile
```

```
# /etc/profile
source  <(kubectl completion bash)  #新增，注意< 和 ( 之间是没有空格的

[root@vms10 ~]#
[root@vms10 ~]# source /etc/profile
[root@vms10 ~]#
```

注意 1：要让此设置生效的话，操作系统需要安装 bash-completion。

注意 2：这里的小括号是英文版的小括号，很多人的默认输入法是中文输入法，这里很容易把小括号敲成了中文的小括号。

因为后期可能要复制 yaml 格式的内容，所以设置编辑器 vim 的属性。

步骤 2：创建 /root/.vimrc 内容如下所示。

```
[root@vms10 ~]# cat .vimrc
set paste
[root@vms10 ~]#
```

3.3.1 删除节点及重新加入

有时我们需要把 kubernetes 里的某个节点移除，重新添加其他节点。把节点加入集群的方法前面已经讲了，但是要把节点从集群中移除该如何操作呢？下面演示如何把 vms12.rhce.cc 从集群中删除。

步骤 1：把 vms12.rhce.cc 设置为维护模式。

通过命令 kubectl drain 把节点设置为维护模式，会把已经在此节点上运行的 pod 驱逐到其他节点上运行。

```
[root@vms10 ~]# kubectl drain vms12.rhce.cc --delete-local-data --force --ignore-
daemonsets
node/vms12.rhce.cc cordoned
... 输出 ...
node/vms12.rhce.cc evicted
[root@vms10 ~]#
```

步骤 2：删除这个节点。

```
[root@vms10 ~]# kubectl delete node vms12.rhce.cc
node "vms12.rhce.cc" deleted
[root@vms10 ~]#
[root@vms10 ~]# kubectl get nodes
NAME             STATUS    ROLES                    AGE    VERSION
vms10.rhce.cc    Ready     control-plane,master     18m    v1.21.1
vms11.rhce.cc    Ready     <none>                   16m    v1.21.1
[root@vms10 ~]#
```

步骤 3：清空节点上的配置。

再次把 vms12.rhce.cc 加入集群，先用 kubeadm reset 清除 vms12 上 kubernetes 的设置。

```
[root@vms12 ~]# kubeadm reset
[reset] WARNING: changes made to this host by 'kubeadm init' or 'kubeadm join'
 will be reverted.
[reset] are you sure you want to proceed? [y/N]: y
... 输出 ...
[root@vms12 ~]#
```

步骤 4：重新加入集群。

```
[root@vms12 ~]#kubeadm join 192.168.26.10:6443 --token w6v53s.16xt8ssokjuswlzx
  --discovery-token-ca-cert-hash
  sha256:6b19ba9d3371c0ac474e8e70569dfc8ac93c76fd841ac8df025a43d49d8cd860
    ... 输出 ...
Run 'kubectl get nodes' on the master to see this node join the cluster.

[root@vms12 ~]#
```

注意 1：不管是 master 还是 worker，如果想清空 kubernetes 设置的话，需要执行 kubeadm reset 命令。

注意 2：如果再次加入集群时出错的话，只要把 /etc/kubernetes/pki/ 和 /var/lib/kubelet/ 两个目录的内容清空，然后再次加入集群即可。记住是删除这两个目录里的内容，不是删除这两个目录。

3.3.2 常见的一些命令

本节讲述一些在 kubernetes 里常能用到的查看集群信息的命令。

1. 查看 kubernetes 集群信息

```
[root@vms10 ~]# kubectl cluster-info
Kubernetes master is running at https://192.168.26.10:6443
KubeDNS is running at https://192.168.26.10:6443/api/v1/namespaces/kube-system/
services/kube-dns:dns/proxy

To further debug and diagnose cluster problems, use 'kubectl cluster-info dump'.
[root@vms10 ~]#
```

2. 查看 kubernetes 版本

```
[root@vms10 ~]# kubectl version
Client Version: version.Info{Major:"1", Minor:"21", GitVersion:"v1.21.1",
...
Server Version: version.Info{Major:"1", Minor:"21", GitVersion:"v1.21.1",
...
[root@vms10 ~]#
```

如果要看精简的信息，可以加上 --short 选项。

```
[root@vms10 ~]# kubectl version --short
Client Version: v1.21.1
Server Version: v1.21.1.
```

```
[root@vms10 ~]#
```

3. 查看 kubernetes 里所支持的 api-version（后面章节会遇到）

```
[root@vms10 ~]# kubectl api-versions
admissionregistration.k8s.io/v1
...
storage.k8s.io/v1beta1
v1
[root@vms10 ~]#
```

(3.4) 设置 metric-server 监控 pod 及节点的负载

如果想查看 kubernetes 集群里每个节点及每个 pod 的 CPU 负载、内存负载，需要安装监控，这里我们演示安装 metric-server。

因为安装 metrics-server 的时候，所需要的镜像是 k8s.gcr.io 的，但是由于网络原因无法直接从 k8s.gcr.io 下载镜像，所以先从 docker.io 下载镜像，然后进行 tag 操作。

步骤 1：在所有节点上下载镜像。

```
[root@vmsX ~]# docker pull mirrorgooglecontainers/metrics-server-amd64:v0.3.6
```

步骤 2：在所有节点上进行 tag 操作，形成一个新镜像。

```
[root@vmsX ~]# docker tag mirrorgooglecontainers/metrics-server-amd64:v0.3.6
k8s.gcr.io/metrics-server-amd64:v0.3.6
[root@vmsX ~]#
```

步骤 3：在 master 上通过如下命令下载 metric-server（以下操作都在 master 上进行）。

```
[root@vms10 ~]# curl -Ls https://api.github.com/repos/kubernetes-sigs/metrics-
server/tarball/v0.3.6 -o metrics-server-v0.3.6.tar.gz
[root@vms10 ~]#
```

步骤 4：解压 metrics-server-v0.3.6.tar.gz，并进入如下目录。

```
[root@vms10 1.8+]# pwd
/root/kubernetes-sigs-metrics-server-d1f4f6f/deploy/1.8+
[root@vms10 1.8+]#
```

按下面的内容修改 metrics-server-deployment.yaml。

```
      containers:
      - name: metrics-server
        image: k8s.gcr.io/metrics-server-amd64:v0.3.6
        imagePullPolicy: IfNotPresent
        command:
        - /metrics-server
        - --metric-resolution=30s
```

```
      - --kubelet-insecure-tls
      - --kubelet-preferred-address-types=InternalIP
    volumeMounts:
```

保存退出。

步骤 5：运行当前目录所有文件。

```
[root@vms10 1.8+]# kubectl apply -f .

clusterrole.rbac.authorization.k8s.io/system:aggregated-metrics-reader created
... 大量输出 ...
clusterrolebinding.rbac.authorization.k8s.io/system:metrics-server created
[root@vms10 1.8+]#
```

注意：在运行的时候，如果出现了 Warning 警告的话，直接忽略即可。

步骤 6：查看 metrics-server 的 pod 运行状态。

```
[root@vms10 1.8+]#  kubectl get pods -n kube-system | grep metric
metrics-server-bcfb98c76-x6c5l                 1/1      Running   0           13s
[root@vms10 1.8+]#
```

稍等几分钟，可以通过 kubectl top 命令查看每个 node 及 pod 的资源消耗。

步骤 7：查看节点的负载。

```
[root@vms10 ~]# kubectl top nodes --use-protocol-buffers
NAME            CPU(cores)    CPU%    MEMORY(bytes)    MEMORY%
vms10.rhce.cc   130m          6%      1355Mi           35%
vms11.rhce.cc   49m           2%      529Mi            13%
vms12.rhce.cc   53m           2%      527Mi            13%
[root@vms10 ~]#
```

注意：选项 --use-protocol-buffers 可以不写。

步骤 8：查看 pod 的负载。

```
[root@vms10 ~]# kubectl top pods -n kube-system --use-protocol-buffers
NAME                                       CPU(cores)      MEMORY(bytes)
calico-kube-controllers-6dfcd885bf-7tjd6   1m              10Mi
calico-node-qpt4b                          28m             22Mi
        ... 输出 ...
[root@vms10 ~]#
```

注意：在前面创建 calico 网络的时候，请务必把 calico 里的网段设置为和初始化时所指定的 pod 网络一致。我们在使用 kubeadm init 时指定了 --pod-network-cidr=10.244.0.0/16，所以一定要修改 calico 的网络，这样 metrics-server 运行起来之后，它的 IP 是在 10.244.0.0/16 内的。

```
[root@vms10 1.8+]# kubectl get pods -n kube-system -o wide | grep metri
metrics-server-bcfb98c76-x6c5l                 1/1      Running   0           96s
   10.244.14.1     vms11.rhce.cc   <none>            <none>
[root@vms10 1.8+]#
```

否则会出现只能监测个别节点的错误，如下所示。

```
[root@vms10 ~]# kubectl top nodes --use-protocol-buffers
NAME              CPU(cores)      CPU%         MEMORY(bytes)      MEMORY%
vms10.rhce.cc     166m            8%           3272Mi             55%
vms11.rhce.cc     <unknown>       <unknown>    <unknown>          <unknown>
vms12.rhce.cc     65m             <unknown>    <unknown>          <unknown>
[root@vms10 ~]#
```

3.5 命名空间 namespace

为了理解命名空间，我们以平时使用的 QQ 群举例说明，如图 3-7 所示。

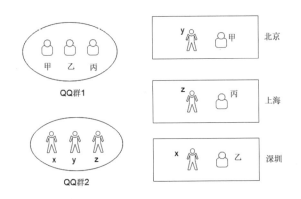

图 3-7　QQ 群的情况

平时我们在 QQ 群里可以无障碍地聊天，但是具体的人可能是分布在不同的城市的，比如图 3-7 中甲、乙、丙在 QQ 群 1 里，但是人可能分别在北京、上海、深圳。x、y、z 三人是在群 2 的，人也可能分布在不同的城市。QQ 群就是这样的一种逻辑结构，不同的群是互相隔离的。虽然人物甲和人物 y 都是在北京，但是他们之间是没有什么关系的，如图 3-8 所示。

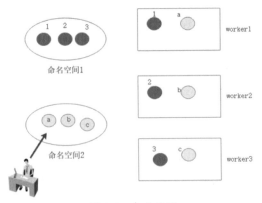

图 3-8　命名空间

命名空间就是类似于 QQ 群的这样一种逻辑组织，当我们进入一个命名空间里的时候，所看到的内容（比如 pod）其实是分布在不同的 worker 上的，如同同一个 QQ 群里的人是分布在不同的城市一样。作为管理员，我们只要在某命名空间对 pod 进行操作即可，不用关心这个 pod 到底是在哪个 worker 上运行的。

3.6 管理命名空间

本节讲解如何查看现有命名空间，以及如何创建和删除命名空间。

步骤 1：查看当前有多少命名空间。

```
[root@vms10 ~]# kubectl get ns
NAME              STATUS      AGE
default           Active      27m
kube-node-lease   Active      27m
kube-public       Active      27m
kube-system       Active      27m
[root@vms10 ~]#
```

步骤 2：有一个比较好的工具可以切换命名空间。

在 vms10 上执行命令 wget ftp://ftp.rhce.cc/cka-tool/kubens -P /bin/，把 kubens 下载到 /bin 目录里。

```
[root@vms10 ~]# chmod +x /bin/kubens
[root@vms10 ~]#
```

步骤 3：查看当前所在命名空间。

```
[root@vms10 ~]# kubens
default
kube-node-lease
kube-public
kube-system
[root@vms10 ~]#
```

步骤 4：创建一个新的命名空间 ns1。

```
[root@vms10 ~]# kubectl create ns ns1
namespace/ns1 created
[root@vms10 ~]#
[root@vms10 ~]# kubectl get ns
NAME              STATUS      AGE
default           Active      29m
kube-node-lease   Active      29m
kube-public       Active      29m
kube-system       Active      29m
ns1               Active      8s
[root@vms10 ~]#
```

步骤 5：切换到 ns1 命名空间。

```
[root@vms10 ~]# kubens ns1
Context "kubernetes-admin@kubernetes" modified.
Active namespace is "ns1".
[root@vms10 ~]#
[root@vms10 ~]# kubens
default
kube-public
kube-node-lease
kube-system
ns1
[root@vms10 ~]#
```

步骤 6：切换到 default 命名空间。

```
[root@vms10 ~]# kubens default
Context "kubernetes-admin@kubernetes" modified.
Active namespace is "default".
[root@vms10 ~]#
```

步骤 7：删除命名空间 ns1。

```
[root@vms10 ~]# kubectl delete ns ns1
namespace "ns1" deleted
[root@vms10 ~]#
```

还可以用如下命令切换命名空间。

```
kubectl config set-context 集群名 --namespace=命名空间
```

如果集群没有发生切换，只是切换命名空间的话，也可以用如下命令。

```
kubectl config set-context --current --namespace=命名空间
```

3.7 安装一套 v1.20.1 版本的集群

后面需要练习升级 kubernetes，所以这里再安装一套节点集群，kubernetes 版本使用 v1.20.1，拓扑图如图 3-9 所示。

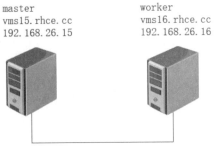

```
master                  worker
vms15.rhce.cc           vms16.rhce.cc
192.168.26.15           192.168.26.16
```

图 3-9 第二套 k8s 集群拓扑

按照前面讲过的步骤,分别设置 yum 源、/etc/hosts、selinux、防火墙、内核参数,安装并启动 docker,安装 kubectl、kubeadm、kubelet,启动 kubelet 等,这里不再重复。

前面是第一套集群,安装好之后,可以获取它的配置。

步骤 1:在 vms10 上执行。

```
[root@vms10 ~]# kubeadm config view > kubeadm-config.yaml
[root@vms10 ~]#
```

步骤 2:把这个文件拷贝到第二套集群的 master 上,即 vms15 上。

```
[root@vms10 ~]# scp kubeadm-config.yaml 192.168.26.15:~
root@192.168.26.15's password:
kubeadm-config.yaml              100%   491    317.7KB/s    00:00
[root@vms10 ~]#
```

步骤 3:在 vms15 的终端上查看此文件的内容,并做适当的修改。

```
[root@vms15 ~]# cat kubeadm-config.yaml
apiServer:
  extraArgs:
    authorization-mode: Node,RBAC
  timeoutForControlPlane: 4m0s
apiVersion: kubeadm.k8s.io/v1beta2
certificatesDir: /etc/kubernetes/pki
clusterName: kubernetes
controllerManager: {}
dns:
  type: CoreDNS
etcd:                                                      镜像仓库
  local:
    dataDir: /var/lib/etcd
imageRepository: registry.aliyuncs.com/google_containers
kind: ClusterConfiguration
kubernetesVersion: v1.20.1          k8s 版本
networking:
  dnsDomain: cluster.local
  podSubnet: 10.244.0.0/16          pod 网段
  serviceSubnet: 10.96.0.0/12
scheduler: {}
[root@vms15 ~]#
```

这里指定的 kubernetes 版本是 1.20.1,主要用于练习升级 kubernetes。

步骤 4:利用 kubeadm-config.yaml 创建集群。

```
[root@vms15 ~]# kubeadm init --config=kubeadm-config.yaml
W0603 19:17:59.792327    1656 configset.go:202] WARNING: kubeadm cannot validate
component configs for API groups [kubelet.config.k8s.io kubeproxy.config.k8s.io]
[init] Using Kubernetes version: v1.20.1
```

```
... 输出 ....
[root@vms15 ~]#
```

步骤 5：按提示执行系列命令。

```
[root@vms15 ~]# mkdir -p $HOME/.kube
[root@vms15 ~]# sudo cp -i /etc/kubernetes/admin.conf $HOME/.kube/config
[root@vms15 ~]# sudo chown $(id -u):$(id -g) $HOME/.kube/config
[root@vms15 ~]#
```

步骤 6：把 worker 加入集群，安装 calico 网络等和前面的步骤一样，请自行安装，最后的结果如下。

```
[root@vms15 ~]# kubectl get nodes
NAME              STATUS   ROLES     AGE    VERSION
vms15.rhce.cc     Ready    master    87s    v1.20.1
vms16.rhce.cc     Ready    <none>    11s    v1.20.1
[root@vms15 ~]#
```

此时有了两套集群，如图 3-10 所示。

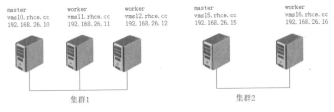

图 3-10　两套 k8s 集群

后续的练习均在第二套集群里做。

模拟考题

1. 查看当前集群里有多少个命名空间，并创建命名空间 ns1。

2. 查看集群中共有多少台主机。

3. 找出命名空间 kube-system 里消耗内存最高的 pod。

4. 找出集群中消耗 CPU 最高的节点。

5. kubeadm join 命令是用于 worker 加入集群的，如果这个命令想不起来了，在 master 上执行什么命令能获取到 kubeadm join 的完整命令？

6. 默认 kubectl 的子命令及选项是不能使用 Tab 键的，请写出设置其可以用 Tab 键的步骤。

第 4 章

升级 kubernetes

考试大纲

了解升级 kubernetes 的步骤，实施 kubernetes 集群的升级。

本章要点

考点 1：升级 master

考点 2：升级 worker

为了提高安全性及获取新特性，我们需要升级 k8s。升级只能从一个版本升级到下一个版本，不能跨版本升级，比如可以从 v1.17 升级到 v1.18，但不可以从 v1.17 升级到 v1.19。

4.1 升级步骤

因为 kubernetes 集群是通过 kuberadm 的方式安装的，然后通过 kubeadm 初始化安装其他所有组件。所以在升级 kubernetes 集群的时候，一定要按一定的顺序来升级，因为 kubernetes 的各个组件都要利用 kubeadm 来升级。

1. 节点的升级步骤

先升级 master，再升级 worker，如果有多台 master，则需要一台台地升级，最后再升级 worker。

2. 软件的升级步骤

不管是 master 还是 worker，都是先升级 kubeadm，然后执行 kubeadm upgrade，再升级 kubelet 和 kubectl。

本章升级的拓扑图如图 4-1 所示。

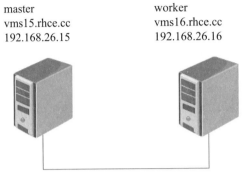

图 4-1　拓扑图

这套集群是在 3.7 章安装好的 v1.20.1 版本的 kubernetes。

整个升级的过程如下。

（1）升级 master，即 vms15 上的 kubeadm。

（2）升级 master 上的其他组件。

（3）升级 worker，即 vms16 上的 kubeadm。

（4）升级 worker 上的其他组件。

4.2 升级第一台 master

【必知必会】：升级 master

本节演示升级第一台 master 的步骤。

步骤 1：查看当前版本。

```
[root@vms15 ~]# kubectl get nodes
NAME              STATUS   ROLES     AGE   VERSION
vms15.rhce.cc     Ready    master    23m   v1.20.1
vms16.rhce.cc     Ready    <none>    20m   v1.20.1
[root@vms15 ~]#
```

或者通过以下命令查看。

```
[root@vms15 ~]# kubectl version --short
Client Version: v1.20.1
Server Version: v1.20.1
[root@vms15 ~]#
```

这里显示当前安装的是 v1.20.1 版本，现在要升级到 v1.21.1 版本。

步骤 2：确定当前 yum 源里 kubeadm 的可用版本。

```
[root@vms15 ~]#  yum list --showduplicates kubeadm
--disableexcludes=kubernetes
已加载插件: fastestmirror
Loading mirror speeds from cached hostfile
已安装的软件包
kubeadm.x86_64                      1.20.1-0              @kubernetes
可安装的软件包
kubeadm.x86_64                      1.6.0-0              kubernetes
    ...输出...
kubeadm.x86_64                      1.20.1-0             kubernetes
kubeadm.x86_64                      1.21.1-0             kubernetes
[root@vms15 ~]#
```

这里显示 yum 源里 kubeadm 可用的最新版本为 1.21.1。

4.2.1　升级 kubeadm

不管是升级 master 还是升级 worker，首先都要把 kubeadm 升级了。

步骤 1：升级 kubeadm 到 1.21.1。

```
[root@vms15 ~]# yum install -y kubeadm-1.21.1-0 --disableexcludes=kubernetes
已加载插件: fastestmirror
    ...输出...
更新完毕：
  kubeadm.x86_64 0:1.21.1-0


完毕!
[root@vms15 ~]#
```

步骤 2：验证 kubeadm 的版本。

```
[root@vms15 ~]# kubeadm version
kubeadm version: &version.Info{Major:"1", Minor:"21", GitVersion:"v1.21.1",...
[root@vms15 ~]#
```

步骤 3：通过 kubeadm upgrade plan 查看集群是否需要升级，以及能升级的版本。

```
[root@vms15 ~]# kubeadm upgrade plan
    ...输出...
Components that must be upgraded manually after you have upgraded the control plane
  with 'kubeadm upgrade apply':
COMPONENT              CURRENT         AVAILABLE
kubelet               2 x v1.20.1      v1.20.8


Upgrade to the latest version in the v1.20 series:


COMPONENT                      CURRENT         AVAILABLE
kube-apiserver                 v1.20.1         v1.20.8
```

```
kube-controller-manager                    v1.20.1        v1.20.8
kube-scheduler                             v1.20.1        v1.20.8
kube-proxy                                 v1.20.1        v1.20.8
CoreDNS                                    1.7.0          v1.8.0
etcd                                       3.4.13-0       3.4.13-0


You can now apply the upgrade by executing the following command:

    kubeadm upgrade apply v1.20.8


_____


Components that must be upgraded manually after you have upgraded the control plane
with 'kubeadm upgrade apply':
COMPONENT              CURRENT        AVAILABLE
kubelet               2 x v1.20.1     v1.21.1


Upgrade to the latest stable version:


COMPONENT                         CURRENT      AVAILABLE
kube-apiserver                    v1.20.1      v1.21.1
kube-controller-manager           v1.20.1      v1.21.1
kube-scheduler                    v1.20.1      v1.21.1
kube-proxy                        v1.20.1      v1.21.1
CoreDNS                           1.7.0        v1.8.0
etcd                              3.4.13-0     3.4.13-0


You can now apply the upgrade by executing the following command:

    kubeadm upgrade apply v1.21.1
    ... 输出 ...
[root@vms15 ~]#
```

此命令检查集群是否可以升级，以及可以获取到的升级版本。

步骤 4：把 master 设置为维护模式，并清空上面运行的 pod。

```
[root@vms15 ~]#
[root@vms15 ~]# kubectl drain vms15.rhce.cc --ignore-daemonsets
node/vms15.rhce.cc cordoned
WARNING: ignoring DaemonSet-managed Pods: kube-system/calico-node-zlkm4, kube-
system/kube-proxy-kgcpx
node/vms15.rhce.cc drained
[root@vms15 ~]#
[root@vms15 ~]# kubectl get nodes
NAME                STATUS                   ROLES     AGE    VERSION
vms15.rhce.cc       Ready,SchedulingDisabled master    2h     v1.20.1
vms16.rhce.cc       Ready                    <none>    2h     v1.20.1
[root@vms16 ~]#
```

注意：kubectl drain 可以在升级集群的命令 kubeadm upgrade apply 运行之前执行，也可以在其之后执行，这里是在其之前执行的。

4.2.2 升级 kubernetes 集群里 master 上的各个组件

kubeadm 升级之后，下面开始利用 kubeadm 命令升级 master 上的各个组件。

注意，要提前导入 coredns-1.21.tar 。

步骤 1：开始升级 kubernetes 集群。

```
[root@vms15 ~]# kubeadm upgrade apply v1.21.1
[upgrade/config] Making sure the configuration is correct:
[upgrade/config] Reading configuration from the cluster...
    ... 输出 ...
[upgrade/version] You have chosen to change the cluster version to "v1.21.1"
[upgrade/versions] Cluster version: v1.20.1
[upgrade/versions] kubeadm version: v1.21.1
[upgrade/confirm] Are you sure you want to proceed with the upgrade? [y/N]: y
    ... 输出 ...
[addons] Applied essential addon: CoreDNS
[addons] Applied essential addon: kube-proxy

[upgrade/successful] SUCCESS! Your cluster was upgraded to "v1.21.1". Enjoy!

[upgrade/kubelet] Now that your control plane is upgraded, please proceed with
upgrading your kubelets if you haven't already done so.
[root@vms15 ~]#
```

注意：如果升级时不想升级 etcd 组件，则需要加 --etcd-upgrade=false 选项，完整的命令是 kubeadm upgrade apply v1.21.1 --etcd-upgrade=false。

步骤 2：升级完毕之后，取消 master 的维护模式。

```
[root@vms15 ~]# kubectl uncordon vms16.rhce.cc
node/vms15.rhce.cc uncordoned
[root@vms15 ~]#
[root@vms15 ~]# kubectl get nodes
NAME            STATUS    ROLES      AGE    VERSION
vms15.rhce.cc   Ready     master     2h     v1.20.1
vms16.rhce.cc   Ready     <none>     2h     v1.20.1
[root@vms15 ~]#
```

这里显示 vms15 的版本仍然是 v1.20.1，下面需要升级 kubelet 和 kubectl。

4.2.3 升级 master 上的 kubelet 和 kubectl

下面开始升级 kubelet 和 kubectl。

步骤 1：安装 v1.21.1 版本的 kubelet 及 kubectl。

```
[root@vms15 ~]# yum install -y kubelet-1.21.1-0 kubectl-1.21.1-0
--disableexcludes=kubernetes
已加载插件: fastestmirror
base                                    | 3.6 kB  00:00:00
    ... 输出 ...
更新完毕:
  kubectl.x86_64 0:1.21.1-0                    kubelet.x86_64 0:1.21.1-0

完毕!
[root@vms15 ~]#
```

重启服务。

```
[root@vms15 ~]# systemctl daemon-reload ; systemctl restart kubelet
[root@vms15 ~]#
```

步骤 2: 验证 kubectl 的版本。

```
[root@vms15 ~]# kubectl version --short
Client Version: v1.21.1
Server Version: v1.21.1
[root@vms15 ~]#
```

或者用以下命令进行验证。

```
[root@vms15 ~]# kubectl get nodes
NAME            STATUS    ROLES     AGE    VERSION
vms15.rhce.cc   Ready     master    2h     v1.21.1
vms16.rhce.cc   Ready     <none>    2h     v1.20.1
[root@vms15 ~]#
```

这里可以看到 master 已经升级到了 v1.21.1，但是 worker 还没升级。

如果环境里有其他 master，升级第二台 master 的步骤和前面的步骤是一样的，只是把命令 kubeadm upgrade apply v1.21.1 换成 kubeadm upgrade node 即可。

注意: 升级哪台机器，kubeadm upgrade node 就在哪台机器上执行。

4.3 升级 worker

升级 worker 的步骤基本上和升级 master 的步骤是一致的，也是先升级 kubeadm，然后把节点设置为维护模式，再升级各个组件，最后升级 kubelet 和 kubectl。

步骤 1: 首先升级 worker 上的 kubeadm 到 1.21.1 版本。

```
[root@vms16 ~]# yum install -y kubeadm-1.21.1-0 --disableexcludes=kubernetes
已加载插件: fastestmirror
base                                    | 3.6 kB  00:00:00
    ... 输出 ...
```

更新完毕：
```
  kubeadm.x86_64 0:1.21.1-0
```

完毕！
```
[root@vms16 ~]#
```

步骤 2：在 vms15 上把 vms16 设置为维护模式。

```
[root@vms15 ~]# kubectl drain vms16.rhce.cc --ignore-daemonsets
node/vms16.rhce.cc cordoned
WARNING: ignoring DaemonSet-managed Pods: kube-system/calico-node-96214, kube-
system/kube-proxy-j6bbs
   ... 输出 ...
pod/coredns-6d56c8448f-29dvf evicted
pod/calico-kube-controllers-65f8bc95db-72lwt evicted
node/vms16.rhce.cc evicted
[root@vms15 ~]#
```

步骤 3：查看集群状态。

```
[root@vms15 ~]# kubectl get nodes
NAME               STATUS                 ROLES     AGE     VERSION
vms15.rhce.cc      Ready                  master    2h      v1.21.1
vms16.rhce.cc      Ready,SchedulingDisabled  <none>    2h      v1.20.1
[root@vms15 ~]#
```

步骤 4：切换到 vms16，更新 worker 上的 kubernetes 集群组件。

```
[root@vms16 ~]# kubeadm upgrade node
[upgrade] Reading configuration from the cluster...
[upgrade] FYI: You can look at this config file with 'kubectl -n kube-system get cm
kubeadm-config -oyaml'
[preflight] Running pre-flight checks
[preflight] Skipping prepull. Not a control plane node.
[upgrade] Skipping phase. Not a control plane node.
[kubelet-start] Writing kubelet configuration to file "/var/lib/kubelet/config.yaml"
[upgrade] The configuration for this node was successfully updated!
[upgrade] Now you should go ahead and upgrade the kubelet package using your
package manager.
[root@vms16 ~]#
```

步骤 5：更新 kubelet 和 kubectl。

```
[root@vms16 ~]# yum install -y kubelet-1.21.1-0 kubectl-1.21.1-0
--disableexcludes=kubernetes
已加载插件: fastestmirror
Loading mirror speeds from cached hostfile
正在解决依赖关系
--> 正在检查事务
---> 软件包 kubectl.x86_64.0.1.21.1-0 将被升级
---> 软件包 kubectl.x86_64.0.1.21.1-0 将被更新
```

```
    ... 输出 ...
验证中        : kubectl-1.21.1-0.x86_64          4/4

更新完毕：
  kubectl.x86_64 0:1.21.1-0                  kubelet.x86_64 0:1.21.1-0

完毕！
[root@vms16 ~]#
重启服务
[root@vms16 ~]#  systemctl daemon-reload ; systemctl restart kubelet
[root@vms16 ~]#
```

步骤 6：在 vms15 上取消 worker 的维护模式。

```
[root@vms15 ~]# kubectl uncordon vms16.rhce.cc
node/vms16.rhce.cc uncordoned
[root@vms15 ~]#
```

验证：

```
[root@vms15 ~]# kubectl get nodes
NAME              STATUS      ROLES       AGE     VERSION
vms15.rhce.cc     Ready       master      2h      v1.21.1
vms16.rhce.cc     Ready       <none>      2h      v1.21.1
[root@vms15 ~]#
```

至此 worker 升级完毕。

模拟考题

在第 3 章介绍过安装集群，我们安装的第二套 kubernetes 集群版本是 v1.20.1，拓扑图如图 4-2 所示。

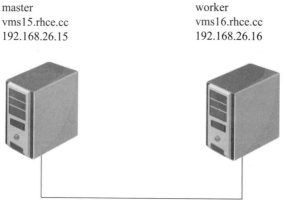

master
vms15.rhce.cc
192.168.26.15

worker
vms16.rhce.cc
192.168.26.16

图 4-2　拓扑图

请把 vms15 升级到 v1.21.1，注意只需要升级 master，worker 不需要升级。

第 5 章
pod

考试大纲

了解 pod 的管理及 pod 的调度，了解并创建静态 pod、初始化 pod。

本章要点

考点 1：创建及删除 pod

考点 2：在 pod 里执行命令

考点 3：查看 pod 里的日志输出

考点 4：创建初始化 pod

考点 5：创建静态 pod

考点 6：指定 pod 在指定的节点上运行

考点 7：通过 cordon 及 drain 把节点设置为维护模式

考点 8：配置并查看节点的污点

在前面 3.1 节里介绍了 pod 的概念，讲述了 pod 是 kubernetes 里的最小调度单位，所以在 k8s 里我们都是直接创建 pod，而不是直接创建容器。因为 pod 里包含容器，所以我们创建 pod 的话，也是需要镜像的，如图 5-1 所示。

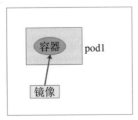
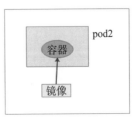

图 5-1　了解容器和 pod 的关系

在所有节点上下载所有我们需要的镜像。

```
[root@vmsX ~]# docker pull hub.c.163.com/library/centos:latest
[root@vmsX ~]# docker pull nginx
[root@vmsX ~]# docker pull nginx:1.7.9
[root@vmsX ~]# docker pull nginx:1.9
[root@vmsX ~]# docker pull busybox
[root@vmsX ~]# docker pull alpine
[root@vmsX ~]# docker pull perl
```

5.1 创建及删除 pod

【必知必会】：查看 pod，创建 pod，删除 pod

前面已经介绍了 pod 是 kubernetes 里最小的调度单位，即使后面讲到了控制器，比如 deployment、daemonset 等，这些控制器也还是用于管理 pod 的。所以本节我们主要看下如何创建和删除 pod，以及如何查看 pod 的相关属性等。

步骤 1：查看有多少 pod。

```
[root@vms10 ~]# kubectl get pods
No resources found in default namespace.
[root@vms10 ~]#
```

当前还没有任何的 pod，这里列出的是当前命名空间里的 pod，如果要列出指定命名的 pod，需要用 -n 来指定命名空间。

步骤 2：要列出 kube-system 里的命名空间，则用以下命令。

```
[root@vms10 ~]# kubectl get pods -n kube-system
NAME                                      READY    STATUS     RESTARTS    AGE
calico-kube-controllers-675d8749dd-sq6mn   1/1      Running    0           20m
calico-node-nvj6x                          1/1      Running    0           20m
...
[root@vms10 ~]#
```

步骤 3：如果要列出所有命名空间的 pod，需要加上 --all-namespaces 选项或者 -A，比如：

```
[root@vms10 ~]# kubectl get pods  --all-namespaces
NAMESPACE       NAME                                       READY   STATUS    RESTARTS   AGE
... 输出 ...
kube-system     calico-kube-controllers-675d8749dd-sq6mn   1/1     Running   0          22m
kube-system     calico-node-nvj6x                          1/1     Running   0          22m
... 输出 ...
[root@vms10 ~]#
```

5.1.1 创建 pod

本小节讲的是以命令行的方式创建 pod，命令行的语法如下。

```
kubectl run 名字  --image= 镜像
```

在这里也可以指定 pod 的标签，语法如下。

```
kubectl run 名字  --image= 镜像 --labels= 标签 = 值
```

注意：等号两边没空格。

如果要多个标签，则用多个 --labels 选项即可。

还可以指定 pod 里使用的变量，语法如下。

```
kubectl run 名字  --image= 镜像 --env=" 变量名 = 值 "
```

如果要指定多个变量，则使用多个 --env 选项即可。

也可以指定 pod 里容器使用的端口，使用选项 port。

```
kubectl run 名字  --image= 镜像 --port= 端口号
```

还可以指定镜像下载策略。

```
kubectl run 名字 --image= 镜像 --image-pull-policy= 镜像下载策略
```

步骤 1：下面创建一个名字为 pod1 的 pod，镜像使用 nginx。

```
[root@vms10 ~]# kubectl run pod1 --image=nginx
pod/pod1 created
[root@vms10 ~]#
```

注意：在此命令里并没有指定镜像下载策略，所以使用默认的下载策略 Always，即在创建这个 pod 的时候，即使本地已经有了 nginx 镜像，但是每次仍要重新去下载 nginx 镜像。因为国内网站访问国外网站的速度会慢些，所以这个 pod 的创建时间会有些久，一开始的状态会为 ContainerCreating。建议创建 pod 的时候能加上选项 --image-pull-policy=IfNotPresent，这里把镜像下载策略设置为 IfNotPresent，即优先使用本地存在的镜像，如果本地没有，才会去下载。

步骤 2：查看 pod。

```
[root@vms10 ~]# kubectl get pods
NAME     READY     STATUS     RESTARTS     AGE
pod1     1/1       Running    0            38s
[root@vms10 ~]#
```

步骤 3：要查看此 pod 运行在哪个节点上，则需要加上 -o wide。

```
[root@vms10 ~]# kubectl get pods  -o  wide
NAME     READY     STATUS     RESTARTS     AGE     IP              NODE            ...
pod1     1/1       Running    0            59s     10.244.14.18    vms12.rhce.cc   ...
[root@vms10 ~]#
```

注意：这里因为结果太长，只截取了部分结果。

从这里可以看到，pod 是在 vms12.rhce.cc 上运行的，pod 的 IP 是 10.244.14.18。

5.1.2 删除 pod

本小节讲如何删除 pod，删除 pod 的语法如下。

```
kubectl delete pod 名字 --force
```

这里 --force 是可选的，作用是可以加快删除 pod 的速度。

步骤 1：删除 pod1。

```
[root@vms10 ~]# kubectl delete pod pod1
pod "pod1" deleted
[root@vms10 ~]#
```

步骤 2：查看现有 pod。

```
[root@vms10 ~]# kubectl get pods
No resources found in  default namespace.
[root@vms10 ~]#
```

5.1.3 生成 yaml 文件创建 pod

更建议使用 yaml 的方式来创建 pod，因为这样可以在 yaml 文件里指定各种属性，生成 yaml 文件的命令如下。

```
kubectl run 名字  --image= 镜像 --dry-run=client -o yaml  >  pod.yaml
```

这里 --dry-run=client 的意思是模拟创建 pod，但并不会真的创建， -o yaml 的意思是以 yaml 文件的格式输出，然后把结果重定向到 pod.yaml 里。

步骤 1：本章所涉及的文件单独放在一个 pod 目录里，创建目录 pod 并 cd 进去。

```
[root@vms10 ~]# mkdir pod ; cd pod
[root@vms10 pod]#
```

步骤 2：创建 pod1 的 yaml 文件 pod1.yaml。

```
[root@vms10 pod]# kubectl run pod1 --image=nginx --dry-run=client -o yaml > pod1.
yaml
[root@vms10 pod]#
```

yaml 文件的格式如图 5-2 所示。

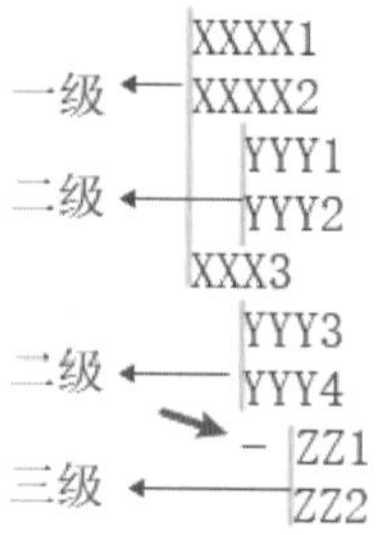

图 5-2　yaml 的结构

yaml 文件里的写法是分级的，子级和父级之间要缩进 2 个空格（记住不能按 Tab 键），子级的第一个位置可以以 "-" 开头，这个 "-" 和父级对齐，如图 5-2 箭头指定的位置。下面来看下 pod 的 yaml 文件的结构，如图 5-3 所示。

图 5-3　1 个 pod 的 yaml 文件的例子

pod 的 yaml 文件里，第一级的常见参数主要有以下 4 个。

apiVersion：指定 pod 的 apiVersion，是固定的值 v1。

kind：指定当前 yaml 要创建的类型是 pod，与上面 apiVersion 的值是对应的。

metadata：用于指定 pod 的元数据信息，包括 pod 名、pod 的标签和所在的命名空间等信息。

spec：定义容器及各种策略。

metadata 下面常见的第二级参数有以下 3 个。

name：用于定义 pod 的名字。

namespace：用于定义 pod 所在的命名空间。

labels：用于定义 pod 的标签，定义标签的格式为 key: value。

spec 下面常见的第二级参数有以下 3 个。

containers：定义容器。

restartPolicy：定义 pod 的重启策略。

dnsPolicy：定义 DNS 策略。

spec.containers 下的第三级参数包括 (第一个参数以 "-" 开头) 有以下 7 个。

images：用于定义容器所使用的镜像。

imagePullPolicy: 镜像的下载策略。

name：容器的名字。

command：用于指定容器里运行的进程，如果不写则使用镜像里默认的进程。

ports：用于定义容器所使用的端口。

env：用于定义变量。

resources：定义资源限制，后面有专门章节讲解。

spec.containers.ports 里的参数包括 (第一个参数以 "- " 开头) 有以下 3 个。

name：端口的名字。

containerPort：容器所使用的端口，仅用作标记，应根据镜像所用的端口指定。

protocol：设置端口协议，是 TCP 还是 UDP。

spec.containers.env 里的参数包括 (第一个参数以 "- " 开头) 有以下 2 个。

name：变量名。

value：变量值，如果值是数字的话，则需要使用引号引起来。

如果想查看 pod 里有多少一级参数，可以用 kubectl explain pods 查看；如果想查看每个参数下面有多少参数，可以用 kubectl explain 命令。

想查看 spec 下有多少选项，可用 kubectl explain pods.spec 查看。

想查看 spec.containers 有多少选项，可用 kubectl explain pods.spec.containers 查看。

这里重点说下 containers 里的镜像下载策略 imagePullPolicy，它的三个值如下。

（1）Always：不管本地有没有镜像，都会到网络上去下载（默认值）。

（2）Never：只使用本地镜像，如果本地不存在镜像，则报错。

（3）IfNotPresent：优先使用本地镜像，如果本地没有才到网络去下载（建议）。

这里默认值是 Always，假设镜像虽然已经下载了，但有时可能遇到如下问题。

（1）本地网络带宽很高，但是创建 pod 仍然很慢，原因是创建 pod 时不管本地有没有，优先去下载镜像，但国内访问国外站点速度很慢，所以创建 pod 会很慢。

（2）如果 worker 不能连接互联网，则创建 pod 时直接报错，因为根本下载不了镜像，也不会使用本地镜像。

所以建议大家把镜像策略改成 imagePullPolicy: IfNotPresent。

步骤 3：修改 pod1.yaml 的内容，添加 imagePullPolicy: IfNotPresent。

```
[root@vms10 pod]# cat pod1.yaml
apiVersion: v1
kind: Pod
metadata:
  creationTimestamp: null
  labels:
```

```
      run: pod1    #这里 pod 标签设置为 run=pod1
    name: pod1    #pod 名为 pod1
spec:
  containers:
  - image: nginx    #pod 所使用的镜像
    imagePullPolicy: IfNotPresent
    name: pod1    #这个是容器名
    resources: {}
  dnsPolicy: ClusterFirst
  restartPolicy: Always
status: {}
[root@vms10 pod]#
```

注意：这里镜像下载策略可以在命令行里指定。

```
kubectl run 名字 --image=镜像 --image-pull-policy=镜像下载策略
```

yaml 文件里有哪些可写的字段都可以通过 "kubectl explain 资源类型 . 一级 . 二级" 来查看，比如想知道 containers 字段里有哪些属性，可以用 kubectl explain pods.spec.containers 来进行查询。

通过此 yaml 文件创建 pod 的语法如下。

```
kubectl apply -f yaml 文件
```

如果要指定命名空间，则用 kubectl apply -f yaml -n 命名空间。

步骤 4：创建 pod。

```
[root@vms10 pod]# kubectl apply -f pod1.yaml
pod/pod1 created
[root@vms10 pod]#
```

步骤 5：查看 pod。

```
[root@vms10 pod]# kubectl get pods
NAME      READY     STATUS       RESTARTS       AGE
pod1      1/1       Running      0              2s
[root@vms10 pod]#
```

因为创建 pod 时，并没有指定 pod 里运行什么进程，所以 pod 里运行的进程是镜像里 CMD 字段指定的进程。创建 pod 时我们也可以指定 pod 运行其他进程，可以用如下命令。

```
kubectl run 名字 --image=镜像 --dry-run=client -o yaml -- "命令" > pod.yaml
或者
kubectl run 名字 --image=镜像 --dry-run=client -o yaml -- sh -c "命令" >
pod.yaml
```

这两种都可以，注意以下两点。

（1）-- 两边要有空格。

（2）--dry-run=client -o yaml 写在 -- 前面，命令写在 -- 后面，不要写错了。

练习:生成一个 pod 的 yaml 文件

步骤 1:要求在此 pod 里执行 echo aa,然后休眠 1000 秒。

```
[root@vms10 pod]# kubectl run pod2 --image=nginx --image-pull-policy=IfNotPresent
--dry-run=client -o yaml  -- sh -c "echo aa ; sleep 1000" > pod2.yaml
[root@vms10 pod]#
```

内容如下。

```
[root@vms10 pod]# cat pod2.yaml
apiVersion: v1
kind: Pod
metadata:
  creationTimestamp: null
  labels:
    run: pod2
  name: pod2
spec:
  containers:
  - args:
    - sh
    - -c
    - echo aa ; sleep 1000
    image: nginx
    imagePullPolicy: IfNotPresent
    name: pod2
    resources: {}
  dnsPolicy: ClusterFirst
  restartPolicy: Always
status: {}
[root@vms10 pod]#
```

这样当 pod2 运行的时候,容器里运行的就不是镜像 nginx 里 CMD 指定的进程了。当然这里关键字 args 是可以换成 command 的。

```
  containers:
  - command:
    - sh
    - -c
    - echo aa ; sleep 1000
    image: nginx
```

这里命令是分成多行写的,也可以写成一行,用 json 文件的格式写成如下格式。

```
  containers:
  - command: ["sh","-c","echo aa ; sleep 1000"]
    image: nginx
```

注意:在考试时,可以利用此命令快速生成 yaml 文件,然后进行修改。

步骤 2：创建 pod2。

```
[root@vms10 pod]# kubectl apply -f pod2.yaml
pod/pod2 created
[root@vms10 pod]#
```

步骤 3：查看现有 pod。

```
[root@vms10 pod]# kubectl get pods
NAME     READY    STATUS     RESTARTS     AGE
pod1     1/1      Running    0            6m8s
pod2     1/1      Running    0            3s
[root@vms10 pod]#
```

步骤 4：删除 pod2。

```
[root@vms10 pod]# kubectl delete -f pod2.yaml
pod "pod2" deleted
[root@vms10 pod]#:
```

一个 pod 里是可以有多个容器的，每个容器都在 containers 字段下定义。

步骤 5：修改 pod2.yaml 的内容，如图 5-4 所示。

```
[root@vms10 pod]# cat pod2.yaml
apiVersion: v1
kind: Pod
metadata:
  creationTimestamp: null
  labels:
    run: pod2
  name: pod2
spec:
  containers:
  - command: ["sh","-c","echo aa ; sleep 1000"]
    image: nginx
    imagePullPolicy: IfNotPresent
    name: c1
    resources: {}
  - name: c2
    image: nginx
    imagePullPolicy: IfNotPresent
  dnsPolicy: ClusterFirst
  restartPolicy: Always
status: {}
[root@vms10 pod]#
```

第一个容器
第二个容器

图 5-4　一个 pod 里包含两个容器的例子

注意：

（1）两个容器都是在 containers 下面定义的。

（2）定义每个容器的时候，常见的选项有 name、image、command 等，哪个选项都可以放在一个位置，然后前面用 - 开头，和上级对齐。比如图 5-4 里第一个容器 command 是第一个位置，第二个容器里 name 是第一个位置。

步骤 6：创建此 pod。

```
[root@vms10 pod]# kubectl apply -f pod2.yaml
pod/pod2 created
[root@vms10 pod]#
```

步骤 7：查看 pod。

```
[root@vms10 pod]# kubectl get pods
NAME    READY   STATUS    RESTARTS    AGE
pod1    1/1     Running   0           9m8s
pod2    2/2     Running   0           3s
[root@vms10 pod]#
```

这里 pod2 显示的是 2/2，说明 pod 里有 2 个容器，这两个容器都是正常运行的。

在 kubernetes 里，所有的资源，比如节点、pod，还有后面会讲的 deployment、service 等都有标签。

步骤 8：查看 pod 及标签信息。

```
[root@vms10 pod]# kubectl get pods --show-labels
NAME    READY   STATUS    RESTARTS    AGE       LABELS
pod1    1/1     Running   0           10m18s    run=pod1
pod2    2/2     Running   0           7s        run=pod2
[root@vms10 pod]#
```

步骤 9：用 -l（label 的首字母）来指定标签，用于列出含有特定标签的 pod，比如查看标签为 run=pod1 的 pod。

```
[root@vms10 pod]# kubectl get pods -l run=pod1
NAME    READY   STATUS    RESTARTS    AGE
pod1    1/1     Running   0           11m49s
[root@vms10 pod]#
```

5.2 pod 的基本操作

【必知必会】：在 pod 里执行命令，查看 pod 属性，查看 pod 里的日志

基本上所有的操作都是以命令行操作的，大家一定要把操作在脑子里以图形化方式想象出来，这样更容易去理解。我们把 pod 想象成一个黑盒子，里面运行了一个进程。这个黑盒子又没有显示器，那么如何在 pod 里执行命令呢？如图 5-5 所示。

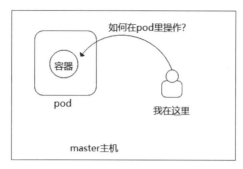

图 5-5 pod 操作

本节练习如何在容器中执行命令，往容器里拷贝文件，查看容器的日志。

在容器中执行命令的语法如下。

```
kubectl exec pod名字 -- 命令
```

步骤 1：查看 pod1 里 /usr/share/nginx/html 里的内容。

```
[root@vms10 pod]# kubectl exec pod1  --  ls /usr/share/nginx/html
50x.html
index.html
[root@vms10 pod]#
```

注意：这里 pod 名后面要有 --，这个是固定用法。也可以让容器和物理机之间互拷文件，物理机拷贝文件到容器的用法如下。

kubectl cp /path1/file1 pod:/path2/：把物理机里文件的 /path1/file1 拷贝到 pod 的 /path2 里。

也可以把容器里的东西拷贝到物理机，这里要注意拷贝的是目录还是文件。

kubectl cp pod:/path2/ /path1/：把容器里目录 /path2/ 里的东西拷贝到物理机的 /path1 里。

如果从容器里拷贝的是文件而不是目录的话，则需要在物理机里指定文件名。

kubectl cp pod:/path2/file2 /path1/file2：把容器里的文件 /path2/file2 拷贝到物理机的目录 /path1 里。

步骤 2：把物理机的文件 /etc/hosts 拷贝到 pod1 里。

```
[root@vms10 pod]# kubectl cp /etc/hosts pod1:/usr/share/nginx/html
[root@vms10 pod]# kubectl exec pod1 -- ls /usr/share/nginx/html
50x.html
hosts
index.html
[root@vms10 pod]#
```

步骤 3：把 pod 里的东西拷贝到物理机。

```
[root@vms10 pod]# kubectl cp pod1:/usr/share/nginx/html/ /opt
tar: Removing leading `/' from member names
[root@vms10 pod]# ls /opt/
50x.html  cni  hosts  index.html  rh
[root@vms10 pod]#
```

步骤 4：进入 pod 里并获取 bash。

```
[root@vms10 pod]# kubectl exec -it pod1 -- bash
root@pod1:/#
root@pod1:/# exit
exit
[root@vms10 pod]#
```

步骤 5：如果 pod 里有多个容器的话，默认是进入第一个容器里，如图 5-6 所示。

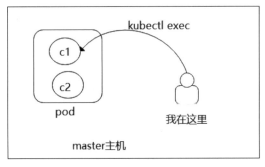

图 5-6　pod 容器

```
[root@vms10 pod]# kubectl exec -it pod2 -- bash
Defaulting container name to c1.
Use 'kubectl describe pod/pod2 -n default' to see all of the containers in this pod.
root@pod2:/# exit
exit
[root@vms10 pod]#
```

步骤 6：如果想进入第二个容器里的话，用 -c 指定容器名。

```
[root@vms10 pod]# kubectl exec -it pod2 -c c2 -- bash
root@pod2:/# exit
exit
[root@vms10 pod]#
```

注意：从前面的 yaml 文件可知，名字为 pod2 的 pod 里有两个容器，分别是 c1 和 c2。

步骤 7：pod 的具体属性可以通过 describe 查看。

```
[root@vms10 pod]# kubectl describe pod pod2
Name:          pod2
Namespace:     default
Priority:         0
Node:          vms12.rhce.cc/192.168.26.12
...输出...
Normal  Started    2s (x2 over 16m)  kubelet, vms12.rhce.cc  Started container c1
[root@vms10 pod]#
```

步骤 8：查看 pod 里的输出。

```
[root@vms10 pod]# kubectl logs pod1
```

```
[root@vms10 pod]#
```

步骤 9：如果一个 pod 里有多个容器，需要使用 -c 指定查看哪个容器的输出。

```
[root@vms10 pod]# kubectl logs pod2
error: a container name must be specified for pod pod2, choose one of: [c1 c2]
[root@vms10 pod]#
[root@vms10 pod]# kubectl logs pod2 -c c1
aa
[root@vms10 pod]#
```

步骤 10：删除这两个 pod。

```
[root@vms10 pod]# kubectl delete pod pod1
pod "pod1" deleted
[root@vms10 pod]# kubectl delete -f pod2.yaml
pod "pod2" deleted
[root@vms10 pod]#
```

注意：

（1）可以用 kubectl delete pod 名字或者 kubectl delete -f pod.yaml 删除 pod。

（2）为了删除的速度更快一些，可以加上 --force 选项。

5.3 了解 pod 的声明周期，优雅地关闭 pod

【必知必会】：配置 pod 的延期关闭，配置 pod hook

通过本节的练习，读者可以了解 pod 的声明周期（lifecycle）和学习配置 pod hook。

5.3.1 pod 的延期删除

前面讲述过，删除 pod 的时候，可以加上 --force 选项提高删除 pod 的速度，那么如果不加 --force 选项，为什么会那么慢呢？原因在于 kubernetes 对 pod 的删除有个延期删除期（即宽限期），这个时间默认是 30s，如图 5-7 所示。

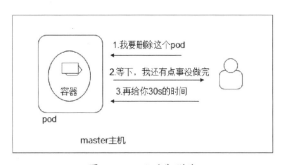

图 5-7　pod 延期删除

假设没有宽限期的话，某个 pod 正在处理用户的请求，然后我们发出一个删除此 pod 的命令，这个 pod 会立即被强制删除，而不管它是不是正在处理任务，这样会影响到正在连接此 pod 的那部分用户的正常使用，这叫作粗暴地删除 pod。

有了宽限期就不一样了，当我们对某个 pod 发出删除命令的时候，这个 pod 的状态会被标记为"terminating"，但此时并不会立即把这个 pod 删除，而是等待这个 pod 继续处理手头的任务。如果在 30s 内任务完成的话，则 pod 会被自动删除，如果超过 30s 任务还没结束，则此 pod 会被强制删除。这种删除 pod 的方式就叫作优雅地删除 pod。

这个宽限期可以通过参数 terminationGracePeriodSeconds 来指定。

```
apiVersion: v1
kind: Pod
metadata:
  creationTimestamp: null
  labels:
    run: pod1
  name: pod1
spec:
  terminationGracePeriodSeconds: 15
  containers:
  - image: busybox
    imagePullPolicy: IfNotPresent
    command: ["sh","-c","sleep 1000"]
    name: pod1
    resources: {}
```

这里把宽限期改为了 15s，即当我们要删除 pod 的时候会有 15s 的宽限期。容器里执行的命令是 sleep 1000，要 1000s 之后才能终止，所以 15s 之后 pod1 会被强制删除。这里如果把 terminationGracePeriodSeconds 的值设置为 0 的话，当删除此 pod 时，这个 pod 就会被立即删除。

不过，如果 pod 里运行的是 nginx 进程，就不一样了，因为 nginx 处理信号的方式和 kubernetes 处理信号的方式并不一样，如图 5-8 所示。

nginx can be controlled with signals. The process ID of the master process is written to the file /usr/local/nginx/logs/nginx.pid by default. This name may be changed at configuration time, or in nginx.conf using the pid directive. The master process supports the following signals:

TERM, INT	fast shutdown
QUIT	graceful shutdown
HUP	changing configuration, keeping up with a changed time zone (only for FreeBSD and Linux), starting new worker processes with a new configuration, graceful shutdown of old worker processes
USR1	re-opening log files
USR2	upgrading an executable file
WINCH	graceful shutdown of worker processes

图 5-8　nginx 对信号的处理方式

当我们要对镜像为 nginx 的 pod 发出删除信号的时候，pod 里的 nginx 进程会被很快关闭（fast shutdown），之后 pod 也很快被删除，并不会使用 kubernetes 的删除宽限期，如图 5-9 所示。

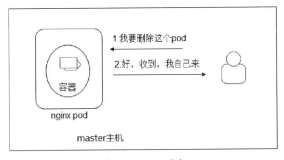

图 5-9　pod 删除

这样就带来了一个问题，当我们在删除某个 pod 的时候，有客户端正在连接此 pod 怎么办？如果此 pod 被强制删除，客户端就会访问报错，那怎么办呢？可以通过下面的 pod 钩子来解决问题。

5.3.2　pod hook（钩子）

在整个 pod 生命期（lifecycle）内，有两个 hook 是可用的。

（1）postStart：当创建 pod 的时候，会随着 pod 里的主进程同时运行，没有先后顺序。

（2）preStop：当删除 pod 的时候，要先运行 preStop 里的程序，之后再关闭 pod。

对于 preStop 来说，也必须要在 pod 宽限期内完成，如果 preStop 在宽限期内没有完成，则 pod 仍然会被强制删除。

看下面的例子，修改 pod2.yaml 文件，内容如下。

```yaml
apiVersion: v1
kind: Pod
metadata:
  creationTimestamp: null
  labels:
    run: pod2
  name: pod2
spec:
  terminationGracePeriodSeconds: 600
  containers:
  - image: nginx
    imagePullPolicy: IfNotPresent
    name: pod2
    resources: {}
    lifecycle:
      preStop:
        exec:
          command: ["/bin/sh","-c","/usr/sbin/nginx -s quit"]
```

当执行删除 pod 的时候，pod 的状态被标记为"terminating"，此时删除信号并没有发送到 pod 里的主进程 nginx -g daemon off;，而是要先执行 preStop hook 里的进程，即 /usr/sbin/nginx -s quit。

/usr/sbin/nginx -s quit 是一种优雅地关闭 nginx 的方式，即先处理完手头已有的任务，再关闭 nginx 进程。当处理完所有的已有任务之后，preStop hook 任务结束，然后 pod 里的主程序接收关闭信号，再把 nginx pod 删除。

这里把宽限期设置为 600s，目的是让 preStop hook 有足够的时间去处理已有任务，preStop 执行之后，主进程不会等宽限期结束，前面讲了 nginx 收到信号之后，会很快关闭进程。

5.4 初始化 pod

【必知必会】：创建初始化容器
本节介绍了什么是初始化容器，同时用了两个例子来演示初始化容器的作用。

5.4.1 了解初始化容器

所谓"三军未动，粮草先行"，运行容器 C1 之前需要做一些准备工作，容器 C1 才能正常工作，那么在运行容器 C1 之前可以先运行容器 A、容器 B 等做一些准备工作。先把这些准备工作做完，再运行容器 C1，就可以把容器 A 和容器 B 配置成容器 C1 的初始化容器。只有所有的初始化容器全部正确运行完毕，普通容器 C1 容器才能运行，如图 5-10 所示。

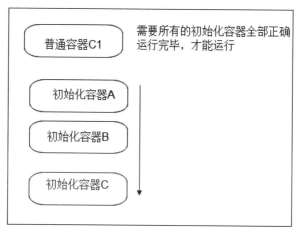

图 5-10　初始化容器

如果任一初始化容器运行失败，则普通容器 C1 不会运行。如果定义了多个初始化容器，一旦某个初始化容器执行失败，则后续的初始化容器不再执行（在 yaml 文件里定义的先后顺序）。比如初始化容器 A 要先于初始化容器 B 运行，如果初始化容器 A 运行失败，则初始化容器 B 也就不会继续运行，普通容器 C1 更不会运行了。

初始化容器在 initContainers 里定义，它和 containers 是对齐的。

5.4.2 第一个初始化容器的例子

这个例子实现的是通过初始化容器修改物理机的内核参数。

步骤 1：创建初始化容器用的 yaml 文件 podinit.yaml，内容如下。

```
[root@vms10 pod]# cat podinit.yaml
apiVersion: v1
kind: Pod
metadata:
  labels:
    run: pod3
  name: pod3
spec:
  containers:
  - image: nginx
    name: c1                                      这里是一个普通容器
    imagePullPolicy: IfNotPresent
    resources: {}
  initContainers:
  - image: docker.io/alpine:latest
    name: xx                                      这是初始化容器
    imagePullPolicy: IfNotPresent
    command: ["/bin/sh","-c","/sbin/sysctl -w vm.swappiness=10"]
    securityContext:
      privileged: true
    resources: {}
  dnsPolicy: ClusterFirst
  restartPolicy: Always
status: {}
[root@vms10 pod]#
```

这里定义的 pod3 里有两个容器，一个初始化容器 xx 和一个普通容器 c1。在初始化容器里使用的镜像是 alpine，它运行起来之后是把内核参数 vm.swappiness 的值改为 0。在 docker 部分，容器是直接访问物理机的 CPU 和内存的，所以感觉上初始化容器 xx 修改的是自己的内核参数，其实就是修改此 pod 所在物理机的内核参数。但是因为安全机制问题，容器不允许修改物理机内核参数，所以我们加上了 securityContext 那两行代码。

普通容器 c1 只有在初始化容器正确运行完毕并退出之后才会运行。

步骤 2：先确定两台机器上 swappiness 的值。

```
[root@vms11 ~]# cat /proc/sys/vm/swappiness
```

```
30
[root@vms11 ~]#
[root@vms12 ~]# cat /proc/sys/vm/swappiness
30
[root@vms12 ~]#
```

步骤 3：创建初始化 pod。

```
[root@vms10 pod]# kubectl apply -f podinit.yaml
pod/pod3 created
[root@vms10 pod]#
```

步骤 4：查看 pod 的运行状态。

```
[root@vms10 pod]# kubectl get pods
NAME      READY    STATUS             RESTARTS    AGE
pod3      0/1      PodInitializing    0           2s
[root@vms10 pod]#
[root@vms10 pod]# kubectl get pods
NAME      READY    STATUS       RESTARTS     AGE
pod3      1/1      Running      0            4s
[root@vms10 pod]#
```

现在 pod 已经正常运行了。

步骤 5：查看 pod 是在哪台机器上运行的。

```
[root@vms10 pod]# kubectl get pods -o wide
NAME      READY    STATUS       RESTARTS     AGE      IP             NODE            ...
pod3      1/1      Running      0            23s      10.244.14.15   vms12.rhce.cc   ...
[root@vms10 pod]#
```

pod 是在 vms12.rhce.cc 上运行的。

步骤 6：查看两台机器上 swappiness 的参数值。

```
[root@vms11 ~]# cat /proc/sys/vm/swappiness
30
[root@vms11 ~]#
[root@vms12 ~]# cat /proc/sys/vm/swappiness
10
[root@vms12 ~]#
```

因为 pod3 是在 vms12 上运行的，所以初始化容器先修改 vms12 上的内核参数，修改成功之后再开始创建普通容器 C1。最终看到 vms12 上的参数被修改了，vms11 上的参数并没有被修改。

5.4.3 第二个初始化容器的例子

这个例子里演示了通过初始化容器和普通容器进行共享数据。

步骤 1：创建第二个初始化 pod 的 yaml 文件 initpod2.yaml，内容如下。

```
[root@vms10 pod]# cat initpod2.yaml
apiVersion: v1
kind: Pod
metadata:
  name: myapp
  labels:
    app: myapp
spec:
  volumes:
  - name: workdir
    emptyDir: {}          这里定义一个名字为 workdir 的存储卷
  containers:
  - name: podx
    image: nginx
    imagePullPolicy: IfNotPresent
    volumeMounts:
    - name: workdir
      mountPath: "/xx"  #这里把 workdir 挂载到容器的 /xx 目录
  initContainers:
  - name: poda
    image: busybox
    imagePullPolicy: IfNotPresent
    command: ['shxxx', '-c', 'touch /work-dir/aa.txt']
    volumeMounts:
    - name: workdir
      mountPath: "/work-dir"  #这里把 workdir 挂载到容器的 /work-dir 目录
[root@vms10 pod]#
```

这里创建一个名字为 myapp 的 pod，在此 pod 里创建了一个名字为 workdir 的存储卷（卷存储后面会有专门章节讲述）。这里 poda 是初始化容器，它把存储卷 workdir 挂载到本容器的 /word-dir目录里，然后在挂载点 /word-dir 里创建 aa.txt，其实这个文件就是创建在存储卷 workdir 里的。

在普通容器 podx 里，会把存储卷 workdir 挂载到本容器的 /xx 里，访问 /xx 的时候实际上访问的就是存储卷 workdir，这样在普通容器 podx 里应该是能看到 /xx 里面有 aa.txt 的。

但是我们看初始化容器里，shxxx 这个命令应该是错误的，即初始化容器不能正确执行，则 podx 也是无法创建的。

步骤 2：创建此 pod。

```
[root@vms10 pod]# kubectl apply -f initpod2.yaml
pod/myapp created
[root@vms10 pod]#
```

步骤 3：查看 pod 的运行状态。

```
[root@vms10 pod]# kubectl get pods
NAME     READY    STATUS       RESTARTS    AGE
myapp    0/1      Init:0/1     0           0s
```

```
pod3        1/1       Running         0              55m
[root@vms10 pod]#
```

可以看到，现在是正在创建初始化 pod，因为初始化容器里的命令是错误的，所以初始化容器执行会报错，结果如下。

```
[root@vms10 pod]# kubectl get pods
NAME      READY     STATUS                 RESTARTS      AGE
myapp     0/1       Init:RunContainerError   0           4s
pod3      1/1       Running                  0           55m
[root@vms10 pod]#
```

步骤 4：删除此 pod。

```
[root@vms10 pod]# kubectl delete -f podinit2.yaml
pod "myapp" deleted
[root@vms10 pod]#
```

步骤 5：修改 yaml 文件，把 command 修改正确。

```
  initContainers:
  - name: poda
    image: busybox
    imagePullPolicy: IfNotPresent
    command: ['sh', '-c', 'touch  /work-dir/aa.txt']
    volumeMounts:
    - name: workdir
      mountPath: "/work-dir"
```

步骤 6：再次创建 pod。

```
[root@vms10 pod]# kubectl get pods
NAME      READY     STATUS           RESTARTS      AGE
myapp     0/1       PodInitializing    0           2s
pod3      1/1       Running            0           55m
[root@vms10 pod]# kubectl get pods
NAME      READY     STATUS      RESTARTS      AGE
myapp     1/1       Running       0           5s
pod3      1/1       Running       0           55m
```

可以看到现在运行是正常的。

步骤 7：查看 myapp 里 podx 里 /xx 的内容。

```
[root@vms10 pod]# kubectl exec myapp -c podx -- ls /xx
aa.txt
[root@vms10 pod]#
```

步骤 8：删除此 pod。

```
[root@vms10 pod]# kubectl delete -f podinit2.yaml
pod "myapp" deleted
[root@vms10 pod]#
```

5.5 静态 pod

【必知必会】：创建静态 pod，删除静态 pod

正常情况下，pod 在 master 上统一管理、指定、分配。所谓静态 pod，是指不是由 master 创建启动，在 node 上只要启动 kubelet，就会自动地创建 pod。

比如使用 kubeadm 安装的 kubernetes，里面像 kube-apiserver、kube-scheduler 等组件都是以 pod 的方式运行的。那么问题就来了，如果这些 pod 没有运行的话，则意味着 master 就没有运行，如果 master 没有运行的话，那么 kube-apiserver、kube-scheduler 这些 pod 又是如何运行起来的呢？这就是先有鸡还是先有蛋的问题了，所以需要一个突破口，这个突破口就是静态 pod。

5.5.1 创建静态 pod

本节讲解的是创建静态 pod 的具体过程，注意这里是在 worker 上操作的。

步骤 1：查看 kubelet 运行的参数文件。

在某节点上（注意，这里是在 worker 上，不是 master 上操作的），假设在 vms11 这台机器上执行 systemctl status kubelet。

```
[root@vms11 ~]# systemctl status kubelet
kubelet.service - kubelet: The Kubernetes Node Agent
   Loaded: loaded (/usr/lib/systemd/system/kubelet.service; enabled; vendor preset:
 disabled)
  Drop-In: /usr/lib/systemd/system/kubelet.service.d
           └─10-kubeadm.conf
       ... 大量输出 ...
[root@vms11 ~]#
```

查看 kubelet 启动的参数文件为 /etc/systemd/system/kubelet.services.d/10-kubeadm.conf。

步骤 2：编辑这个文件，在 Environment 最后添加 --pod-manifest-path=/etc/kubernetes/kubelet.d，如下所示。

```
[Service]
Environment="KUBELET_KUBECONFIG_ARGS=--bootstrap-kubeconfig=/etc/kubernetes/
bootstrap-kubelet.conf --kubeconfig=/etc/kubernetes/kubelet.conf --pod-manifest-
path=/etc/kubernetes/kubelet.d"
```

步骤 3：如果 /etc/kubernetes/kubelet.d 不存在，则把这个目录创建出来。

```
[root@vms11 ~]# mkdir /etc/kubernetes/kubelet.d
[root@vms11 ~]#
```

步骤 4：重启 kubelet 服务。

```
[root@vms11 ~]# systemctl restart kubelet
```

```
Warning: kubelet.service changed on disk. Run 'systemctl daemon-reload' to reload
units.
[root@vms11 ~]# systemctl daemon-reload
[root@vms11 ~]# systemctl restart kubelet
[root@vms11 ~]#
```

步骤 5：在 vms11 上，于 /etc/kubernetes/kubelet.d 下创建一个 pod 的 yaml 文件 test.yaml。

```
[root@vms11 ~]# cat /etc/kubernetes/kubelet.d/test.yaml
apiVersion: v1
kind: Pod
metadata:
  name: static-web
  namespace: default
  labels:
    role: myrole
spec:
  containers:
  - name: web
    image: nginx
    imagePullPolicy: IfNotPresent
[root@vms11 ~]#
```

上述 yaml 文件是在 default 命名空间里创建一个名字为 static-web 的 pod。

步骤 6：在 master 上进行查看。

```
[root@vms10 pod]#
[root@vms10 pod]# kubectl get pods
NAME                       READY    STATUS     RESTARTS    AGE
static-web-vms11.rhce.cc   1/1      Running    0           13s
[root@vms10 pod]#
```

可以看到此 pod 正常运行了。

步骤 7：如果在 vms11 上删除此 yaml 文件的话，则这个静态 pod 会被自动地删除。

```
[root@vms11 ~]# rm -rf /etc/kubernetes/kubelet.d/test.yaml
[root@vms11 ~]# systemctl restart kubelet
[root@vms11 ~]#
```

步骤 8：到 master 再次进行查看。

```
[root@vms10 pod]# kubectl get pods
No resources found in default namespace.
[root@vms10 pod]#
```

可以看到 pod 已经被删除了。

5.5.2 master 上静态 pod 的指定方式

除了这种指定静态 pod 的方式之外，还有另外一种方式也可以指定静态 pod。

步骤 1：在 master 上打开 /etc/systemd/system/kubelet.services.d/10-kubeadm.conf 之后，看到里面有一行 Environment="KUBELET_CONFIG_ARGS=--config=/var/lib/kubelet/config.yaml"，此文件里也定义了静态 pod 所在路径。

```
[root@vms10 pod]# grep static /var/lib/kubelet/config.yaml
staticPodPath: /etc/kubernetes/manifests
[root@vms10 pod]#
```

其实，master 组件，比如 apiserver、kube-proxy 等静态配置文件都是放在此目录里的。

```
[root@vms10 pod]# ls -1 /etc/kubernetes/manifests/
etcd.yaml
kube-apiserver.yaml
kube-controller-manager.yaml
kube-scheduler.yaml
[root@vms10 pod]#
```

如果这个路径修改错误的话，则读取不到这些静态 pod 的 yaml 文件，就会导致 k8s 启动失败。

步骤 2：修改静态 pod 路径并重启 kubelet。

```
[root@vms10 pod]# grep static /var/lib/kubelet/config.yaml
staticPodPath: /etc/kubernetes/manifestsxxx
[root@vms10 pod]# ls /etc/kubernetes/manifestsxxx
ls: 无法访问 /etc/kubernetes/manifestsxxx: 没有那个文件或目录
[root@vms10 pod]#
```

步骤 3：重启 kubelet。

```
[root@vms10 pod]# systemctl restart kubelet
[root@vms10 pod]#
```

启动 kubelet 的时候，kubelet 会到 /etc/kubernetes/manifestsxxx 加载各种 yaml 文件，但是此目录根本就不存在，所以加载失败，则 kube-apiserver、kube-scheduler 等 pod 就启动不起来，master 也就没有运行，所以执行 kubectl 命令的时候就会报错。

```
[root@vms10 pod]# kubectl get nodes
The connection to the server 192.168.26.10:6443 was refused - did you specify the
right host or port?
[root@vms10 pod]#
```

步骤 4：我们需要指定正确的静态 pod 地址才可以运行。

```
[root@vms10 pod]# grep static /var/lib/kubelet/config.yaml
staticPodPath: /etc/kubernetes/manifests
[root@vms10 pod]# systemctl restart kubelet
[root@vms10 pod]#
```

所以一开始的实验在 workcr 上做没问题，如果在 master 上通过 --pod-manifest-path 指定静态 pod 的路径为 /etc/kubernetes/kubelet.d 的话，则覆盖了默认的路径 /etc/kubernetes/manifests，也会导致 k8s 启动不了。

5.6 手动指定 pod 运行位置

【必知必会】：给节点增加标签，指定 pod 在特定的节点上运行

当我们运行一个 pod 的时候，master 会根据自己的算法来调度 pod 运行在哪个节点之上，具体是在哪个节点上，我们只有在 pod 被创建出来之后才知道。

5.6.1 给节点设置标签

我们可以通过在每个节点上设置一些标签，然后指定 pod 运行在特定标签的节点上，就可以手动地指定 pod 运行在哪个节点之上。

标签的格式：key=value，key 的值里可以包括符号"/"或者"."，多个标签用逗号隔开。

步骤 1：查看所有节点的标签。

```
[root@vms10 ~]# kubectl get nodes --show-labels
NAME             STATUS     ROLES                  AGE    VERSION    LABELS
vms10.rhce.cc    Ready      control-plane,master   30h    v1.21.1    ...省略...
vms11.rhce.cc    Ready      <none>                 30h    v1.21.1    ...省略...
vms12.rhce.cc    Ready      <none>                 30h    v1.21.1    ...省略...
[root@vms10 ~]#
```

步骤 2：查看某特定节点的标签。

```
[root@vms10 ~]# kubectl get nodes vms12.rhce.cc --show-labels
NAME             STATUS     ROLES     AGE    VERSION     LABELS
vms12.rhce.cc    Ready      <none>    30h    v1.21.1     ...省略...
[root@vms10 ~]#
```

给节点设置标签的语法如下。

```
kubectl label node 节点名 key=value
```

步骤 3：给 vms12 节点设置一个标签 diskxx=ssdxx。

```
[root@vms10 ~]# kubectl label node vms12.rhce.cc diskxx=ssdxx
node/vms12.rhce.cc labeled
[root@vms10 ~]#
```

步骤 4：查看标签是否生效。

```
[root@vms10 ~]# kubectl get nodes  vms12.rhce.cc  --show-labels
NAME             STATUS    ROLES     AGE    VERSION                LABELS
```

```
vms12.rhce.cc    Ready    <none>    30h    v1.21.1       ...,diskxx=ssdxx,...
[root@vms10 ~]#:
```

如果要取消节点的某个标签，语法如下。

```
kubectl label node 节点名 key-
```

注意：在 key 后面加上 -，- 前面不要有空格。

步骤 5：现在取消 vms12 的 diskxx=ssdxx 标签。

```
[root@vms10 ~]# kubectl label node vms12.rhce.cc diskxx-
node/vms12.rhce.cc labeled
[root@vms10 ~]#
```

步骤 6：再次查看 vms12 的标签。

```
[root@vms10 ~]# kubectl get nodes vms12.rhce.cc --show-labels
NAME                STATUS      ROLES      AGE    VERSION              LABELS
vms12.rhce.cc       Ready       <none>     30h    v1.21.1              ... 省略 ...
[root@vms10 ~]#
```

可以看到 diskxx 这个标签，已经不存在了。

如果要给所有的节点设置标签，语法如下。

```
kubectl label node --all key=value
```

这里有个特殊的标签，格式为 node-role.kubernetes.io/ 名字。

这个标签是用于设置 kubectl get nodes 结果里 ROLES 那列值的，比如 master 节点上会显示 control-plane 和 master，其他节点显示为 <none>。

```
[root@vms10 pod]# kubectl get nodes
NAME                STATUS      ROLES                  AGE    VERSION
vms10.rhce.cc       Ready       control-plane,master   30h    v1.21.1
vms11.rhce.cc       Ready       <none>                 30h    v1.21.1
vms12.rhce.cc       Ready       <none>                 30h    v1.21.1
[root@vms10 pod]#
```

这里 vms10 上会显示 control-plane 和 master，就是因为系统自动设置了标签 node-role.kubernetes.io/**control-plane** 和 node-role.kubernetes.io/**master**，其中 node-role.kubernetes.io 后面的部分就是显示在 ROLES 下面的。

这个键有没有值都无所谓，如果不设置值的话，value 部分直接使用 "" 替代即可，假设现在把 vms11 ROLES 位置设置为 worker1，vms12 Roles 位置设置为 worker2。

步骤 7：给两台 worker 设置 node-role.kubernetes.io 标签，并把 master 上的 control-plane 给去掉。

```
[root@vms10 pod]# kubectl label nodes vms11.rhce.cc node-role.kubernetes.io/
worker1=""    #给 vms11 添加 worker1 标记
node/vms11.rhce.cc labeled
[root@vms10 pod]# kubectl label nodes vms12.rhce.cc node-role.kubernetes.io/
worker2=""    #给 vms12 添加 worker2 标记
```

```
node/vms12.rhce.cc labeled
[root@vms10 pod]# kubectl label nodes vms10.rhce.cc node-role.kubernetes.io/
control-plane-  # 去掉 master 的 control-plane 标记
[root@vms10 pod]#
```

步骤 8：查看结果。

```
[root@vms10 pod]# kubectl get nodes
NAME             STATUS    ROLES      AGE     VERSION
vms10.rhce.cc    Ready     master     30h     v1.21.1
vms11.rhce.cc    Ready     worker1    30h     v1.21.1
vms12.rhce.cc    Ready     worker2    30h     v1.21.1
[root@vms10 pod]#
```

步骤 9：如果要取消这个名字的话，和取消普通标签是一样的。

```
[root@vms10 pod]# kubectl label nodes vms11.rhce.cc node-role.kubernetes.io/
worker1-
node/vms11.rhce.cc labeled
[root@vms10 pod]# kubectl label nodes vms12.rhce.cc node-role.kubernetes.io/
worker2-
node/vms12.rhce.cc labeled
[root@vms10 pod]#
```

步骤 10：再次给 vms12 设置 diskxx=ssdxx 标签。

```
[root@vms10 ~]# kubectl label node vms12.rhce.cc diskxx=ssdxx
node/vms12.rhce.cc labeled
[root@vms10 ~]#
```

5.6.2 创建在特定节点上运行的 pod

在 pod 里通过 nodeSelector 可以让 pod 在含有特定标签的节点上运行。

创建新 pod，让其在 vms12 节点上运行。

步骤 1：创建 pod 所需的 yaml 文件 podlabel.yaml，内容如下。

```
[root@vms10 pod]# cat podlabel.yaml
apiVersion: v1
kind: Pod
metadata:
  name: web1
  labels:
    role: myrole
spec:
  nodeSelector:
    diskxx: ssdxx
  containers:
  - name: web
    image: nginx
```

```
          imagePullPolicy: IfNotPresent
[root@vms10 pod]#
```

这样 web1 只会在含有标签为 diskxx=ssdxx 的节点上运行，如果有多个节点都含有标签 diskxx=ssdxx 的话，则 k8s 会在这几个节点中的一个节点运行。

请注意 nodeSelector 的缩进，是和 containers 同级的。

步骤 2：创建 pod。

```
[root@vms10 pod]# kubectl apply -f podlabel.yaml
pod/web1 created
[root@vms10 pod]
```

步骤 3：查看 pod 运行的节点。

```
[root@vms10 pod] kubectl get pods -o wide
NAME     READY       STATUS      RESTARTS     AGE      IP           NODE           ...
web1     1/1         Running     0            29s      10.244.3.9   vms12.rhce.cc  ...
[root@vms10 pod]#
```

注意：如果在 nodeSelector 里指定了标签，但是不存在含有这个标签的节点，那么这个 pod 是创建不出来的，状态为 Pending。

步骤 4：自行删除此 pod。

5.6.3 Annotations 设置

不管是 node 还是 pod，包括后面讲述的其他对象（比如 deployment），都还有一个属性 Annotations，这个属性可以理解为注释。

步骤 1：现在查看 vms12.rhce.cc 的 Annotations 属性。

```
[root@vms10 pod]# kubectl describe nodes vms12.rhce.cc
Name:               vms12.rhce.cc
Roles:              <none>
...
Annotations:        kubeadm.alpha.kubernetes.io/cri-socket: /var/run/dockershim.
sock

                    node.alpha.kubernetes.io/ttl: 0
                    projectcalico.org/IPv4Address: 192.168.26.12/24
                    projectcalico.org/IPv4IPIPTunnelAddr: 192.168.14.0
                    volumes.kubernetes.io/controller-managed-attach-detach: true

...
[root@vms10 pod]#
```

步骤 2：要设置此节点的 Annotations，可以通过如下命令设置。

```
[root@vms10 pod]# kubectl annotate nodes vms12.rhce.cc aa=123
node/vms12.rhce.cc annotated
[root@vms10 pod]#
```

步骤 3：查看节点 vms12.rhce.cc 的属性。

```
[root@vms10 pod]# kubectl describe nodes vms12.rhce.cc
Name:              vms12.rhce.cc
Roles:             <none>
...
Annotations:        aa: 123
                   kubeadm.alpha.kubernetes.io/cri-socket: /var/run/dockershim.
sock
                         ... 输出 ...
                   volumes.kubernetes.io/controller-managed-attach-detach: true
... 输出 ...
[root@vms10 pod]#
```

步骤 4：要是取消的话，用如下命令。

```
[root@vms10 pod]# kubectl annotate nodes vms12.rhce.cc aa-
node/vms12.rhce.cc annotated
[root@vms10 pod]#
```

5.7 节点的 cordon 与 drain

【必知必会】：节点的 cordon，节点的 drain

如果想把某个节点设置为不可用的话，可以对节点实施 cordon 或 drain 操作，这样节点就会被标记为 SchedulingDisabled，新创建的 pod 就不会再分配到这些节点上了。

5.7.1 节点的 cordon

如果某个节点要进行维护，希望此节点不再被分配 pod，那么可以使用 cordon 把此节点标记为不可调度，但是运行在此节点上的 pod 依然会运行在此节点上。

步骤 1：查看现有节点信息。

```
[root@vms10 pod]# kubectl get nodes
NAME            STATUS   ROLES    AGE   VERSION
vms10.rhce.cc   Ready    master   30h   v1.21.1
vms11.rhce.cc   Ready    <none>   30h   v1.21.1
vms12.rhce.cc   Ready    <none>   30h   v1.21.1
[root@vms10 pod]#
```

所有状态都是 Ready，也就是说现在都是可以调度的。

步骤 2：创建一个 deployment（后面会讲）测试。

```
[root@vms10 pod]# kubectl create deployment nginx --image=nginx --dry-run=client
-o yaml > d1.yaml
[root@vms10 pod]#
```

步骤 3：修改 d1.yaml 里的 replicas 的值为 3，并将镜像下载策略设置为 IfNotPresent:，内容如下。

```
[root@vms10 pod]# cat d1.yaml
apiVersion: apps/v1
kind: Deployment
metadata:
  creationTimestamp: null
  labels:
    app: nginx
  name: nginx
spec:
  replicas: 3
  selector:
    matchLabels:
      app: nginx
  strategy: {}
  template:
    metadata:
      creationTimestamp: null
      labels:
        app: nginx
    spec:
      containers:
      - image: nginx
        imagePullPolicy: IfNotPresent
        name: nginx
        resources: {}
status: {}
[root@vms10 pod]#
```

步骤 4：应用此文件创建 deployment。

```
[root@vms10 pod]# kubectl apply -f d1.yaml
deployment.apps/nginx created
[root@vms10 pod]#
```

步骤 5：查看 pod 运行情况。

```
[root@vms10 pod]# kubectl get pods -o wide
NAME                       STATUS   RESTARTS   AGE    IP             NODE
nginx-5957f949fc-bwz6n     1/1      Running    0      33s    10.244.14.36   vms12.rhce.cc
nginx-5957f949fc-ncs7n     1/1      Running    0      33s    10.244.14.32   vms12.rhce.cc
nginx-5957f949fc-s6zhh     1/1      Running    0      33s    10.244.81.93   vms11.rhce.cc
[root@vms10 pod]#
```

可以看到 3 个 pod 被分配到 vms11 和 vms12 两个节点上了。

步骤 6：现在通过 cordon 把 vms11 标记为不可用。

```
[root@vms10 pod]# kubectl cordon vms11.rhce.cc
node/vms11.rhce.cc cordoned
```

```
[root@vms10 pod]#
```

步骤 7：查看 node 的状态。

```
[root@vms10 pod]# kubectl get nodes
NAME              STATUS                    ROLES     AGE    VERSION
vms10.rhce.cc     Ready                     master    33h    v1.21.1
vms11.rhce.cc     Ready,SchedulingDisabled  <none>    33h    v1.21.1
vms12.rhce.cc     Ready                     <none>    33h    v1.21.1
[root@vms10 pod]#
```

可以看到此时 vms11 的状态为 SchedulingDisabled，也就是不可用。

步骤 8：扩展此 deployment 的副本数为 6 个（后面会讲，先跟着做）。

```
[root@vms10 pod]# kubectl scale deployment nginx --replicas=6
deployment.apps/nginx scaled
[root@vms10 pod]#
```

这个命令后面会讲到，然后再次查看 pod 的分布情况。

```
[root@vms10 pod]# kubectl get pods -o wide
NAME                      READY   STATUS    RESTARTS   AGE    P              NODE
nginx-5957f949fc-bwz6n    1/1     Running   0          6m6s   10.244.14.36   vms12.rhce.cc
nginx-5957f949fc-dbslq    1/1     Running   0          38s    10.244.14.37   vms12.rhce.cc
nginx-5957f949fc-ncs7n    1/1     Running   0          6m6s   10.244.14.32   vms12.rhce.cc
nginx-5957f949fc-s6zhh    1/1     Running   0          7m47s  10.244.81.93   vms11.rhce.cc
nginx-5957f949fc-s7h7l    1/1     Running   0          38s    10.244.14.35   vms12.rhce.cc
nginx-5957f949fc-w74c4    1/1     Running   0          38s    10.244.14.39   vms12.rhce.cc
[root@vms10 pod]#
```

可以看到新创建的 pod（时间为 38s 的那 3 个 pod）只会分布到 vms12 节点上，不会再分配到 vms11 节点，但是对原本已经分布到 vms11 的 pod（这里是 nginx-5957f949fc-s6zhh），还是继续在 vms11 上运行，此时我们只要删除运行在 vms11 上的这些 pod，那么所有的 pod 都在 vms12 上运行。

步骤 9：删除 vms11 上运行的 pod。

```
[root@vms10 pod]# kubectl delete pod nginx-5957f949fc-s6zhh
pod "nginx-5957f949fc-s6zhh" deleted
[root@vms10 pod]#
```

步骤 10：查看 pod 的分布情况。

```
[root@vms10 pod]# kubectl get pods -o wide
NAME                      READY   STATUS    RESTARTS   AGE     IP             NODE
nginx-5957f949fc-bwz6n    1/1     Running   0          10m     10.244.14.36   vms12.rhce.cc
nginx-5957f949fc-dbslq    1/1     Running   0          4m53s   10.244.14.37   vms12.rhce.cc
nginx-5957f949fc-mnc9p    1/1     Running   0          69s     10.244.14.43   vms12.rhce.cc
nginx-5957f949fc-ncs7n    1/1     Running   0          10m     10.244.14.32   vms12.rhce.cc
nginx-5957f949fc-s7h7l    1/1     Running   0          4m53s   10.244.14.35   vms12.rhce.cc
nginx-5957f949fc-w74c4    1/1     Running   0          4m53s   10.244.14.39   vms12.rhce.cc
[root@vms10 pod]#
```

可以看到新的 pod 也是在 vms12 上运行了。

注意：这里用到了控制器 deployment，关于 deployment 如何管理 pod，后面的章节会讲。

步骤 11：如果要恢复 vms11，只要对 vms11 进行 uncordon 操作即可。

```
[root@vms10 pod]# kubectl uncordon vms11.rhce.cc
node/vms11.rhce.cc uncordoned
[root@vms10 pod]#
```

步骤 12：查看节点状态。

```
[root@vms10 pod]# kubectl get nodes
NAME                STATUS   ROLES    AGE   VERSION
vms10.rhce.cc       Ready    master   33h   v1.21.1
vms11.rhce.cc       Ready    <none>   33h   v1.21.1
vms12.rhce.cc       Ready    <none>   33h   v1.21.1
[root@vms10 pod]#
```

步骤 13：把这个 deployment 的副本数设置为 0。

```
[root@vms10 pod]# kubectl scale deploy nginx --replicas=0
deployment.apps/nginx scaled
[root@vms10 pod]#
```

5.7.2 节点的 drain

对节点的 drain 操作和对节点的 cordon 操作的作用是一样的，但是 drain 比 crodon 多了一个驱逐（evicted）的效果，即当我们对某节点进行 drain 操作的时候，不仅把此节点标记为不可调度，且会把上面正在运行的 pod 删除。

步骤 1：使用前面的方法，把名字为 nginx 的 deployment 的副本数设置为 4。

```
[root@vms10 pod]# kubectl scale deploy nginx --replicas=4
deployment.apps/nginx scaled
[root@vms10 pod]#
```

步骤 2：查看 pod 的运行状态。

```
[root@vms10 pod]# kubectl get pod  -o wide --no-headers
nginx-5957f949fc-p6r8x    1/1   Running   0   30m   10.244.81.100   vms11.rhce.cc
nginx-5957f949fc-rbxzm    1/1   Running   0   30m   10.244.81.101   vms11.rhce.cc
nginx-5957f949fc-stllx    1/1   Running   0   30m   10.244.14.38    vms12.rhce.cc
nginx-5957f949fc-wfhdl    1/1   Running   0   30m   10.244.81.102   vms11.rhce.cc
[root@vms10 pod]#
```

可以看到现在分别运行在两个节点上了，其中 nginx-5957f949fc-stllx 是在 vms12 上运行的。

步骤 3：现在对 vms12 进行 drain 操作。

```
[root@vms10 pod]# kubectl drain vms12.rhce.cc
node/vms12.rhce.cc cordoned
error: unable to drain node "vms12.rhce.cc", aborting command...
```

```
There are pending nodes to be drained:
 vms12.rhce.cc
error: DaemonSet-managed pods (use --ignore-daemonsets to ignore): ...
... 输出 ...          (use --delete-local-data to override)...
[root@vms10 pod]#
```

可以看到此操作有报错信息，因为在 vms12 上运行了一些由 daemonset（后面会讲）控制的 pod，此时运行在 vms12 上的 pod 依然在 vms12 上运行，但是已经被标记为不可调度。

```
[root@vms10 pod]# kubectl get nodes
NAME                STATUS                  ROLES     AGE    VERSION
vms10.rhce.cc       Ready                   master    30h    v1.21.1
vms11.rhce.cc       Ready                   <none>    30h    v1.21.1
vms12.rhce.cc       Ready,SchedulingDisabled <none>   30h    v1.21.1
[root@vms10 pod]#
```

提示：可以用 --ignore-daemonsets 选项忽略由 daemonset 控制的 pod。

步骤 4：取消 vms12 的 drain 操作。

```
[root@vms10 pod]# kubectl uncordon vms12.rhce.cc
node/vms12.rhce.cc uncordoned
[root@vms10 pod]#
```

注意：取消 drain 仍然是用的 uncordon，没有 undrain 操作。

步骤 5：查看节点状态。

```
[root@vms10 pod]# kubectl get nodes
NAME                STATUS    ROLES     AGE    VERSION
vms10.rhce.cc       Ready     master    30h    v1.21.1
vms11.rhce.cc       Ready     <none>    30h    v1.21.1
vms12.rhce.cc       Ready     <none>    30h    v1.21.1
[root@vms10 pod]#
```

步骤 6：再次对 vms12 进行 drain 操作。

```
[root@vms10 pod]# kubectl drain vms12.rhce.cc --ignore-daemonsets --delete-local-
data
node/vms12.rhce.cc cordoned
WARNING: Ignoring DaemonSet-managed pods: calico-node-gxhmg, kube-proxy-h8t2h
pod/nginx-5957f949fc-stllx evicted
node/vms12.rhce.cc evicted
[root@vms10 pod]#
```

此时 vms12 被标记为不可调度，且原来运行在 vms12 上的 pod 全部跑到 vms11 上了。

步骤 7：查看节点状态。

```
[root@vms10 pod]# kubectl get nodes
NAME                STATUS                  ROLES     AGE    VERSION
vms10.rhce.cc       Ready                   master    33h    v1.21.1
```

```
vms11.rhce.cc     Ready                          <none>    33h    v1.21.1
vms12.rhce.cc     Ready,SchedulingDisabled       <none>    33h    v1.21.1
[root@vms10 pod]#
```

可以看到，vms12 已经是 SchedulingDisabled 了。

步骤 8：查看 pod 运行状态。

```
[root@vms10 pod]# kubectl get pods -o wide --no-headers
nginx-5957f949fc-58h7x    1/1   Running   0   105s   10.244.81.105   vms11.rhce.cc
nginx-5957f949fc-p6r8x    1/1   Running   0   34m    10.244.81.100   vms11.rhce.cc
nginx-5957f949fc-rbxzm    1/1   Running   0   34m    10.244.81.101   vms11.rhce.cc
nginx-5957f949fc-wfhdl    1/1   Running   0   34m    10.244.81.102   vms11.rhce.cc
[root@vms10 pod]#
```

上面 nginx-5957f949fc-58h7x 是新生成的 pod，已经跑到 vms11 上了。

步骤 9：取消 drain 操作。

```
[root@vms10 pod]# kubectl uncordon vms12.rhce.cc
node/vms12.rhce.cc uncordoned
[root@vms10 pod]#
```

5.8 节点 taint 及 pod 的 tolerations

【必知必会】：给节点设置及删除 taint，设置 operator 的值为 Equal，以及设置 operator 的值为 Exists

前面创建的 pod 只是调度到了两台 node 上，虽然 master 的状态也是 Ready，但是并没有 pod 调度上去，这就是因为出现 taint（污点）的问题了。

如果我们给某节点设置了 taint 的话，只有那些设置了 tolerations（容忍污点）的 pod 才能运行在此节点上。

想象一下，某个公司有污点（假设克扣工资），一般面试的人是不会选择这家公司的。但是如果某人说我能容忍这个污点，则就可以过来上班了。同理，如果一个 pod 能容忍节点上污点，则此 pod 就可以在这个节点上运行。

首先查看 vms11 是否设置了 taint。

```
[root@vms10 pod]# kubectl describe nodes vms11 |grep -E '(Roles|Taints)'
Roles:          <none>
Taints:         <none>
[root@vms10 pod]#
```

可以看到此时 vms11 上并没有任何 taint 的设置。

5.8.1 给节点设置及删除 taint

本节来演示一下如何给节点添加及删除污点，在 pod 里增加容忍污点 toleration。

为节点设置 taint 的语法如下。

```
kubectl taint nodes 节点名 key 值 =value 值 :effect   effect 的值一般是 NoSchedule
```

如果要对所有节点设置，语法如下。

```
kubectl taint nodes --all key 值 =value 值 :NoSchedule
```

注意：这里 value 的值是可以不写的，如果不写，语法就是这样的。

```
kubectl taint nodes 节点名 key 值 =:NoSchedule
```

删除 taint。

```
kubectl taint nodes 节点名 key-
```

步骤 1：为 vms11 设置 taint。

```
[root@vms10 pod]# kubectl taint nodes vms11.rhce.cc keyxx=valuexx:NoSchedule
node/vms11.rhce.cc tainted
[root@vms10 pod]# kubectl describe nodes vms11 |grep -E '(Roles|Taints)'
Roles:              <none>
Taints:             keyxx=valuexx:NoSchedule
[root@vms10 pod]#
```

步骤 2：现在查看现有 pod。

```
[root@vms10 pod]# kubectl get pods -o wide --no-headers
nginx-5957f949fc-58h7x    1/1  Running    0  105s   10.244.81.105    vms11.rhce.cc
nginx-5957f949fc-p6r8x    1/1  Running    0  34m    10.244.81.100    vms11.rhce.cc
nginx-5957f949fc-rbxzm    1/1  Running    0  34m    10.244.81.101    vms11.rhce.cc
nginx-5957f949fc-wfhdl    1/1  Running    0  34m    10.244.81.102    vms11.rhce.cc
[root@vms10 pod]#
```

可以发现，pod 依然是在 vms11 上运行，说明如果对某节点设置 taint 的话，是不影响当前正在运行的 pod 的。

把 deployment nginx 的副本数设置为 0，然后再将其设置为 4，目的是让其重新生成新的 pod，然后查看 pod 的分布情况。

步骤 3：把 nginx 的副本数设置为 0。

```
[root@vms10 pod]# kubectl scale deploy nginx --replicas=0
deployment.apps/nginx scaled
[root@vms10 pod]#
```

步骤 4：查看现有的 pod。

```
[root@vms10 pod]# kubectl get pods
No resources found in default namespace.
[root@vms10 pod]#
```

可以看到现在已经没有 pod 了。

步骤 5：把 nginx 的副本数设置为 4。

```
[root@vms10 pod]# kubectl scale deploy nginx --replicas=4
deployment.apps/nginx scaled
[root@vms10 pod]#
```

步骤 6：查看 pod 的分布情况。

```
[root@vms10 pod]# kubectl get pods -o wide --no-headers
nginx-7cf7d6dbc8-dzc7w   1/1   Running   0   39s   10.244.14.51   vms12.rhce.cc
nginx-7cf7d6dbc8-kr22f   1/1   Running   0   39s   10.244.14.45   vms12.rhce.cc
nginx-7cf7d6dbc8-nmzm9   1/1   Running   0   39s   10.244.14.52   vms12.rhce.cc
nginx-7cf7d6dbc8-zb4t7   1/1   Running   0   39s   10.244.14.46   vms12.rhce.cc
[root@vms10 pod]#
```

可以看到，现在所有的 pod 都是运行在 vms12 上了，因为 vms11 存在 taint 污点。

步骤 7：删除名字为 nginx 的 deployment。

```
[root@vms10 pod]# kubectl delete deploy nginx
deployment.apps "nginx" deleted
[root@vms10 pod]#
```

如果需要 pod 在含有 taint 的节点上运行，则定义 pod 的时候需要指定 toleration 属性。

在 pod 里定义 toleration 的格式如下。

```
tolerations:
- key: "key 值 "
  operator: "Equal"
  value: "value 值 "
  effect: " 值 "
```

operator 的值有以下两个。

Equal：value 需要和 taint 的 value 值一样（默认）。

Exists：可以不指定 value 的值。

5.8.2 设置 operator 的值为 Equal

在 pod 里定义 tolerations 的时候，如果 operator 的值为 Equal 的话，则 value 和 effect 的值要与节点的 taint 的值匹配才可以。

步骤 1：删除 vms12 上的 diskxx=ssdxx 标签。

```
[root@vms10 ~]# kubectl label nodes vms12.rhce.cc diskxx-
node/vms12.rhce.cc labeled
[root@vms10 ~]#
```

步骤 2：在 vms11 上设置标签 diskxx=ssdxx。

```
[root@vms10 ~]# kubectl label nodes vms11.rhce.cc diskxx=ssdxx
```

```
node/vms11.rhce.cc labeled
[root@vms10 ~]#
```

做这个的目的是创建 pod 时，方便我们控制 pod 在 vms11 上运行，然后测试在有污点的情况下如何让 pod 在其上运行。

步骤 3：创建 pod 用的 yaml 文件 podtaint.yaml，内容如下。

```
[root@vms10 pod]# cat podtaint.yaml
apiVersion: v1
kind: Pod
metadata:
  name: web1
  labels:
    role: myrole
spec:
  nodeSelector:
    diskxx: ssdxx
  containers:
  - name: web
    image: nginx
    imagePullPolicy: IfNotPresent
[root@vms10 pod]#
```

这里指定了 nodeSelector，只能在 vms11 上运行，因为 vms11 上才有 diskxx=ssdxx 这个标签。但是此 pod 里现在是没有设置容忍污点的，所以应该无法正常运行。

步骤 4：创建 pod。

```
[root@vms10 pod]# kubectl apply -f podtaint.yaml
pod/web1 created
[root@vms10 pod]# kubectl get pods -o wide
NAME   READY   STATUS    RESTARTS   AGE   IP       NODE     NOMINATED   NODE   ...
web1   0/1     Pending   0          5s    <none>   <none>   <none>      <none>
[root@vms10 pod]#
```

因为要求 web1 要在 vms11 上运行（因为 vms11 上有 diskxx=ssdxx 标签），但 vms11 上有污点，所以此时 pod 处于 Pending 状态。

步骤 5：删除此 pod。

```
[root@vms10 pod]# kubectl delete -f podtaint.yaml
pod "web1" deleted
[root@vms10 pod]#
```

步骤 6：修改 podtaint.yaml 的内容。

```
[root@vms10 pod]# cat podtaint.yaml
apiVersion: v1
kind: Pod
metadata:
```

```
    name: web1
    labels:
      role: myrole
spec:
  nodeSelector:
    diskxx: ssdxx
  tolerations:
  - key: "keyxx"
    operator: "Equal"
    value: "valuexx"
    effect: "NoSchedule"
  containers:
    - name: web
      image: nginx
      imagePullPolicy: IfNotPresent
[root@vms10 pod]#
```

这里添加了容忍污点的选项 tolerations，容忍键值对为 keyxx=valuexx，且 effect 的值被设置为 NoSchedule 的污点，vms11 上设置的就是这样的污点。

步骤 7：再次创建 pod。

```
[root@vms10 pod]# kubectl apply -f podtaint.yaml]
pod/web1 created
[root@vms10 pod] #
[root@vms10 pod]# kubectl get pods -o wide
NAME   READY   STATUS    RESTARTS   AGE      IP            NODE
web1   1/1     Running   0          3s       10.244.1.18   vms11.rhce.cc
[root@vms10 pod]#
```

可以看到此时 pod 在 vms11 上正常运行了。

注意：并不是节点设置了 taint，pod 设置了 toleration，这个 pod 就一定会在此节点上运行，所以这里用 label 来指定 pod 在 vms11 上运行。

步骤 8：删除此 pod。

```
[root@vms10 pod]# kubectl delete -f podtaint.yaml
pod "web1" deleted
[root@vms10 pod]#
```

步骤 9：删除 vms11 的 taint 设置 。

```
[root@vms10 ~]# kubectl taint nodes vms11.rhce.cc keyxx-
node/vms11.rhce.cc untainted
[root@vms10 ~]#
```

步骤 10：给 vms11 重新设置多个 taint。

```
[root@vms10 ~]# kubectl taint nodes vms11.rhce.cc key123=value123:NoSchedule
node/vms11.rhce.cc tainted
```

```
[root@vms10 ~]# kubectl taint nodes vms11.rhce.cc keyxx=valuexx:NoSchedule
node/vms11.rhce.cc tainted
[root@vms10 ~]#
[root@vms10 ~]# kubectl describe nodes vms11 |grep -E -A1 '(Roles|Taints)'
Roles:              <none>
Labels:             beta.kubernetes.io/arch=amd64
--
Taints:             key123=value123:NoSchedule
                    keyxx=valuexx:NoSchedule
[root@vms10 ~]#
```

上面可以看到，vms11 上有了多个污点。

步骤 11：在 podtaint.yaml 不修改的情况下再次运行。

```
[root@vms10 pod]# kubectl apply -f podtaint.yaml
pod/web1 created
[root@vms10 pod]# kubectl get pods -o wide
NAME   READY   STATUS    RESTARTS   AGE   IP       NODE     NOMINATED   NODE
READINESS GATES
web1   0/1     Pending   0          2s    <none>   <none>   <none>      <none>
[root@vms10 pod]#
```

pod 的状态为 Pending，说明 pod 的 toleration 没有和节点的所有污点匹配，那么就不允许创建 pod。

步骤 12：删除此 pod。

```
[root@vms10 pod]# kubectl delete -f podtaint.yaml
pod "web1" deleted
[root@vms10 pod]#
```

步骤 13：修改 podtaint.yaml 文件。

```
[root@vms10 pod]# cat podtaint.yaml
apiVersion: v1
kind: Pod
metadata:
  name: web1
  labels:
    role: myrole
spec:
  nodeSelector:
    diskxx: ssdxx
  tolerations:
  - key: "keyxx"
    operator: "Equal"
    value: "valuexx"
    effect: "NoSchedule"
  - key: "key123"
```

```
     operator: "Equal"
     value: "value123"
     effect: "NoSchedule"
  containers:
   - name: web
     image: nginx
     imagePullPolicy: IfNotPresent
[root@vms10 pod]#
```

这里设置了容忍 vms11 上的所有污点。

步骤 14：运行并查看 pod。

```
[root@vms10 pod]# kubectl apply -f podtaint.yaml
pod/web1 created
[root@vms10 pod]#
[root@vms10 pod]# kubectl get pods -o wide
NAME     READY     STATUS      RESTARTS     AGE     IP            NODE
web1     1/1       Running     0            4s      10.244.1.19   vms11.rhce.cc
[root@vms10 pod]#
```

说明：如果节点有多个污点的话，则需要在 pod 里设置容忍所有的污点，pod 才能在此节点上运行。

自行删除此 pod。

5.8.3 operator 的值等于 Exists 的情况

先说结论，在设置节点 taint 的时候，如果 value 的值为非空，在 pod 里的 tolerations 字段只能写 Equal，不能写 Exists。

步骤 1：取消 vms11 的 key123=value123 这个 taint 值。

```
[root@vms10 ~]# kubectl taint nodes vms11.rhce.cc key123-
node/vms11.rhce.cc untainted
[root@vms10 ~]#
[root@vms10 ~]# kubectl describe nodes vms11 |grep -E '(Roles|Taints)'
Roles:              <none>
Taints:             keyxx=valuexx:NoSchedule
[root@vms10 ~]#
```

这里 vms11 还有一个污点 keyxx=valuexx:NoSchedule，此处 keyxx 的值是 valuexx，是非空的。

步骤 2：修改 podtaint.yaml，配置 operator 的值为 Exists。

```
[root@vms10 pod]# cat podtaint.yaml
apiVersion: v1
kind: Pod
metadata:
  name: web1
```

```
      labels:
        role: myrole
    spec:
      nodeSelector:
        diskxx: ssdxx
      tolerations:
      - key: "keyxx"
        operator: "Exists"
        value: "valuexx"
        effect: "NoSchedule"
      containers:
        - name: web
          image: nginx
          imagePullPolicy: IfNotPresent
[root@vms10 pod]#
```

步骤 3：创建 pod。

```
[root@vms10 pod]# kubectl apply -f podtaint.yaml
The Pod "web1" is invalid:
* spec.tolerations[0].operator: Invalid value: core.Toleration{Key:"keyxx",
Operator:"Exists", Value:"valuexx", Effect:"NoSchedule",
TolerationSeconds:(*int64)(nil)}: value must be empty when `operator` is 'Exists'
* spec.tolerations: Forbidden: existing toleration can not be modified except its
tolerationSeconds
[root@vms10 pod]#
```

说明：在设置 toleration 时，如果 operator 选择的是 Exists 的话，是不能写 value 的。

步骤 4：修改 vms11 的 taint 值。

```
[root@vms10 ~]# kubectl taint nodes vms11.rhce.cc keyxx=:NoSchedule --overwrite
node/vms11.rhce.cc modified
[root@vms10 ~]#
[root@vms10 ~]# kubectl describe nodes vms11 |grep -E '(Roles|Taints)'
Roles:             <none>
Taints:            keyxx:NoSchedule
[root@vms10 ~]#
```

"keyxx=" 后面直接是冒号，说明此时 value 的值为空。

步骤 5：修改 podtaint.yaml 的值。

```
[root@vms10 pod]# cat podtaint.yaml
apiVersion: v1
kind: Pod
metadata:
  name: web1
  labels:
```

```
    role: myrole
spec:
  nodeSelector:
    diskxx: ssdxx
  tolerations:
  - key: "keyxx"
    operator: "Exists"
    effect: "NoSchedule"
  containers:
    - name: web
      image: nginx
      imagePullPolicy: IfNotPresent
[root@vms10 pod]#
```

此时并没有设置 value 的值。

步骤 6：创建 pod。

```
[root@vms10 pod]# kubectl apply -f podtaint.yaml
pod/web1 configured
[root@vms10 pod]#
[root@vms10 pod]# kubectl get pods
NAME    READY    STATUS     RESTARTS    AGE
web1    1/1      Running    0           10m
[root@vms10 pod]#
```

正常运行，说明在没有设置 value 的时候可以用 Exists，不过如果要使用 Equal 的话，应该按照如下格式写。

```
- key: "keyxx"
  operator: "Exists"
  value: ""
effect: "NoSchedule"
```

步骤 7：删除 web1 这个 pod。

```
[root@vms10 pod]# kubectl delete -f podtaint.yaml
pod "web1" deleted
[root@vms10 pod]#
```

步骤 8：清除 vms11 上所有的 taint 设置。

```
[root@vms10 pod]# kubectl taint nodes vms11.rhce.cc keyxx-
node/vms11.rhce.cc untainted
[root@vms10 pod]#
[root@vms10 pod]# kubectl describe nodes vms11 |grep -E '(Roles|Taints)'
Roles:              <none>
Taints:             <none>
[root@vms10 pod]#
```

模拟考题

1. 请列出命名空间 kube-system 中的 pod。

2. 列出命名空间 kube-system 中标签为 k8s-app=kube-dns 的 pod。

3. 请列出所有命名空间中的 pod。

4. 给 CPU 资源消耗最低的 worker 设置标签 disktype=ssd。

5. 创建名字为 pod1 的 pod，要求如下。

（1）镜像为 nginx。

（2）镜像下载策略为 IfNotPresent。

（3）标签为 app-name=pod1。

6. 创建含有 2 个容器的 pod，要求如下。

（1）pod 名为 pod2。

（2）第一个容器名字为 c1，镜像为 nginx。

（3）第二个容器名字为 c2，镜像为 busybox，里面运行的命令为 echo "hello pod" && sleep 10000。

（4）此 pod 必须要运行在含有标签为 disktype=ssd 的节点上。

7. master 的静态 pod 的 yaml 文件是放在 /etc/kubernetes/manifests/ 里的，请找出这个目录是在哪里定义的。

8. 在 vms12 上定义静态 pod 的路径为 /etc/kubernetes/kubelet.d/，并创建一个静态 pod。

（1）pod 名为 pod3。

（2）镜像为 nginx。

（3）镜像下载策略为 IfNotPresent。

（4）所在的命名空间为 ns1。

9. 获取 pod2 里容器 c2 的日志信息。

10. 把 master 上的 /etc/hosts 拷贝到 pod2 的 c1 容器的 /opt 目录里。

11. 找出所有被设置为污点的主机。

12. 删除 pod1，pod2，pod3。

第 6 章
存储管理

▌考试大纲

通过本章的学习，大家可以了解如何配置卷，从而实现共享存储。

▌本章要点

考点 1：使用 emptyDir 做临时存储

考点 2：使用 hostPath 做本地存储

考点 3：使用 NFS 配置网络存储

考点 4：配置持久性存储

考点 5：配置动态卷供应

前面讲过 pod，在 pod 里写数据仅是写入容器里，很多时候我们会有如下两种需求，如图 6-1 所示。

（1）假设一个 pod 里有多个容器，这些容器之间需要共享数据。

（2）当我们往 pod 里写数据时，这些数据都是临时存储的，一旦删除了 pod，那么 pod 里的这些数据都会被跟着一起删除。如果想永久性地存储 pod 里的数据，可以通过配置卷来实现。

图 6-1　pod 数据存储

本章主要讲解 emptyDir、hostPath、NFS 后端存储、持久性存储及动态卷供应。

6.1 emptyDir

【必知必会】：创建 emptyDir 类型的卷，挂载卷

使用 emptyDir 的存储方式，就类似于在创建 docker 容器时的命令 docker run -v /xx，意思是在物理机里随机地产生一个目录 (这个目录其实挂载的是物理机内存)，然后把这个目录挂载到容器的 /xx 目录里。如果 /xx 目录不存在，会自动在容器里创建，不过当删除 pod 时，emptyDir 对应的目录会被一起删除，因为这种存储是临时性的，是以内存作为介质的，并非是永久性的。

为了和其他章节创建的 pod 做区别，本章所有实验均在一个新的命令空间里操作。

步骤 1：创建命名空间 nsvolume 并切换至此命名空间。

```
[root@vms10 ~]# kubectl create ns nsvolume
namespace/volume created
[root@vms10 ~]#
[root@vms10 ~]# kubens nsvolume
Context "kubernetes-admin@kubernetes" modified.
Active namespace is "nsvolume".
[root@vms10 ~]#
```

本章所涉及的文件全部放在一个目录 volume 里。

步骤 2：创建目录 volume 并 cd 进去。

```
[root@vms10 ~]# mkdir volume ; cd volume/
[root@vms10 volume]#
```

步骤 3：创建一个 pod 的 yaml 文件 emp.yaml，按如下内容进行修改。

```
[root@vms10 volume]# cat emp.yaml
apiVersion: v1
kind: Pod
metadata:
  name: demo
  labels:
    aa: aa
spec:
  volumes:
  - name: volume1          } 创建第一个卷
    emptyDir: {}
  - name: volume2          } 创建第二个卷
    emptyDir: {}
  containers:
  - name: demo1
    image: busybox
    imagePullPolicy: IfNotPresent
    command: ['sh','-c','sleep 5000']
```

```
        volumeMounts:
        - mountPath: /xx      ⎫
          name: volume1       ⎬   把卷 volume1 挂载到容器的 /xx 目录
                              ⎭

      - name: demo2
        image: busybox
        imagePullPolicy: IfNotPresent
        command: ['sh','-c','sleep 5000']
        volumeMounts:
        - mountPath: /xx      ⎫
          name: volume1       ⎬   把卷 volume1 挂载到容器的 /xx 目录
                              ⎭
[root@vms10 volume]#
```

这个 yaml 文件里在 volumes 字段下创建卷，这里创建了 2 个名字为 volume1 和 volume2 的卷，类型都是 emptyDir，在此 pod 里创建了 2 个容器 demo1 和 demo2。在每个容器里通过 volumeMounts 选项来挂载卷，其中 name 指定挂载哪个卷，mountPath 指定了卷在本容器里的挂载点，这里两个容器都是把卷 volume1 挂载到容器的 /xx 目录里。

注意：如果容器里的目录 /xx 不存在的话，则会自动创建。

步骤 4：创建 pod 并查看 pod 运行状态。

```
[root@vms10 volume]# kubectl apply -f emp.yaml
pod/demo created
[root@vms10 volume]# kubectl get pods
NAME    READY    STATUS         RESTARTS    AGE
demo    2/2      Running        0           8s
[root@vms10 volume]#
```

步骤 5：查看此 pod 的描述信息。

```
[root@vms10 volume]# kubectl describe pod demo | grep -A2 Volumes
Volumes:
  volume1:
    Type:    EmptyDir (a temporary directory that shares a pod's lifetime)
[root@vms10 volume]#
```

可以看到此 pod 现在使用的是 emptyDir 类型的存储。

步骤 6：查看 pod 运行在哪台主机。

```
[root@vms10 volume]# kubectl get pods -o wide --no-headers
demo    2/2    Running    0    47s    10.244.3.29    vms12.rhce.cc
[root@vms10 volume]#
```

步骤 7：切换到 vms12 机器，找到对应的容器。

```
[root@vms12 ~]# docker ps | grep demo
d3150d1c569e    docker.io/busybox@sha256:9fd90    "sh -c 'sleep 5000'"  2 minutes
ago    Up    2 minutes    k8s_demo2_demo_nsvolume_75491932-ae81-11e9-8865-000c294d4f7c_0
5e9c9e41b8ea    docker.io/busybox@d9ab70    "sh -c 'sleep 5000'"    2 minutes ago
```

```
Up 2 minutes     k8s_demo1_demo_nsvolume_75491932-ae81-11e9-8865-000c294d4f7c_0
```

可以看到在 master 上创建的 demo 这个 pod 所对应的两个容器的 id 分别是 d3150d1c569e 和 5e9c9e41b8ea。

步骤 8：查看它们对应的属性。

```
[root@vms12 ~]# docker inspect d3150d1c569e
...
"Mounts": [
        {
            "Type": "bind",
            "Source": "/var/lib/kubelet/pods/75491932-ae81-11e9-8865-
000c294d4f7c/volumes/kubernetes.io~empty-dir/volume1",
            "Destination": "/xx",
...
[root@vms12 ~]#
[root@vms12 ~]# docker inspect 5e9c9e41b8ea
...
"Mounts": [
        {
            "Type": "bind",
            "Source": "/var/lib/kubelet/pods/75491932-ae81-11e9-8865-
000c294d4f7c/volumes/kubernetes.io~empty-dir/volume1",
            "Destination": "/xx",
...
[root@vms12 ~]#
```

可以看到两个容器里都有 /xx，且都对应到同一个物理目录 /var/lib/kubelet/pods/75491932-ae81-11e9-8865-000c294d4f7c/volumes/kubernetes.io~empty-dir/volume1 里。

步骤 9：在 master 上随便拷贝一个文件到这个 pod 里容器 demo1 的 /xx 目录。

```
[root@vms10 volume]# kubectl cp /etc/hosts demo:/xx -c demo1
[root@vms10 volume]#
```

步骤 10：查看 demo 这个 pod 里容器 demo2 的 /xx 目录。

```
[root@vms10 volume]# kubectl exec demo -c demo2 -- ls  /xx
hosts
[root@vms10 volume]#
```

可以看到这里也有数据，因为 demo1 和 demo2 都挂载的同一个卷，实现了数据的共享。

步骤 11：切换到 vms12。

```
[root@vms12 ~]# ls /var/lib/kubelet/pods/75491932-ae81-11e9-8865-000c294d4f7c/
volumes/kubernetes.io~empty-dir/volume1
hosts
[root@vms12 ~]#
```

可以看到有 hosts 文件。

步骤 12：删除此 pod。

6.2 hostPath

【必知必会】：定义 hostPath 类型的存储

使用 hostPath 的存储方式，就类似于在创建 docker 容器时的命令 docker run -v /data:/xx，意思是在物理机里的目录 /data 映射到容器的 /xx 目录里，如果删除了 pod 之后，则数据仍然是保留的。如果 /xx 目录不存在，会自动在容器里创建。

步骤 1：创建一个 pod 的 yaml 文件 host.yaml，内容如下。

```
[root@vms10 volume]# cat host.yaml
apiVersion: v1
kind: Pod
metadata:
  name: demo
  labels:
    purpose: demonstrate-envars
spec:
  volumes:
  - name: volume1
    hostPath:                  创建一个类型为 hostPath 的卷，名字为 volume1 的卷
      path: /data
  containers:
  - name: demo1
    image: busybox
    imagePullPolicy: IfNotPresent
    command: ['sh','-c','sleep 5000']
    volumeMounts:
    - mountPath: /xx            把卷 volume1 挂载到容器的 /xx 目录
      name: volume1

  - name: demo2
    image: busybox
    imagePullPolicy: IfNotPresent
    command: ['sh','-c','sleep 5000']
    volumeMounts:
    - mountPath: /xx            把卷 volume1 挂载到容器的 /xx 目录
      name: volume1

[root@vms10 volume]#
```

在此 yaml 文件里，在 volumes 字段下创建了一个名字为 volume1 的卷，类型是 hostPath，对

应物理机的目录 /data（由 path 指定）。

定义了 2 个容器，在每个容器里分别用 volumeMounts 把卷 volume1 挂载到本容器的 /xx 目录（mountPath 指定），所以每个容器里目录 /xx 挂载的是物理机的 /data 目录。

注意：不管是容器里的 /xx，还是物理机的 /data，如果不存在的话，则会自动创建。

步骤 2：创建并查看 pod。

```
[root@vms10 volume]# kubectl apply -f host.yaml
pod/demo created
[root@vms10 volume]# kubectl get pods
NAME    READY  STATUS   RESTARTS   AGE
demo    2/2    Running  0          11s
[root@vms10 volume]#
```

步骤 3：查看 pod 的属性，确认现在使用的是 HostPath。

```
[root@vms10 volume]# kubectl describe pod demo | grep -A3 Volumes
Volumes:
  volume1:
    Type:     HostPath (bare host directory volume)
    Path:     /data
[root@vms10 volume]#
```

从上面可以看到，pod 里的 /xx 挂载的是物理机的 /data 目录。

步骤 4：查看 pod 所在机器。

```
[root@vms10 volume]# kubectl get pods -o wide
NAME    READY  STATUS   RESTARTS   AGE     IP           NODE
demo    2/2    Running  0          3m14s   10.244.3.31  vms12.rhce.cc
[root@vms10 volume]#
```

可以看到 pod 是运行在 vms12 上的。

步骤 5：在 master 上拷贝一个文件到此 pod 里 demo1 容器的 /xx 目录。

```
[root@vms10 volume]# kubectl cp /etc/hosts demo:/xx -c demo1
[root@vms10 volume]#
```

步骤 6：切换到 vms12，检查文件是否放在 vms12 的 /data 目录里。

```
[root@vms12 ~]#
[root@vms12 ~]# ls /data/
hosts
[root@vms12 ~]#
```

步骤 7：删除此 pod。

6.3 NFS 存储

【必知必会】：创建 nfs 类型的卷

不管是 emptyDir 还是 hostPath 存储，虽然数据可以存储在服务器上，比如图 6-2 里 pod1 写了一些数据 aaabbb 放在卷里，但也只是存储在 worker1 节点上，数据并没有同步到 worker2 上。

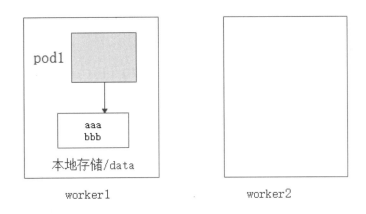

图 6-2　没有使用共享存储的情况（1）

如果此时 pod1 出现了问题，通过 deployment（后面会讲）会自动产生一个新的 pod，如果此 pod 仍然是在 worker1 上运行的话不会有问题。但是如果新 pod 是在 worker2 上运行的，那么就读取不到这些数据了，因为数据都放在 worker1 上，如图 6-3 所示。

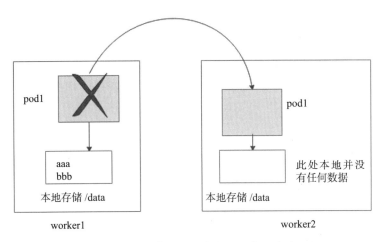

图 6-3　没有使用共享存储的情况（2）

如果使用网络存储的话，就可以避免这样的问题，如图 6-4 所示。

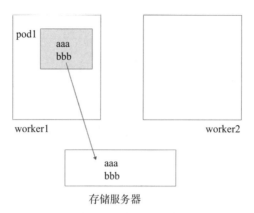

图 6-4　使用了共享存储的情况（1）

这里 pod1 挂载了存储服务器的某个共享目录，当在 pod1 里写数据的时候，数据其实写入了存储服务器。如果有一天 pod1 挂掉了，且新生成的 pod 是在 worker2 上运行的，如图 6-5 所示。

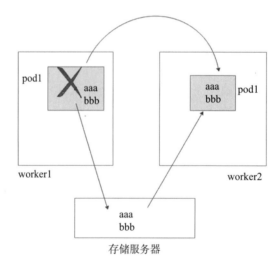

图 6-5　使用了共享存储的情况（2）

新的 pod1 也会挂载存储服务器上的共享目录，仍然能够看到原来已经写的数据。下面演示使用 NFS 作为共享存储来实现 pod 数据的共享，NFS 全称是网络文件系统，用于类 UNIX 系统之间的共享，配置起来相对简单。

步骤 1：搭建一个 NFS 服务器。

自行搭建一个 NFS 服务器，本环境里 NFS 服务器的 IP 为 192.168.26.30，共享目录为 /123，请注意共享权限（NFS 服务器的搭建请自行查阅相关资料）。

```
[root@vms30 ~]# cat /etc/exports
/123          *(rw,sync,no_root_squash)
[root@vms30 ~]#
```

步骤 2：在所有节点安装 yum install nfs-u* -y，在所有节点测试是否能正常挂载共享目录。

```
[root@vms1X ~]# showmount -e 192.168.26.30
Export list for 192.168.26.30:
/123 *
[root@vms1X ~]# mount 192.168.26.30:/123 /mnt
[root@vms1X ~]# umount /mnt
[root@vms1X ~]#
```

步骤 3：创建一个 pod 的 yaml 文件 nfs.yaml，内容如下。

```
[root@vms10 volume]# cat nfs.yaml
apiVersion: v1
kind: Pod
metadata:
  labels:
    run: nginx
  name: demo
spec:
  volumes:
  - name: volume1                   定义一个名字为 volume1 的卷，类
    nfs:                            型为 nfs，并指定存储的相关信息
      server: 192.168.26.30
      path: "/123"
  containers:
  - image: busybox
    name: demo1
    imagePullPolicy: IfNotPresent
    command: ['sh','-c','sleep 5000']
    volumeMounts:
    - name: volume1                 把 volume1 挂载到容器的 /xx 目录，本质上是把
      mountPath: /xx                192.168.26.30:/123 挂载到容器的 /xx 目录
[root@vms10 volume]#
```

这里定义了一个名字为 volume1、类型为 NFS 的卷，NFS 服务器的地址为 192.168.26.30（server 指定），NFS 服务器上共享的目录为 /123。

在容器 demo1 里，把卷 volume1 挂载到容器的目录 /xx，本质上就是容器里的 /xx 会挂载 192.168.26.30:/123，如果 /xx 不存在，则会自动创建。

步骤 4：创建并查看 pod。

```
[root@vms10 volume]# kubectl apply -f nfs.yaml
pod/demo created
[root@vms10 volume]# kubectl get pods
NAME   READY   STATUS    RESTARTS   AGE
demo   1/1     Running   0          10s
[root@vms10 volume]#
```

步骤 5：往此 pod 里拷贝一个文件过去。

```
[root@vms10 volume]# kubectl cp /etc/hosts demo:/xx
[root@vms10 volume]#
```

步骤 6：切换到 vms30，查看 /123 里的数据。

```
[root@vms30 ~]# ls /123/
hosts
[root@vms30 ~]#
```

可以看到，往 pod 的 /xx 里写的数据最终是写入了 nfs 的共享目录里。

步骤 7：删除此 pod。

6.4 持久性存储

【必知必会】：创建和删除持久性卷 pv，创建和删除持久性卷声明 pvc

NFS 作为后端存储，用户需要自行配置 nfs 服务器。因为每个人都需要接触到后端存储，这样就带来了安全隐患，因为要配置存储，必须要用 root 用户，如果有人恶意删除或者拷贝其他人的存储数据，就会很麻烦。

Persistent Volume（持久性卷，简称 pv）与指定后端存储关联，pv 和后端存储都由专人来创建，pv 不属于任何命名空间，全局可见。用户登录到自己的命名空间之后，只要创建 pvc（Persistent Volume Claim，持久性卷声明）即可，pvc 会自动和 pv 进行绑定，如图 6-6 所示。

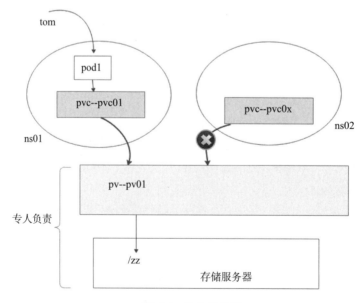

图 6-6　持久性存储

这里创建了一个名字叫作 pv01 的 pv 和 nfs 服务器上的共享目录 /zz 相关联。某用户登录到自己项目 ns01 里，创建了一个名字叫作 pvc01 的 pvc 和 pv01 绑定了。tom 在 ns01 里创建了一个 pod1，使用 pvc01 作为存储，往 pod1 里写的数据最终是写进存储服务器的 /zz 目录里了。

因为一个 pv 只能和一个 pvc 进行绑定，所以 ns02 里的 pvc0x 是不能和 pv01 绑定的（状态为 Pending）。

6.4.1 PersistentVolume

本节讲解如何创建和删除 pv，以及如何使用 NFS 作为后端存储的 pv。

步骤 1：请自行在 192.168.26.30 上创建共享目录 /zz。

```
[root@vms30 ~]# cat /etc/exports
/123 *(rw,sync,no_root_squash)
/zz  *(rw,sync,no_root_squash)
[root@vms30 ~]# exportfs -arv
[root@vms30 ~]#
```

请特别注意权限，有选项 no_root_squash。

步骤 2：查看现有 pv。

```
[root@vms10 volume]# kubectl get pv
No resources found.
[root@vms10 volume]#
```

步骤 3：创建 pv 所需要的 yaml 文件 pv1.yaml，内容如下。

```
[root@vms10 volume]# cat pv1.yaml
apiVersion: v1
kind: PersistentVolume
metadata:
  name: pv01
spec:
  capacity:              指定存储容量
    storage: 5Gi
  volumeMode: Filesystem
  accessModes:
    - ReadWriteOnce      #访问模式
  persistentVolumeReclaimPolicy: Recycle
  nfs:
    path: /zz
    server: 192.168.26.30    存储的类型、服务器地址及路径
[root@vms10 volume]#
```

特别注意 storage 的大小和 accessModes 的值，这个是 pvc 和 pv 绑定的关键。accessModes 有以下三个值。

ReadWriteOnce（RWO）：仅允许单个节点挂载读写。

ReadOnlyMany（ROX）：允许多个节点挂载只读。

ReadWriteMany（RWX）：允许多个节点挂载读写。

如果 pvc 和 pv 的 accessMode 不一样，二者肯定是绑定不了的。

步骤 4：创建并查看 pv。

```
[root@vms10 volume]# kubectl apply -f pv1.yaml
persistentvolume/pv01 created
[root@vms10 volume]#
[root@vms10 volume]# kubectl get pv
NAME  CAPACITY ACCESS MODES  RECLAIM  POLICY  STATUS  CLAIM  STORAGECLASS
REASON   AGE
pv01 5Gi    RWO    Recycle   Available           3s
[root@vms10 volume]#
```

步骤 5：查看此 pv 的属性。

```
[root@vms10 volume]# kubectl describe pv pv01
Name:           pv01
Labels:         <none>
Annotations:    kubectl.kubernetes.io/last-applied-configuration:
...
Source:
    Type:      NFS (an NFS mount that lasts the lifetime of a pod)
    Server:    192.168.26.30
    Path:      /zz
    ReadOnly:  false
Events:         <none>
[root@vms10 volume]#
```

从这里可以看到，pv01 所使用的后端存储类型是 NFS，NFS 的服务器是 192.168.26.30，共享目录是 /zz。

要删除 pv，可以用下面的方法。

（1）kubectl delete -f pv1.yaml。

（2）kubectl delete pv pv 名字。

步骤 6：练习删除此 pv。

```
[root@vms10 volume]# kubectl delete -f pv1.yaml
persistentvolume "pv01" deleted
[root@vms10 volume]#
```

步骤 7：再次创建出此 pv。

```
[root@vms10 volume]# kubectl apply -f pv1.yaml
persistentvolume/pv01 created
[root@vms10 volume]#
```

6.4.2 PersistentVolumeClaim

PersistentVolumeClaim 是基于命名空间创建的，不同命名空间里的 pvc 互相隔离。

pvc 通过 storage 的大小和 accessModes 的值与 pv 进行绑定，即如果 pvc 里 storage 的大小、accessModes 的值和 pv 里 storage 的大小、accessModes 的值都一样的话，那么 pvc 会自动和 pv 进行绑定。

步骤 1：查看现有 pvc。

```
[root@vms10 volume]# kubectl get pvc
No resources found in nsvolume namespace.
[root@vms10 volume]#
```

步骤 2：创建 pvc 所需要的 yaml 文件。

```
[root@vms10 volume]# cat pvc1.yaml
kind: PersistentVolumeClaim
apiVersion: v1
metadata:
  name: pvc01
spec:
  accessModes:
    - ReadWriteOnce
  volumeMode: Filesystem
  resources:
    requests:
      storage: 5Gi
[root@vms10 volume]#
```

这里创建一个名为 pvc01 的 pvc，可以看到这里 accessMode 的值、storage 大小完全和 pv01 的设置一样，所以 pvc01 可以绑定 pv01。

步骤 3：创建 pvc 并查看 pvc 和 pv 的绑定。

```
[root@vms10 volume]# kubectl apply -f pvc1.yaml
persistentvolumeclaim/pvc01 created
[root@vms10 volume]# kubectl get pvc
NAME    STATUS   VOLUME   CAPACITY   ACCESS MODES   STORAGECLASS   AGE
pvc01   Bound    pv01     5Gi        RWO                           3s
[root@vms10 volume]#
```

此时 pvc01 和 pv01 进行了绑定。

步骤 4：删除此 pvc01。

```
[root@vms10 volume]# kubectl delete -f pvc1.yaml
persistentvolumeclaim "pvc01" deleted
[root@vms10 volume]# kubectl get pvc
No resources found in nsvolume namespace.
[root@vms10 volume]#
```

步骤 5：修改 pvc01.yaml，把 storage 的大小改为 6G。

```
[root@vms10 volume]# cat pvc1.yaml
kind: PersistentVolumeClaim
...
  resources:
    requests:
      storage: 6Gi
[root@vms10 volume]#
```

这里 storage 的大小为 6G，比 pv 里 storage 的 5G 要大，创建 pvc 并查看。

步骤 6：创建并查看 pvc。

```
[root@vms10 volume]# kubectl apply -f pvc1.yaml
persistentvolumeclaim/pvc01 created
[root@vms10 volume]# kubectl get pvc
NAME    STATUS   VOLUME  CAPACITY  ACCESS  MODES  STORAGECLASS
pvc01   Pending
[root@vms10 volume]#
```

可以看到 pvc01 并没有绑定到 pv01 上，状态为 Pending。

步骤 7：删除此 pvc01 并修改 storage 的大小为 4G。

```
[root@vms10 volume]# kubectl delete pvc pvc01
persistentvolumeclaim "pvc01" deleted
[root@vms10 volume]#
[root@vms10 volume]# cat pvc1.yaml
kind: PersistentVolumeClaim
...
  resources:
    requests:
      storage: 4Gi
[root@vms10 volume]#
```

步骤 8：再次创建 pvc 并查看。

```
[root@vms10 volume]# kubectl apply -f pvc1.yaml
persistentvolumeclaim/pvc01 created
[root@vms10 volume]# kubectl get pvc
NAME     STATUS   VOLUME   CAPACITY   ACCESS MODES   STORAGECLASS
pvc01    Bound    pv01     5Gi        RWO
[root@vms10 volume]#
```

结论：在 pv 和 pvc 的 accessModes 值相同的情况下，如果 pv 的 storage 大小大于等于 pvc 的 storage 的大小的话，是可以绑定的，如果 pv 的 storage 的大小小于 pvc 的 storage 的大小，是不能绑定的。

步骤 9：删除 pv01 和 pvc01。

6.4.3 storageClassName

现在存在一个问题，一个 pv 只能和一个 pvc 绑定，现在存在一个名叫 pv01 的 pv，然后在不同的命名空间里创建了多个 pvc（因为它们互相隔离，并不知道相互的设置），这些 pvc 的 storage 的大小与 accessModes 的值都能和 pv01 进行绑定，但是只有一个 pvc 能和 pv 绑定，其他都处于 Pending 状态，如图 6-7 所示，哪个 pvc 能和 pv01 绑定呢？

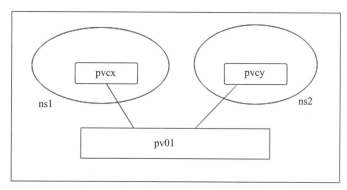

图 6-7　多命名空间的 pvc 使用同一 pv

如果要控制哪个 pvc 能和 pv01 进行绑定，可以通过 storageClassName 进行控制。

在 pv 和 pvc 的 storageClassName 相同的情况下，再次去对比 storage 的大小和 accessModes 的值。

步骤 1：创建 pv 的 yaml 文件。

```
[root@vms10 volume]# cat pv2.yaml
apiVersion: v1
kind: PersistentVolume
metadata:
  name: pv01
spec:
  capacity:
    storage: 5Gi
  volumeMode: Filesystem
  storageClassName: xx
  accessModes:
    - ReadWriteOnce
  persistentVolumeReclaimPolicy: Recycle
  nfs:
    path: /zz
    server: 192.168.26.30
[root@vms10 volume]#
```

这里将 pv 的 storageclassname 设置为 xx。

步骤 2：创建 pv 并查看。

```
[root@vms10 volume]# kubectl apply -f pv2.yaml
persistentvolume/pv01 configured
[root@vms10 volume]# kubectl get pv
NAME  CAPACITY  ACCESS MODES  RECLAIM POLICY  STATUS     CLAIM      STORAGECLASS
pv01  5Gi       RWO           Recycle         Available             xx
[root@vms10 volume]#
```

步骤 3：创建 pvc 的 yaml 文件。

```
[root@vms10 volume]# cat pvc2.yaml
kind: PersistentVolumeClaim
apiVersion: v1
metadata:
  name: pvc01
spec:
  storageClassName: yy
  accessModes:
    - ReadWriteOnce
  volumeMode: Filesystem
  resources:
    requests:
      storage: 5Gi
[root@vms10 volume]#
```

这里 pvc 的 storageclassname 设置为了 yy。

从这里可以看到，pvc01 的 storage 的大小和 accessModes 的值与 pv01 完全匹配，但是 storageClassName 的值不一样。

步骤 4：创建 pvc 并查看。

```
[root@vms10 volume]# kubectl apply -f pvc2.yaml
persistentvolumeclaim/pvc01 created
[root@vms10 volume]# kubectl get pvc
NAME   STATUS   VOLUME  CAPACITY  ACCESS MODES  STORAGECLASS
pvc01  Pending                                  yy
[root@vms10 volume]#
```

可以看到此 pvc 根本无法和 pv01 进行绑定。

步骤 5：删除此 pvc01，并把 storageClassName 的值改为 xx，和 pv01 的值一样。

```
[root@vms10 volume]# kubectl delete pvc pvc01
persistentvolumeclaim "pvc01" deleted
[root@vms10 volume]# cat pvc2.yaml
...
  storageClassName: xx
    - ReadWriteOnce
...
    requests:
      storage: 5Gi
[root@vms10 volume]#
```

步骤 6：创建 pvc 并查看 pvc。

```
[root@vms10 volume]# kubectl apply -f pvc2.yaml
persistentvolumeclaim/pvc01 created
[root@vms10 volume]# kubectl get pvc
NAME    STATUS   VOLUME   CAPACITY   ACCESS MODES   STORAGECLASS   AGE
pvc01   Bound    pv01     5Gi        RWO            xx             3s
[root@vms10 volume]#
```

现在已经绑定起来了。

6.4.4 使用持久性存储

如果要在 pod 里使用 pvc 的话，就需要在 pod 的 yaml 文件里创建一个 pvc 类型的卷，然后在 pod 的容器里挂载这个卷即可。

步骤 1：创建 pod 所需要的 yaml 文件。

```
[root@vms10 volume]# cat pod.yaml
apiVersion: v1
kind: Pod
metadata:
  name: nginx1
spec:
  volumes:
  - name: myv
    persistentVolumeClaim:
      claimName: pvc01
  containers:
  - image: nginx
    imagePullPolicy: IfNotPresent
    name: nginx
    volumeMounts:
    - mountPath: "/mnt"
      name: myv
[root@vms10 volume]#
```

创建一个类型为 pvc 的卷，名字为 myv，关联到名字为 pvc01 的 pvc 上

把卷 myv 挂载到容器的 /mnt 目录里，本质上是把 192.168.26.30:/zz 挂载到容器的 /mnt 目录

在这个 yaml 文件里，创建了一个名字为 myv 的卷，此卷使用名字为 pvc01 的 pvc。

pod 里包含一个名字叫 nginx 的容器，容器使用刚刚定义的 myv 这个卷，并挂载到容器的 /mnt 里。

步骤 2：创建 pod 并查看。

```
[root@vms10 volume]# kubectl apply -f pod.yaml
pod/nginx1 created
[root@vms10 volume]# kubectl get pods
NAME     READY   STATUS    RESTARTS   AGE
nginx1   1/1     Running   0          11s
[root@vms10 volume]#
```

步骤 3：往 nginx1 的 /mnt 里拷贝一个文件。

```
[root@vms10 volume]# kubectl cp /etc/services nginx1:/mnt
[root@vms10 volume]#
```

按照分析，往 pod 里写的东西就是往 pv01 里写，即往存储服务器写。

步骤 4：切换到 vms30，查看 /zz 里的内容。

```
[root@vms30 ~]# ls /zz
services
[root@vms30 ~]#
```

可见和预期是一样的。

步骤 5：自行删除此 pod、pv、pvc。

6.4.5 pv 回收策略

前面创建 pv 的时候，有一句 persistentVolumeReclaimPolicy: Recycle，这句是用来指定 pv 回收策略的，即删除 pvc 之后 pv 是否会释放。有以下两种策略。

Recycle：删除 pvc 之后，会生成一个 pod 回收数据，删除 pv 里的数据，删除 pvc 之后，pv 可复用，pv 状态由 Released 变为 Available。

Retain：不回收数据，删除 pvc 之后，pv 依然不可用，pv 状态长期保持为 Released。需要手动删除 pv，然后重新创建。但是删除 pv 的时候并不会删除里面的数据。

6.5 动态卷供应

【必知必会】：配置动态卷供应

前面讲持久性存储的时候，是要先创建 pv，然后才能创建 pvc。如果不同的命名空间里同时要创建不同的 pvc，那么就需要提前把 pv 创建好，这样才能为 pvc 提供存储。这种操作方式太过于麻烦，所以可以通过 storageClass（简称为 sc）来解决这个问题。

最终的效果是，管理员不需要提前创建 pv，只要创建好 storageClass 之后就不用管 pv 了，用户创建 pvc 的时候，storageClass 会自动创建出来一个 pv 和这个 pvc 进行绑定。

6.5.1 storageClass 的工作流程

定义 storageClass 时必须要包含一个分配器（provisioner），不同的分配器指定了动态创建 pv 时使用什么后端存储。先看下面的三个例子。

第一个例子，分配器使用 aws 的 ebs 作为 pv 的后端存储。

```
apiVersion: storage.k8s.io/v1
kind: StorageClass
metadata:
  name: slow
provisioner: kubernetes.io/aws-ebs
parameters:
  type: io1
  iopsPerGB: "10"
  fsType: ext4
```

第二个例子，分配器使用 lvm 作为 pv 的后端存储。

```
apiVersion: storage.k8s.io/v1
kind: StorageClass
metadata:
  name: csi-lvm
provisioner: lvmplugin.csi.alibabacloud.com
parameters:
  vgName: volumegroup1
  fsType: ext4
reclaimPolicy: Delete
```

第三个例子，使用 hostPath 作为 pv 的后端存储。

```
apiVersion: storage.k8s.io/v1
kind: StorageClass
metadata:
  name: csi-hostpath-sc
provisioner: hostpath.csi.k8s.io
reclaimPolicy: Delete
#volumeBindingMode: Immediate
volumeBindingMode: WaitForFirstConsumer
allowVolumeExpansion: true
```

这三个例子里，三个 storageClass 分别使用了不同的分配器，这些分配器有的是以 aws-ebs 作为 pv 的后端存储，有的是以 lv 作为 pv 的后端存储，有的是以 hostPath 作为 pv 的后端存储。

上面三个例子里所使用的分配器中，有的是 kubernetes 内置的分配器，比如 kubernetes.io/aws-ebs，其他两个分配器不是 kubernetes 自带的。kubernetes 自带的分配器包括如下几种。

kubernetes.io/aws-ebs；

kubernetes.io/gce-pd；

kubernetes.io/glusterfs；

kubernetes.io/cinder；

kubernetes.io/vsphere-volume；

kubernetes.io/rbd；

kubernetes.io/quobyte；

kubernetes.io/azure-disk；

kubernetes.io/azure-file；

kubernetes.io/portworx-volume；

kubernetes.io/scaleio；

kubernetes.io/storageos；

kubernetes.io/no-provisioner。

在用 storageClass 动态创建 pv 的时候，根据使用后端存储的不同，应该选择一个合适的分配器。但是像 lvmplugin.csi.alibabacloud.com 和 hostpath.csi.k8s.io 这样的分配器，既然不是 kubernetes 自带的，那是哪里来的呢？

这些非内置的分配器暂且称为外部分配器，这些外部分配器由第三方提供，是通过自定义 CSIDriver（容器存储接口驱动）来实现的分配器。

所以整个流程就是，管理员创建 storageClass 时会通过 .provisioner 字段指定分配器。管理员创建好 storageClass 之后，用户在定义 pvc 时需要通过 .spec.storageClassName 指定使用哪个 storageClass，如图 6-8 所示。

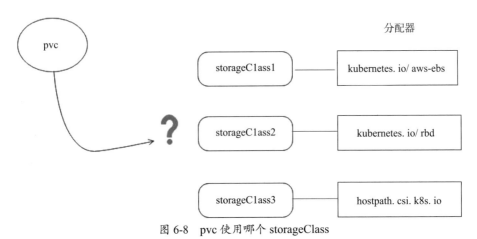

图 6-8　pvc 使用哪个 storageClass

当创建 pvc 的时候，系统会通知 storageClass，storageClass 会通过它所关联的分配器来获取后端存储类型，然后动态地创建一个 pv 和此 pvc 进行绑定。

6.5.2　利用 nfs 创建动态卷供应

前面已经用 NFS 配置过共享文件夹了，因为配置起来相对简单，所以这里以 NFS 作为后端存储来配置动态卷供应。

步骤 1：自行在存储服务器 192.168.26.30 上创建一个目录 /vdisk，并共享这个目录。

```
[root@vms30 ~]# cat /etc/exports
/123        *(rw,async,no_root_squash)
```

```
/zz   *(rw,async,no_root_squash)
/vdisk    *(rw,async,no_root_squash)
[root@vms30 ~]# exportfs -avr
exporting *:/vdisk
exporting *:/zz
exporting *:/123
[root@vms30 ~]#
```

因为 kubernetes 里，NFS 没有内置分配器，所以需要下载相关插件来创建 NFS 外部分配器。

步骤 2：在 vms10 上先安装 git 客户端工具。

```
[root@vms10 volume]# yum install git -y
   ...输出...
[root@vms10 volume]#
```

步骤 3：克隆项目并进入目录。

```
[root@vms10 volume]# git clone https://github.com/kubernetes-incubator/external-
storage.git
正克隆到 'external-storage'...
   ...输出...
[root@vms10 volume]#
[root@vms10 volume]# cd external-storage-master/nfs-client/deploy/
[root@vms10 deploy]#
```

步骤 4：部署 rbac 权限。

关于权限的设置后面章节会讲解，因为是在命名空间 nsvolume 里的，所以需要把 rbac.yaml 里指定的命名空间更换为 nsvolume，然后部署 rbac。

```
[root@vms10 deploy]# sed -i 's/namespace: default/namespace: nsvolume/g' rbac.yaml
[root@vms10 deploy]#
[root@vms10 deploy]# kubectl apply -f rbac.yaml
   ...输出...
[root@vms10 deploy]#
```

注意：上述命令 namespace：后面有一个空格。

步骤 5：修改 /etc/kubernetes/manifests/kube-apiserver.yaml。

在 kubernetes v1.20 及之后的版本里，还需要修改 /etc/kubernetes/manifests/kube-apiserver.yaml，增加：

```
- --feature-gates=RemoveSelfLink=false
```

然后重启 kubelet。

6.5.3 部署 NFS 分配器

因为 NFS 分配器不是自带的，所以这里需要先把 NFS 分配器创建出来。

步骤 1：用 vim 编辑器打开 deployment.yaml，修改如下内容。

```
apiVersion: apps/v1
kind: Deployment
metadata:
  name: nfs-client-provisioner
  labels:
    app: nfs-client-provisioner
  # replace with namespace where provisioner is deployed
  namespace: nsvolume
  ... 输出 ...
  spec:
    serviceAccountName: nfs-client-provisioner
    containers:
      - name: nfs-client-provisioner
        image: quay.io/external_storage/nfs-client-provisioner:latest
        imagePullPolicy: IfNotPresent
        volumeMounts:
          - name: nfs-client-root
            mountPath: /persistentvolumes
        env:
          - name: PROVISIONER_NAME
            value: fuseim.pri/ifs
          - name: NFS_SERVER
            value: 192.168.26.30
          - name: NFS_PATH
            value: /vdisk
    volumes:
      - name: nfs-client-root
        nfs:
          server: 192.168.26.30
          path: /vdisk
```

（1）因为当前是在命名空间 nsvolume 里的，所以要把 namespace 的值改为 nsvolume。

（2）image 后面的镜像需要提前在所有节点上 pull 下来，并修改镜像下载策略。

（3）env 字段里，PROVISIONER_NAME 用于指定分配器的名字，这里是 fuseim.pri/ifs，NFS_SERVER 和 NFS_PATH 分别指定这个分配器所使用的存储信息。

（4）在 volumes 的 server 和 path 里指定共享服务器和目录。

步骤 2：部署 NFS 分配器。

```
[root@vms10 deploy]# kubectl apply -f deployment.yaml
deployment.apps/nfs-client-provisioner created
[root@vms10 deploy]#
```

步骤 3：查看 pod 的运行情况。

```
[root@vms10 deploy]# kubectl get pods
NAME                      READY  STATUS    RESTARTS   AGE
```

```
nfs-client-provisioner-7544459d44-dpjtx   1/1  Running   0    5s
[root@vms10 deploy]#
```

6.5.4 部署 storageClass

创建了 NFS 分配器之后，下面开始创建一个使用这个分配器的 storageClass。

步骤 1：创建 storageClass。

在当前目录里有一个名为 class.yaml 的文件，用于创建 storageClass，内容如下。

```
[root@vms10 deploy]# cat class.yaml
apiVersion: storage.k8s.io/v1
kind: StorageClass
metadata:
  name: managed-nfs-storage
provisioner: fuseim.pri/ifs
parameters:
  archiveOnDelete: "false"
[root@vms10 deploy]#
```

这里 provisioner 的值 fuseim.pri/ifs 是由 deployment.yaml 文件里指定的分配器的名字，这个 yaml 文件的意思是创建一个名字是 managed-nfs-storage 的 storageClass，使用名字为 fuseim.pri/ifs 的分配器。

步骤 2：查看现在是否存在 storageClass。

```
[root@vms10 deploy]# kubectl get sc
No resources found
[root@vms10 deploy]#
```

步骤 3：部署并查看 storageClass。

```
[root@vms10 deploy]# kubectl apply -f class.yaml
storageclass.storage.k8s.io/managed-nfs-storage created
[root@vms10 deploy]#
[root@vms10 deploy]# kubectl get sc
NAME       PROVISIONER  RECLAIMPOLICY  VOLUMEBINDINGMODE  ...
managed-nfs-storage fuseim.pri/ifs Delete     Immediate
...  [root@vms10 deploy]#
```

步骤 4：查看当前是否存在 pvc 和 pv。

```
[root@vms10 deploy]# kubectl get pvc
No resources found in nsvolume namespace.
[root@vms10 deploy]# kubectl get pv
No resources found
[root@vms10 deploy]#
```

当前不存在任何 pv 和 pvc。

步骤 5：下面开始创建 pvc。

```
[root@vms10 deploy]# cp test-claim.yaml pvc1.yaml
[root@vms10 deploy]# cat pvc1.yaml
kind: PersistentVolumeClaim
apiVersion: v1
metadata:
  name: pvc1
  annotations:
    volume.beta.kubernetes.io/storage-class: "managed-nfs-storage"
spec:
  accessModes:
    - ReadWriteMany
  resources:
    requests:
      storage: 1Mi
[root@vms10 deploy]#
```

这里在 annotations 里指定了使用哪个 storageClass，也可以写成如下内容。

```
kind: PersistentVolumeClaim
apiVersion: v1
metadata:
  name: pvc1
spec:
  accessModes:
    - ReadWriteMany
  resources:
    requests:
      storage: 1Mi
  storageClassName: managed-nfs-storage
```

步骤 6：下面开始创建 pvc。

```
[root@vms10 deploy]# kubectl apply -f pvc1.yaml
persistentvolumeclaim/pvc1 created
[root@vms10 deploy]#
```

步骤 7：查看是否创建出来了 pvc。

```
[root@vms10 deploy]# kubectl get pvc
NAME   STATUS   VOLUME                    CAPACITY   ACCESS MODES
STORAGECLASS   AGE
pvc1   Bound   pvc-edce9ee1-e0c0-4527-a3e8-15b94bf45fc0   1Mi   RWX
managed-nfs-storage   4s
```

步骤 8：查看 pv。

```
[root@vms10 deploy]# kubectl get pv
NAME              CAPACITY   ACCESS MODES   RECLAIM POLICY
STATUS   CLAIM   STORAGECLASS   REASON   AGE
```

```
pvc-edce9ee1-e0c0-4527-a3e8-15b94bf45fc0    1Mi  RWX  Delete
Bound  volume/pvc1  managed-nfs-storage  9s
[root@vms10 deploy]#
```

从这里可以看到，不仅把 pvc1 创建出来了，也创建出来一个名字叫作 pvc-edce9ee1-e0c0-4527-a3e8-15b94bf45fc0 的 pv，并且和 pvc1 关联在一起了。

步骤 9：查看这个 pv 的属性。

```
[root@vms10 deploy]# kubectl describe pv pvc-edce9ee1-e0c0-4527-a3e8-15b94bf45fc0
    ... 输出 ...
Source:
    Type:     NFS (an NFS mount that lasts the lifetime of a pod)
    Server:   192.168.26.30
    Path:     /vdisk/ns1-pvc1-pvc-edce9ee1-e0c0-4527-a3e8-15b94bf45fc0
    ReadOnly: false
Events:       <none>
[root@vms10 deploy]#
```

可以看到这个 pv 所使用的存储类型为 NFS。

模拟考题

1. 创建含有初始化容器的 pod，满足如下要求。

（1）pod 名为 pod1，镜像为 nginx。

（2）创建一个名字为 v1 的卷，这个卷的数据不能永久存储。

（3）初始化容器名字为 initc1，镜像使用 busybox，挂载此卷 v1 到目录 /data。

（4）在初始化容器里，创建文件 /data/aa.txt。

（5）普通容器名字为 c1，镜像为 nginx。

（6）把卷 v1 挂载到 /data 里。

（7）当次 pod 运行起来之后，在 pod1 的 c1 容器里查看是不是存在 /data/aa.txt。

2. 创建一个持久性存储，满足如下要求。

（1）持久性存储的名字为 pv10。

（2）容量大小设置为 2GB。

（3）访问模式为 ReadWriteOnce。

（4）存储类型为 hostPath，对应目录 /pv10。

（5）storageClassName 设置为 cka。

3. 创建 pvc，满足如下要求。

（1）名字为 pvc10。

（2）让此 pvc 和 pv10 进行关联。

（3）所在命名空间为 default。

4. 创建 pod，满足如下要求。

（1）名字为 pod-pvc。

（2）创建名字为 v1 的卷，让其使用 pvc10 作为后端存储。

（3）容器所使用的镜像为 nginx。

（4）把卷 v1 挂载到 /data 目录。

5. 删除 pod-pvc、pvc10、pv10。

第 7 章
密码管理

考试大纲

了解如何创建及删除 secret，在 pod 里通过变量及卷的方式引用 secret，了解如何创建及删除 configmap，在 pod 里通过变量及卷的方式引用 configmap。

本章要点

考点 1：创建及删除 secret

考点 2：在 pod 里以变量的方式引用 secret

考点 3：在 pod 里以卷的方式引用 secret

考点 4：创建及删除 configmap

考点 5：在 pod 里以变量的方式引用 configmap

考点 6：在 pod 里以卷的方式引用 configmap

在创建 pod 的时候不少情况下是需要密码的，比如使用 mysql 镜像需要配 MYSQL_ROOT_PASSWORD，使用 wordpress 镜像需要使用 WORDPRESS_DB_PASSWORD 来指定密码等。

如果直接把密码信息保存在创建 pod 的 yaml 文件，创建好 pod 之后，通过 kubectl describe pod podname 就很容易看到我们所设置的密码，这里存在着一定的安全隐患。

我们可以用一个东西专门来存储密码，这个东西就是 secret 及 configmap。

7.1 secret

【必知必会】：创建 secret，以卷的方式使用 secret，以变量的方式使用 secret

secret 的主要作用是存储密码信息，以及往 pod 里传递文件。secret 以键值对的方式存储，格式如下。

```
键 = 值 或者是 key=value
```

其中这里的"值"不是以明文的方式存储的，而是通过 base64 编码过的，具体看下面的例子。

7.1.1 创建 secret

创建 secret 的方法很多，可以直接指定 key 和 value，也可以把一个文件的内容作为 value，还可以直接写 yaml 文件，下面分别用不同的方法来创建。

为了区分前面章节创建的文件区分，这里单独创建一个目录 secret，本章所需的文件全部在目录 secret 里创建。

```
[root@vms10 ~]# mkdir secret
[root@vms10 ~]# cd secret/
[root@vms10 secret]#
```

创建一个命名空间 nssec，本章所有实验均在这个命名空间里操作。

```
[root@vms10 secret]# kubectl create ns nssec
namespace/nssec created
[root@vms10 secret]# kubens nssec
Context "kubernetes-admin@kubernetes" modified.
Active namespace is "nssec".
[root@vms10 secret]#
```

查看当前命名空间里现存的 secret。

```
[root@vms10 secret]# kubectl get secret
NAME                  TYPE                                  DATA    AGE
default-token-g6nch   kubernetes.io/service-account-token   3       25d
[root@vms10 secret]#
```

创建 secret 有以下多种方法。

方法 1：命令行的方式

语法：

```
kubectl create secret generic 名字 --from-literal=k1=v1 --from-literal=k2=v2 ...
```

这里 k1 的值为 v1，k2 的值为 v2，如果需要多个变量，就写多个 --from-literal。

步骤 1：创建一个名字为 mysecret1 的 secret。

```
[root@vms10 secret]# kubectl create secret generic mysecret1 --from-literal=xx=tom
--from-literal=yy=redhat
secret/mysecret1 created
[root@vms10 secret]#
```

步骤 2：查看现有的 secret。

```
[root@vms10 secret]# kubectl get secrets
NAME                  TYPE    DATA    AGE
default-token-g6nch   kubernetes.io/service-account-token   3   25d
```

```
mysecret1    Opaque    2    43s
[root@vms10 secret]#
```

secret 有三种类型。

（1）Opaque：base64 编码格式的 secret，用来存储密码、密钥等，但数据也通过 base64 - decode 解码得到原始数据，加密性很弱。

（2）kubernetes.io/dockerconfigjson：用来存储私有 docker registry 的认证信息。

（3）kubernetes.io/service-account-token：用于被 serviceaccount 引用。

创建 serviceaccout 时，kubernetes 会默认创建对应的 secret。pod 如果使用了 serviceaccount，对应的 secret 会自动挂载到 Pod 目录 /run/secrets/kubernetes.io/serviceaccount（后面有专门章节讲 serviceaccount）中。

步骤 3：查看 mysecret1 的具体属性。

```
[root@vms10 secret]# kubectl describe secrets mysecret1
Name:        mysecret1
Namespace:   nssec
Labels:      <none>
   ... 输出 ...
Data
====
xx:  3 bytes
yy:  6 bytes
[root@vms10 secret]#
```

这里可以看到 mysecret1 里有两个变量，分别是 xx 和 yy，xx 的值有 3 个字符，yy 的值有 6 个字符，具体是什么这里看不出来。

步骤 4：查看 mysecret1 的键值对。

```
[root@vms10 secret]# kubectl get secret mysecret1 -o yaml
apiVersion: v1
data:
  xx: dG9t
  yy: cmVkaGF0
kind: Secret
...
[root@vms10 secret]#
```

上面 data 字段里列出来的就是 mysecret1 的键值对，其中 xx 和 yy 的值都是经过 base64 编码的，需要解码才能看到具体值。

步骤 5：解码。

```
[root@vms10 secret]# echo "dG9t" | base64 --decode
tom[root@vms10 secret]#
[root@vms10 secret]# echo "cmVkaGF0" | base64 --decode
redhat[root@vms10 secret]#
```

```
[root@vms10 secret]#
```

方法 2：把文件创建为 secret

也可以把一个文件创建为 secret，此时文件的文件名作为 key，文件的内容为 value，如果要把一个文件创建为 secret 的话，使用的命令如下。

```
kubectl create secret generic mysecret2 --from-file=file1  --from-file=file2 ..
```

这种创建 secret 的作用是，把一个文件的内容写入 secret 里，后面通过卷的方式来引用这个 secret，就可以把此文件写入 pod 里了。

步骤 1：查看 /etc/hosts 的内容。

```
[root@vms10 secret]# cat /etc/hosts
127.0.0.1    localhost localhost.localdomain localhost4 localhost4.localdomain4
::1          localhost localhost.localdomain localhost6 localhost6.localdomain6
192.168.26.10 vms10.rhce.cc  vms10
192.168.26.11 vms11.rhce.cc  vms11
192.168.26.12 vms12.rhce.cc  vms12
[root@vms10 secret]#
```

这里文件名为 hosts，现在要把这个文件创建为一个 secret。

步骤 2：创建 secret。

```
[root@vms10 secret]#  kubectl create secret generic mysecret2 --from-file=/etc/hosts
secret/mysecret2 created
[root@vms10 secret]#
```

步骤 3：下面查看这个 secret 的内容。

```
[root@vms10 secret]# kubectl get secrets mysecret2 -o yaml
apiVersion: v1
data:
  hosts:
   MTI3LjAuMC4xICAgbG9jYWxob3N0IGxvY2FsaG9zdC5sb2NhbGRvbWFpbiBsb2NhbGhvc3Q0IGxvY2Fsa
G9zdDQubG9jYWxkb21haW40Cjo6MSAgICAgICAgIGxvY2FsaG9zdCBsb2NhbGhvc3QubG9jYWxkb21haW4
gbG9jYWxob3N0NiBsb2NhbGhvc3Q2LmxvY2FsZG9tYWluNgoxOTIuMTY4LjI2LjEwIHZtczEwLnJoY2UuY
2MgIHZtczEwCjE5Mi4xNjguMjYuMTEgdm1zMTEucmhjZS5jYyAgdm1zMTEKMTkyLjE2OC4yNi4xMiB2bXM
xMi5yaGNlLmNjICB2bXMxMgo=
... 大量输出 ...
[root@vms10 secret]#
```

这里 hosts 就是文件名，下面的值是 hosts 文件里的内容。这段内容也可以直接通过如下命令来获取。

```
[root@vms10 secret]# kubectl get secrets mysecret2  -o jsonpath='{.data.hosts}'
MTI3LjAuMC4xICAgbG9jYWxob3N0IGxvY2FsaG9zdC5sb2NhbGRvbWFpbiBsb2NhbGhvc3Q0IGxvY2FsaG
9zdDQubG9jYWxkb21haW40Cjo6MSAgICAgICAgIGxvY2FsaG9zdCBsb2NhbGhvc3QubG9jYWxkb21haW4g
bG9jYWxob3N0NiBsb2NhbGhvc3Q2LmxvY2FsZG9tYWluNgoxOTIuMTY4LjI2LjEwIHZtczEwLnJoY2UuY2
MgIHZtczEwCjE5Mi4xNjguMjYuMTEgdm1zMTEucmhjZS5jYyAgdm1zMTEKMTkyLjE2OC4yNi4xMiB2bXMx
Mi5yaGNlLmNjICB2bXMxMgo=
[root@vms10 secret]#
```

-o 指的是输出的格式，这里以 json 格式输出，并获取 data 下 hosts 字段的值。

步骤 4：解码。

上面这段输出通过管道传递给 base64 -d 后的结果是这样的。

```
[root@vms10 secret]# kubectl get secrets mysecret2  -o jsonpath='{.data.hosts}' |
base64 -d
127.0.0.1    localhost localhost.localdomain localhost4 localhost4.localdomain4
::1          localhost localhost.localdomain localhost6 localhost6.localdomain6
192.168.26.10 vms10.rhce.cc  vms10
192.168.26.11 vms11.rhce.cc  vms11
192.168.26.12 vms12.rhce.cc  vms12
[root@vms10 secret]#
```

可以看到这个就是 hosts 文件的内容。

步骤 5：创建一个包含两个文件的 secret mysecret3。

```
[root@vms10 secret]# kubectl create secret generic mysecret3 --from-file=/etc/hosts
--from-file=/etc/issue
secret/mysecret3 created
[root@vms10 secret]#
```

这个 secret 里包含了两个文件：/etc/hosts 和 /etc/issue，即 mysecret3 里有两个 key，分别是 hosts 和 issue，它们的值分别是 /etc/hosts 和 /etc/issue 的内容。

步骤 6：获取 mysecret3 的键值对。

```
[root@vms10 secret]# kubectl get secrets mysecret3  -o yaml
apiVersion: v1
data:
  hosts:
MTI3LjAuMC4xICAgbG9jYWxob3N0IGxvY2FsaG9zdC5sb2NhbGRvbWFpbiBsb2NhbGhvc3Q0IGxvY2FsaG
9zdDQubG9jYWxob21haW40Cjo6MSAgICAgICAgIGxvY2FsaG9zdCBsb2NhbGhvc3QubG9jYWxob21haW4g
bG9jYWxob3N0NiBsb2NhbGhvc3Q2Lmxvy2FsZG9tYWluNgoxOTIuMTY4LjI2LjEwIHZtczEwLnJoY2UuY2
MgIHZtczEwCjE5Mi4xNjguMjYuMTEgdm1zMTEucmhjZS5jYyAgdm1zMTEKMTkyLjE2OC4yNi4xMiB2bXMx
Mi5yaGNlLmNjICB2bXMxMgo=
  issue: XFMKS2VybmVsIFxyIG9uIGFuIFxtCgoxOTIuMTY4LjI2LjEwLjEwCg==
kind: Secret
```

从上面可以看到两个键 hosts 和 issue，以及它们对应的值，还可以通过如下命令分别获取其 key 的值。

```
kubectl get secrets mysecret3  -o jsonpath='{.data.hosts}'
kubectl get secrets mysecret3  -o jsonpath='{.data.issue}'
```

这种用法一般用在创建 pod 的时候给 pod 传递文件，后面讲解如何使用 secret 时会详细描述。

方法 3：变量文件的方法

第 3 种创建 secret 的方法是，通过创建变量文件的方式创建一个文件，里面的格式为：

```
变量 1= 值 1
```

变量 2= 值 2

这种格式，等号前面的为 key，等号后面的为 value，看下面的例子。

步骤 1：创建变量文件 env.txt。

```
[root@vms10 secret]# cat env.txt
xx=tom
yy=redhat
[root@vms10 secret]#
```

在 env.txt 里定义了两个变量 xx 和 yy，其值分别为 tom 和 redhat。

步骤 2：创建 secret。

```
[root@vms10 secret]# kubectl create secret generic mysecret4 --from-env-file=env.
txt
secret/mysecret3 created
[root@vms10 secret]#
```

方法 4：通过 yaml 文件的方式

如同创建 pod 一样，可以写一个 secret 的 yaml 文件，然后通过 kubectl apply 来创建。下面的例子里将会创建一个名字为 mysecret5 的 secret，里面包含两个键值对：xx=tom 和 yy=redhat。

步骤 1：先求出两个值 tom 和 redhat 对应的 base64 编码之后的值。

```
[root@vms10 secret]# echo -n 'tom' | base64
dG9t
[root@vms10 secret]# echo -n 'redhat' | base64
cmVkaGF0
[root@vms10 secret]#
```

步骤 2：创建 yaml 文件。

```
[root@vms10 secret]# cat secret5.yaml
apiVersion: v1
kind: Secret
metadata:
  name: mysecret5
type: Opaque
data:
  xx: dG9t
  yy: cmVkaGF0
[root@vms10 secret]#
```

步骤 3：创建 secret。

```
[root@vms10 secret]# kubectl apply -f secret5.yaml
secret/mysecret4 created
[root@vms10 secret]# kubectl get secrets
NAME                TYPE                                  DATA    AGE
default-token-g6nch kubernetes.io/service-account-token   3       25d
mysecret1           Opaque                                2       16m
mysecret2           Opaque                                2       8m40s
```

```
mysecret3                    Opaque                                    2      2m59s
mysecret4                    Opaque                                    2      2m
mysecret5                    Opaque                                    2      3s
[root@vms10 secret]#
```

步骤 4：删除某 secret。

```
[root@vms10 secret]# kubectl delete secrets mysecret5
secret "mysecret5" deleted
[root@vms10 secret]#
```

7.1.2 使用 secret

上面已经把 secret 创建出来了，那么如何在 pod 里使用这些 secret 呢？主要有两种方式来引用卷，即卷和变量的方式。

方法 1：以卷的方式

这种方式主要是在 pod 的 yaml 文件里，创建一个类型为 secret 的卷，然后挂载到容器里某个指定的目录里，容器创建好之后，会在容器的挂载目录里创建一个文件，此文件的文件名为 secret 里的 key，文件的内容为对应 key 的 value。这种以卷的方式引用 secret 的主要作用是往 pod 里传递文件。

下面创建一个名字为 pod1 的 pod，以卷的方式挂载 mysecret2 到容器的 /etc/test 目录里。

步骤 1：创建 pod 的 yaml 文件。

```
[root@vms10 secret]# cat pod1.yaml
apiVersion: v1
kind: Pod
metadata:
  creationTimestamp: null
  labels:
    run: pod1
  name: pod1
spec:
  volumes:
  - name: xx
    secret:
      secretName: mysecret2
  containers:
  - image: nginx
    imagePullPolicy: IfNotPresent
    name: pod1
    volumeMounts:
    - name: xx
      mountPath: "/etc/test"
status: {}
```

```
[root@vms10 secret]#
```

在这个 yaml 文件里创建了一个名字为 xx、类型为 secret 的卷，使用 mysecret2，在 pod1 里的容器里把 xx 这个卷挂载到 /etc/test 目录里。因为 mysecret2 有一个键 hosts，值为文件 /etc/hosts 的内容（前面演示过），所以在容器 /etc/test 目录里有一个文件 hosts，内容就是 /etc/hosts 的内容。

步骤 2：创建此 pod。

```
[root@vms10 secret]# kubectl apply -f pod1.yaml
pod/pod1 created
[root@vms10 secret]# kubectl get pods
NAME     READY    STATUS    RESTARTS    AGE
pod1     1/1      Running   0           7s
```

步骤 3：查看此 pod 里 /etc/test 有什么文件。

```
[root@vms10 secret]# kubectl exec pod1 -- ls /etc/test
hosts
[root@vms10 secret]#
```

可以看到里面有一个文件 hosts。

步骤 4：查看这个文件的内容。

```
[root@vms10 secret]# kubectl exec pod1 -- cat /etc/test/hosts
127.0.0.1    localhost localhost.localdomain localhost4 localhost4.localdomain4
::1          localhost localhost.localdomain localhost6 localhost6.localdomain6
192.168.26.10 vms10.rhce.cc  vms10
192.168.26.11 vms11.rhce.cc  vms11
192.168.26.12 vms12.rhce.cc  vms12
[root@vms10 secret]#
```

可以看到就是 /etc/hosts 的内容，删除此 pod。

如果在上面 pod1 里定义 volumes 的时候，引用的是 mysecret3（mysecret3 里使用了两个文件），则在容器里的 /etc/test 里会创建两个文件：hosts 和 issue。但是如果使用 mysecret3，不想把两个文件全部写入挂载点，只想使用一个文件的话，那怎么办？此时可以用 subPath 来解决这个问题。

步骤 5：修改 pod1.yaml，内容如下。

```
[root@vms10 secret]# cat pod1.yaml
apiVersion: v1
kind: Pod
metadata:
  creationTimestamp: null
  labels:
    run: pod1
  name: pod1
spec:
  volumes:
  - name: xx
    secret:
      secretName: mysecret3
```

```
    containers:
    - image: nginx
      imagePullPolicy: IfNotPresent
      name: pod1
      volumeMounts:
      - name: xx
        mountPath: "/etc/test/issue"
        subPath: issue
  status: {}
[root@vms10 secret]#
```

这里创建一个卷 xx，里面使用的是 mysecret3，在容器里引用卷 xx，这里比刚才多了一个 subPath，即只引用 issue 这个文件。

subpath 指定从 secret 里引用哪个文件，把这个文件写入 /etc/test/ 里，然后命名为 issue。如果想命名为其他名字，比如 filex，则 mountPath 的值应该写 /etc/test/filex。如果 mountPath 的值只写为 /etc/test 的话，则是把 issue 写入 /etc/ 里，然后命名为 test，即 /etc/test 是一个文件，内容为 issue 的内容。

步骤 6：查看容器里 /etc/test 的内容。

```
[root@vms10 secret]# kubectl exec pod1 -- ls /etc/test
issue
[root@vms10 secret]#
```

可以看到此容器里只有一个文件 hosts。

步骤 7：查看 /etc/test/hosts 的内容。

```
[root@vms10 secret]# kubectl exec pod1 -- cat /etc/test/issue
\S
Kernel \r on an \m

192.168.26.10
[root@vms10 secret]#
```

可以看到把 /etc/issue 的内容写入容器里了。

如果要修改服务的配置文件，比如 nginx 的配置文件，就可以不必重新编译镜像，只要把写好的一个 nginx.conf 创建为一个 secret，然后在创建 pod 的时候，通过卷的方式就可以把新的配置文件写入 pod 里了。

方法 2：以变量的方式

前面讲了，在定义 pod 的 yaml 文件的时候，如果想使用变量的话，格式为：

```
env:
- name: 变量名
  value: 值
```

但是如果想从 secret 引用值的话，此处就不再写 value 了，而是写 valueFrom，即从什么地方来引用这个变量的值，如下所示。

```
env:
- name: 变量名
  valueFrom:
    secretKeyRef:
      name: secretX
      key: keyX
```

意思是，变量的值将会使用 secretX 里的 keyX 这个键所对应的值。

前面创建 mysecret1 的时候，通过 --from-literal=xx=tom --from-literal=yy=redhat 创建了 2 个键值对，即 xx=tom、yy=redhat。

下面创建一个 mysql 的 pod，MYSQL_ROOT_PASSWORD 这个变量的值不直接写在 yaml 文件里，而是引用 mysecret 里的 yy 这个键的值。

步骤 1：创建 pod 的 yaml 文件。

```
[root@vms10 secret]# cat pod2.yaml
apiVersion: v1
kind: Pod
metadata:
  creationTimestamp: null
  labels:
    run: pod2
  name: pod2
spec:
  containers:
  - image: hub.c.163.com/library/mysql:latest
    imagePullPolicy: IfNotPresent
    name: pod2
    env:
    - name: MYSQL_ROOT_PASSWORD
      valueFrom:
        secretKeyRef:
          name: mysecret1
          key: yy
[root@vms10 secret]#
```

此 yaml 文件是用于创建一个 MySQL 的 pod，在创建容器时，需要指定一个变量 MYSQL_ ROOT_PASSWORD（用 env 下的 name 指定），这个变量的值并没有直接用 value 写出来，而是用 valueFrom 从其他地方引用过来。这里通过 secretKeyRef 里的 name 引用 mysecret1，然后通过 key 引用 mysecret1 里的 yy 这个键，整体的意思就是，MYSQL_ROOT_PASSWORD 的值使用的是 mysecret1 里 yy 这个键对应的值（为 redhat）。

步骤 2：创建 pod 并验证。

```
[root@vms10 secret]# kubectl apply -f pod2.yaml
pod/pod2 created
[root@vms10 secret]# kubectl get pods
NAME     READY   STATUS    RESTARTS   AGE
```

```
pod2    1/1     Running   0             14s
[root@vms10 secret]#
```

步骤 3：获取 pod 的 IP。

```
[root@vms10 secret]# kubectl get pods -o wide
NAME    READY  STATUS   RESTARTS    AGE     IP          ...
pod2    1/1    Running  0           18s     10.244.3.39  ...
[root@vms10 secret]#
```

步骤 4：安装 MariaDB，然后用 root 和密码 redhat 登录验证。

```
[root@vms10 secret]# mysql -uroot -predhat -h10.244.3.39
Welcome to the MariaDB monitor.  Commands end with ; or \g.
Your MySQL connection id is 3
Server version: 5.7.18 MySQL Community Server (GPL)

Copyright (c) 2000, 2018, Oracle, MariaDB Corporation Ab and others.

Type 'help;' or '\h' for help. Type '\c' to clear the current input statement.

MySQL [(none)]>
```

登录成功，说明密码引用成功。

自行删除此 pod 及刚创建的 secret。

7.2 configmap

【必知必会】：多种方法创建 configmap，以卷的方式使用 configmap，以变量的方式使用 configmap

configmap（简称为 cm）的作用和 secret 一样，其主要作用是可以存储密码或者是往 pod 里传递文件。configmap 也是以键值对的方式存储数据，格式为：键 = 值。

configmap 可以用多种方式来创建。secret 和 configmap 的主要区别在于，secret 里的值使用了 base64 进行编码，而 configmap 是不需要的。

查看现有 configmap。

```
[root@vms10 secret]# kubectl get configmaps
No resources found in nssec namespace.
[root@vms10 secret]#
```

7.2.1 创建 configmap

创建 configmap 的方法也很多，可以直接指定 key 和 value，也可以把一个文件的内容作为 value，还可以直接写 yaml 文件，下面分别用不同的方法来创建。

方法 1：命令行的方式

语法：

```
kubectl create cm 名字 --from-literal=k1=v1 --from-literal=k2=v2 ...
```

这里 k1 的值为 v1，k2 的值为 v2，如果需要多个变量，就写多个 --from-literal。

下面创建一个名字为 my1 的 configmap，里面有两个变量：xx 和 yy，它们的值分别是 tom 和 redhat。

步骤 1：创建 cm。

```
[root@vms10 secret]# kubectl create configmap my1 --from-literal=xx=tom --from-literal=yy=redhat
configmap/my1 created
[root@vms10 secret]#
```

步骤 2：查看已经创建的 my1。

```
[root@vms10 secret]# kubectl get configmaps
NAME   DATA   AGE
my1    2      26s
[root@vms10 secret]# kubectl describe configmaps my1
Name:        my1
... 输出 ...
Data
====
xx:
----
tom
yy:
----
redhat
Events:  <none>
[root@vms10 secret]
```

这里在 Data 里可以直接看到，xx 的值为 tom，yy 的值为 redhat。

方法 2：创建文件的方式

也可以把一个文件创建为 configmap，此文件的文件名为 key，文件的内容为 value，如果要把一个文件创建为 configmap 的话，用的命令如下。

```
kubectl create configmap my2 --from-file=file1
```

如果 configmap 里需要包括多个 file 的话，就写多个 --from-file。

这种创建 configmap 的作用是，把一个文件的内容写入 configmap 里，后面通过卷的方式来引用这个 configmap，就可以把此文件写入 pod 里了。

下面把 /etc/hosts 和 /etc/issue 这两个文件创建到 my2 里。

步骤 1：创建 configmap。

```
[root@vms10 secret]# kubectl create configmap my2 --from-file=/etc/hosts --from-file=/
```

```
etc/issue
configmap/my2 created
[root@vms10 secret]#
```

步骤 2：查看现有的 configmap。

```
[root@vms10 secret]# kubectl get cm
NAME    DATA    AGE
my1     2       17m
my2     2       63s
[root@vms10 secret]#
```

步骤 3：查看 my2 的内容。

```
[root@vms10 secret]# kubectl describe cm my2
    ... 输出 ...
Data
====
hosts:
----
127.0.0.1    localhost localhost.localdomain localhost4 localhost4.localdomain4
::1          localhost localhost.localdomain localhost6 localhost6.localdomain6
192.168.26.10 vms10.rhce.cc   vms10
192.168.26.11 vms11.rhce.cc   vms11
192.168.26.12 vms12.rhce.cc   vms12

issue:
----
\S
Kernel \r on an \m

192.168.26.10

Events:  <none>
[root@vms10 secret]#
```

或者：

```
[root@vms10 secret]# kubectl get cm my2 -o yaml
apiVersion: v1
data:
  hosts: |
    127.0.0.1    localhost localhost.localdomain localhost4 localhost4.localdomain4
    ::1          localhost localhost.localdomain localhost6 localhost6.localdomain6
    192.168.26.10 vms10.rhce.cc   vms10
    192.168.26.11 vms11.rhce.cc   vms11
    192.168.26.12 vms12.rhce.cc   vms12
  issue: |
    \S
    Kernel \r on an \m
```

```
    192.168.26.10
    ... 输出 ...
[root@vms10 secret]#
```

从上面可以看到两个键 hosts 和 issue，以及它们对应的值，还可以通过如下命令分别获取其 key 的值。

```
kubectl get cm my2 -o jsonpath='{.data.hosts}'
kubectl get cm my2 -o jsonpath='{.data.issue}'
```

这种把文件创建为 configmap 的方式和 secret 类似，主要用于给 pod 传递文件。

7.2.2 使用 configmap

使用 configmap 有两种方式，分别是以卷的方式和以变量的方式。

方法 1：以卷的方式

这种用法和 secret 一致。这里是在 pod 里创建一个类型为 configmap 的卷，然后把它挂载到容器指定的目录里，容器创建好之后，会在容器的挂载目录里创建一个文件，此文件的文件名为 configmap 里的 key，文件的内容为对应 key 的 value。

步骤 1：创建 pod 的 yaml 文件。

```
[root@vms10 secret]# cat pod3.yaml
apiVersion: v1
kind: Pod
metadata:
  creationTimestamp: null
  labels:
    run: pod3
  name: pod3
spec:
  volumes:
  - name: xx
    configMap:
      name: my2
  containers:
  - image: nginx
    imagePullPolicy: IfNotPresent
    name: pod3
    resources: {}
    volumeMounts:
    - name: xx
      mountPath: "/etc/test"
[root@vms10 secret]#
```

在这个 pod 里创建一个名字为 xx、类型为 configmap 的卷，关联到 configmap my2 上，在创建的容器里挂载卷 xx 到目录 /etc/test，此时容器的 /etc/test 里有两个文件：hosts 和 issue，它们的值分别是 /etc/hosts 和 /etc/issue 的内容。

步骤 2：创建 pod。

```
[root@vms10 secret]# kubectl apply -f pod3.yaml
pod/pod3 created
[root@vms10 secret]# kubectl get pods
NAME    READY    STATUS     RESTARTS    AGE
pod3    1/1      Running    0           2s
[root@vms10 secret]#
```

步骤 3：到 pod 里查询是否把 cm 指定的文件写入目录。

```
[root@vms10 secret]# kubectl exec pod3 -- ls /etc/test
hosts
issue
[root@vms10 secret]#
```

步骤 4：查看某一文件的内容。

```
[root@vms10 secret]# kubectl exec pod3 -- cat /etc/test/hosts
127.0.0.1    localhost localhost.localdomain localhost4 localhost4.localdomain4
::1          localhost localhost.localdomain localhost6 localhost6.localdomain6
192.168.26.10 vms10.rhce.cc  vms10
192.168.26.11 vms11.rhce.cc  vms11
192.168.26.12 vms12.rhce.cc  vms12
[root@vms10 secret]#
```

删除此 pod。

类似的，configmap 里有多个文件，但是只想挂载一个文件的话，则使用 subPath，这里不再赘述。

方法 2：以变量的方式

跟介绍 secret 部分时所讲的通过变量的方式引用一样，只是这里的关键字由 secretKeyRef 变成了 configMapKeyRef。

步骤 1：创建 pod 的 yaml 文件。

```
[root@vms10 secret]# cat pod4.yaml
apiVersion: v1
kind: Pod
metadata:
  creationTimestamp: null
  labels:
    run: pod4
  name: pod4
spec:
  containers:
  - image: hub.c.163.com/library/mysql:latest
    imagePullPolicy: IfNotPresent
    name: pod4
```

```
      env:
      - name: MYSQL_ROOT_PASSWORD
        valueFrom:
          configMapKeyRef:
            name: my1
            key: yy
[root@vms10 secret]#
```

此 yaml 文件用于创建一个 MySQL 的 pod，在创建容器时需要指定一个变量 MYSQL_ROOT_ PASSWORD（用 env 下的 name 指定），这个变量的值并没有直接用 value 写出来，而是用 valueFrom 从其他地方引用过来。这里通过 configMapKeyRef 里的 name 引用 my1，然后通过 key 引用 my1 里的 yy 这个键，整体的意思就是，MYSQL_ROOT_PASSWORD 的值使用的是 my1 里 yy 这个键对应的值（为 redhat）。

步骤 2：创建 pod。

```
[root@vms10 secret]# kubectl apply -f pod4.yaml
pod/pod4 created
[root@vms10 secret]#
```

步骤 3：获取此 pod 的 IP。

```
[root@vms10 secret]# kubectl get pods -o wide
NAME    READY    STATUS   RESTARTS   AGE    IP             ...
pod4    1/1      Running  0          9s     10.244.3.41    ...
[root@vms10 secret]#
```

步骤 4：登录验证。

```
[root@vms10 secret]# mysql -uroot -predhat -h10.244.3.41
Welcome to the MariaDB monitor.  Commands end with ; or \g.
...
MySQL [(none)]>
```

删除此 pod。

► 模拟考题

1. 创建 secret，并以变量的方式在 pod 里使用。

（1）创建 secret，名字为 s1，键值对为 name1/tom1。

（2）创建一个名字为 nginx 的 pod，镜像为 nginx。此 pod 里定义一个名字为 MYENV 的变量，此变量的值为 s1 里 name1 对应的值。

（3）当 pod 运行起来之后，进入 pod 里查看变量 MYENV 的值。

2. 创建 configmap，并以卷的方式使用 1 这个 configmap。

（1）创建 configmap，名字 cm1，键值对为 name2/tom2。

（2）创建一个名字为 nginx2 的 pod，镜像为 nginx。

此 pod 里把 cm1 挂载到 /also/data 目录里。

3. 删除 nginx 和 nginx2 这两个 pod。

第 8 章

deployment

考试大纲

了解 deployment 的作用，创建及删除 deployment，扩展 pod 的副本数，了解 deployment 的 yaml 文件的结构及修改 deployment。

本章要点

考点 1：创建及删除 deployment

考点 2：伸缩 pod 副本数

考点 3：更新及回滚容器所使用的镜像

考点 4：在线修改 deployment 的设置

前面我们讲了如何创建 pod，但是这种直接创建出来的 pod 是不稳定、不健壮的，挂掉之后就不会自动起来，这样运行在容器里的应用也就无法正常运行了，可以利用 deployment 来提高 pod 的健壮性，如图 8-1 所示。

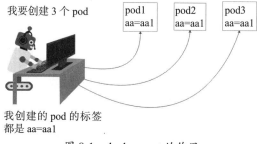

图 8-1　deployment 的作用

deployment（简称为 deploy）是一个控制器，只要告诉 deployment 需要几个 pod，如图 8-1 所示是 3 个，这样 deployment 就会始终保持有 3 个 pod，如果 pod3 挂掉了，则 deployment 会马上重新生成 1 个 pod，保证环境里有 3 个 pod。

8.1 创建和删除 deployment

【必知必会】：创建 deployment，删除 deployment

本节主要讲的是如何生成 deployment 所需要的 yaml 文件，以及这个 yaml 文件里字段的意义，然后根据自己的需要来修改此 yaml 文件。

8.1.1 通过 yaml 文件的方式创建 deployment

可以通过命令行的方式，也可以通过 yaml 文件的方式来创建 deployment。不过不建议使用命令行的方式创建，因为从 k8s v1.18.x 开始，在命令行里基本上除了 --image 之外，不再支持其他选项。建议通过 yaml 文件来创建 deployment，因为这样可以在 yaml 里指定各种各样的参数。可以通过命令来生成 yaml 文件，然后在其基础上进行修改。

用命令行生成 deployment 的 yaml 文件，语法如下。

```
kubectl create deployment 名字 --image=镜像 --dry-run=client -o yaml > d1.yaml
```

我们把本章所需要的文件单独放在一个 deploy 目录里。

步骤 1：创建 deploy 目录，并进入此目录。

```
[root@vms10 ~]# mkdir deploy
[root@vms10 ~]# cd deploy/
[root@vms10 deploy]#
```

本章所有实验均在命名空间 nsdeploy 里操作，创建并切换至命名空间 nsdeploy。

```
[root@vms10 deploy]# kubectl create ns nsdeploy
namespace/nsdeploy created
[root@vms10 deploy]# kubens nsdeploy
Context "kubernetes-admin@kubernetes" modified.
Active namespace is "nsdeploy".
[root@vms10 deploy]#
```

步骤 2：通过命令创建名字为 test1 的 deployment 的 yaml 文件，如图 8-2 所示。

```
[root@vms10 deploy]# kubectl create deployment test1 --image=nginx --dry-run=client
-o yaml > d1.yaml
[root@vms10 deploy]#
```

在 deployment 的 yaml 文件里，replicas 用于指定此 deployment 要创建的 pod 的数目，deployment 创建出来的 pod 都具有相同的标签，这个标签是 app=test1（在 pod 设置里定义）。

在 deployment 中设置了 selector，用于定位标签为 app=test1 的那些 pod，这个值必须要和 pod 里标签一致。当然 pod 里可以设置多个标签，selector 至少要和这多个标签里的一个一致。

```
[root@vms10 deploy]# cat d1.yaml
apiVersion: apps/v1
kind: Deployment
metadata:
  creationTimestamp: null
  labels:
    app: test1
  name: test1
spec:
  replicas: 1    指定副本数
  selector:
    matchLabels:
      app: test1
  strategy: {}
  template:
    metadata:
      creationTimestamp: null
      labels:
        app: test1
    spec:
      containers:
      - image: nginx
        name: nginx
        resources: {}
status: {}
[root@vms10 deploy]#
```

deployment 的属性
deployment 的标签,可以和后面的pod的标签不一致
deployment 的名字
deployment 的设置
这里两个值必须要一致
pod的设置
容器

图 8-2　deployment 的 yaml 结构

请自行把副本数改成 3,设置镜像下载策略为 IfNotPresent,如图 8-3 所示。

```
spec:
  replicas: 3
  selector:

...

      containers:
      - image: nginx
        imagePullPolicy: IfNotPresent
        name: nginx
        resources: {}
```

图 8-3　修改副本数为 3

步骤 3:创建此 deployment。

```
[root@vms10 deploy]# kubectl apply -f d1.yaml
deployment.apps/test1 created
[root@vms10 deploy]#
[root@vms10 deploy]# kubectl get pods -o wide --no-headers
test1-57cb6d465f-4vm9z    1/1    Running    0    3s    10.244.81.67    vms11.rhce.cc
test1-57cb6d465f-gwsfc    1/1    Running    0    3s    10.244.14.4     vms12.rhce.cc
test1-57cb6d465f-ndsnw    1/1    Running    0    3s    10.244.14.3     vms12.rhce.cc
[root@vms10 deploy]#
```

步骤 4:删除一个 pod,验证是否能自动创建出来新的 pod。

删除 test1-57cb6d465f-gwsfc 测试。

```
[root@vms10 deploy]# kubectl delete pod test1-57cb6d465f-gwsfc
pod "test1-57cb6d465f-gwsfc" deleted
[root@vms10 deploy]#
[root@vms10 deploy]# kubectl get pods -o wide --no-headers
test1-57cb6d465f-4vm9z    1/1    Running    0    85s    10.244.81.67    vms11.rhce.cc
test1-57cb6d465f-jln59    1/1    Running    0    7s     10.244.14.5     vms12.rhce.cc
```

```
test1-57cb6d465f-ndsnw  1/1  Running  0  85s  10.244.14.3  vms12.rhce.cc
[root@vms10 deploy]#
```

因为 deployment 要设置 3 个 pod，所以删除一个之后，deployment 会马上生成一个新的 pod，保证环境里有 3 个 pod。

8.1.2 deployment 健壮性测试

前面讲了通过 deployment 管理的 pod，如果删除一个之后会创建出一个新的 pod，如果一个节点关机的话，那么原来运行在此节点的 pod 会怎么样呢？下面开始测试。

步骤 1：查看现有 pod 运行在哪个节点。

```
[root@vms10 deploy]# kubectl get pods -o wide --no-headers
test1-57cb6d465f-4vm9z  1/1  Running  0  105s  10.244.81.67  vms11.rhce.cc
test1-57cb6d465f-jln59  1/1  Running  0  27s   10.244.14.5   vms12.rhce.cc
test1-57cb6d465f-ndsnw  1/1  Running  0  105s  10.244.14.3   vms12.rhce.cc
[root@vms10 deploy]#
```

可以看到有的运行在 vms11 上，有的运行在 vms12 上。

步骤 2：现在把 vms12 关机，过一段时间查看 pod 状态。

```
[root@vms10 deploy]# kubectl get pods -o wide --no-headers
test1-57cb6d465f-4vm9z  1/1  Running           0  9m32s  10.244.81.67  vms11.rhce.cc
test1-57cb6d465f-jln59  1/1  Terminating       0  8m14s  10.244.14.5   vms12.rhce.cc
test1-57cb6d465f-ndsnw  1/1  Terminating       0  9m32s  10.244.14.3   vms12.rhce.cc
test1-57cb6d465f-pllcc  0/1  ContainerCreating 0  1s     <none>        vms11.rhce.cc
test1-57cb6d465f-wxh2p  0/1  ContainerCreating 0  1s     <none>        vms11.rhce.cc
[root@vms10 deploy]#
```

可以看到 pod 都会到 vms11 上运行。在故障的几分钟内，master 仍会等待 pod 的恢复，若等几分钟还没恢复，会执行删除，删除完毕后，master 会重新调度新 pod 替代。但是 vms12 处于关机状态，master 无法和 vms12 通信，所以 vms12 上的 pod 就处于"失联"状态，才会看到删除的两个 pod 状态为 Terminating。

步骤 3：当 vms12 开机之后，被标记为删除的 pod 会被删除。

```
[root@vms10 deploy]# kubectl get pods -o wide --no-headers
test1-57cb6d465f-4vm9z  1/1  Running  0  14m    10.244.81.67  vms11.rhce.cc
test1-57cb6d465f-pllcc  1/1  Running  0  4m39s  10.244.81.68  vms11.rhce.cc
test1-57cb6d465f-wxh2p  1/1  Running  0  4m39s  10.244.81.69  vms11.rhce.cc
[root@vms10 deploy]#
```

但是，在 vms12 恢复之后，已经运行在 vms11 上的 pod 并不会再次调度到 vms12 上运行。

删除 deployment 的方法有如下两种。

（1）kubectl delete -f d1.yaml。

（2）kubectl delete deploy 名字。

步骤 4：删除此 deployment。

```
[root@vms10 deploy]# kubectl delete -f d1.yaml
deployment.apps "test1" deleted
[root@vms10 deploy]#
```

8.2 修改 deployment 副本数

【必知必会】：命令行修改副本数，在线修改副本数，通过 yaml 修改副本数

这里讲一下为什么要修改副本数，后面会讲到 service（简称为 svc），service 就类似于一个负载均衡器，用户把请求发送给 svc，然后 svc 把请求转发给后端的 pod，如图 8-4 所示。

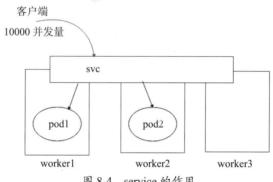

客户端

10000 并发量

svc

pod1   pod2

worker1   worker2   worker3

图 8-4　service 的作用

假设这里有一万个并发量，分配到 2 个 pod 里，每个 pod 大概承担 5000 个并发量，每个 pod 的负载就会很重。如果此时通过 deployment 把副本数改为 3 个的话，那么每个 pod 大概承担 3300 个并发量，这样每个 pod 的负载就减轻了很多。

有 3 种方式可以修改 deployment 的副本数。

8.2.1 通过命令行修改

第 1 种修改 deployment 副本数的方法是使用 kubectl scale 命令，语法如下。

```
kubectl scale deployment 名称 --replicas= 新的副本数
```

自行创建 1 个名字为 web1 的 deployment，副本为 3。

```
[root@vms10 deploy]# kubectl get pods
NAME                      READY    STATUS     RESTARTS     AGE
web1-57cb6d465f-4t7qh     1/1      Running    0            40s
web1-57cb6d465f-nlp4m     1/1      Running    0            40s
web1-57cb6d465f-qt6vt     1/1      Running    0            40s
[root@vms10 deploy]#
```

步骤 1：把 web1 的副本数修改为 5。

```
[root@vms10 deploy]# kubectl scale deployment web1 --replicas=5
deployment.apps/web1 scaled
[root@vms10 deploy]#
```

步骤 2：查看 deployment 的相关信息。

```
[root@vms10 deploy]# kubectl get deploy
NAME      READY    UP-TO-DATE    AVAILABLE    AGE
web1      5/5      5             5            98s
[root@vms10 deploy]#
```

这里也显示了 web1 这个 deployment 里有 5 个 pod 在运行。

步骤 3：查看 pod 数。

```
[root@vms10 deploy]# kubectl get pods
NAME                    READY    STATUS    RESTARTS    AGE
web1-57cb6d465f-45xxk   1/1      Running   0           44s
web1-57cb6d465f-4t7qh   1/1      Running   0           93s
web1-57cb6d465f-nlp4m   1/1      Running   0           93s
web1-57cb6d465f-q8sbg   1/1      Running   0           44s
web1-57cb6d465f-qt6vt   1/1      Running   0           93s
[root@vms10 deploy]#
```

8.2.2 通过编辑 deployment 的方式修改

第 2 种修改 deployment 副本数的方式就是通过 kubectl edit 命令在线修改 deployment 的配置。web1 的副本数为 5，现在改为 3，操作步骤如下。

步骤 1：执行 kubectl edit deployment web1，打开 web1 的配置。

```
[root@vms10 deploy]# kubectl edit deployments web1
...
```

步骤 2：找到 replicas 字段，把 5 改成 3。

```
spec:
  progressDeadlineSeconds:600
  replicas: 3
  revisionHistoryLimit: 10
...
```

步骤 3：保存退出，查看 pod 数目。

```
[root@vms10 deploy]# kubectl get pods
NAME                    READY    STATUS    RESTARTS    AGE
web1-57cb6d465f-4t7qh   1/1      Running   0           2m56s
web1-57cb6d465f-nlp4m   1/1      Running   0           2m56s
web1-57cb6d465f-q8sbg   1/1      Running   0           2m7s
[root@vms10 deploy]#
```

8.2.3 修改 yaml 文件的方式

第 3 种修改副本数的方法是修改创建 deployment 的 yaml 文件，然后让其生效即可。现在副本数为 3，要将其修改为 5 的操作步骤如下。

步骤 1：修改 web1.yaml，把副本数改成 5。

```
[root@vms10 deploy]# cat web1.yaml
...
spec:
  replicas: 5
  selector:
...
```

步骤 2：让 web1.yaml 所做的修改生效。

```
[root@vms10 deploy]# kubectl apply -f web1.yaml
deployment.apps/web1 configured
[root@vms10 deploy]#
```

步骤 3：查看 pod 数。

```
[root@vms10 deploy]# kubectl get pods
NAME                     READY   STATUS    RESTARTS   AGE
web1-57cb6d465f-4t7qh    1/1     Running   0          4m9s
web1-57cb6d465f-5dst4    1/1     Running   0          3s
web1-57cb6d465f-jrlf2    1/1     Running   0          3s
web1-57cb6d465f-nlp4m    1/1     Running   0          4m9s
web1-57cb6d465f-q8sbg    1/1     Running   0          3m20s
[root@vms10 deploy]#
```

这里可以看到，已经有 5 个副本了。

8.3 水平自动更新 HPA

对于 deployment 来说，是管理员告诉它要创建几个 pod，它才会创建几个 pod。如果现在 pod 负载比较大，需要更多 pod 来分摊负载，就需要管理员手动去调整 pod 副本数。那么是否可以设置，让 k8s 根据 pod 负载情况，自动去调整 deployment 里 pod 的副本数呢？这里就可以通过 HPA 来实现。水平自动更新（Horizontal Pod Autoscalers，HPA），通过检测 pod 的 CPU 负载通知 deployment，让其更新 pod 数目以减轻 pod 的负载，如图 8-5 所示。

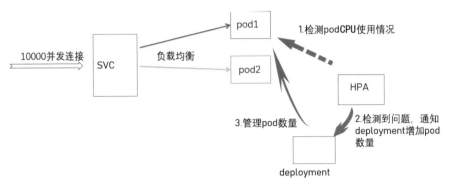

图 8-5 HPA 的工作过程

假设一开始 deployment 管理 1 个 pod，用户通过访问 service（简称为 svc，会把用户请求转发到后端的 pod，后面有专门章节讲解），从而访问到 pod。假设访问量突增，1 个 pod 承担 10 000 个并发量的话，这个 pod 的 CPU 负载剧增。此时 HPA 检测到之后，会通知 deployment 增加 pod 数来应对高并发量。假设增加到 5 个 pod，此时就由 5 个 pod 来分担这 10 000 个并发量，而非原来的 1 个 pod。当访问量降下来之后，每个 pod 的负载降低了，HPA 检测到每个 pod 的负载很低，然后会通知 deployment 修改 pod 的副本数。

8.3.1 配置 HPA

可以直接使用命令行的方式来创建 HPA，HPA 设置语法如下。

```
kubectl autoscale deployment 名字 --min=M --max=N --cpu-percent=X
```

意思是此 deployment 最少运行 M 个 Pod，确保每个 pod 的 CPU 的使用率最大不超过 X%，否则就扩展 pod 的副本数，最大扩展到 N。这里如果不写 --cpu-percent 的话，默认是 80。

步骤 1：查看当前是否有 HPA 配置。

```
[root@vms10 deploy]# kubectl get hpa
No resources found in nsdeploy namespace.
[root@vms10 deploy]#
```

步骤 2：创建 hpa，设置 web1 最多运行 5 个，最少运行 2 个 pod。

```
[root@vms10 deploy]# kubectl autoscale deployment web1 --min=2 --max=5
horizontalpodautoscaler.autoscaling/web1 autoscaled
[root@vms10 deploy]#
```

步骤 3：查看 HPA。

```
[root@vms10 deploy]# kubectl get hpa
NAME      REFERENCE         TARGETS         MINPODS   MAXPODS   REPLICAS   AGE
web1      Deployment/web1   <unknown>/80%   2         5         5          35s
[root@vms10 deploy]#
```

步骤 4：把副本数设置为 1，最后还是运行 2 个 pod。

```
[root@vms10 deploy]# kubectl scale deployment web1 --replicas=1
deployment.apps/web1 scaled
[root@vms10 deploy]#
```

步骤 5：查看 pod 运行情况。

```
[root@vms10 deploy]# kubectl get pods
NAME                       READY    STATUS      RESTARTS    AGE
web1-57cb6d465f-zzbjj      1/1      Running     0           6m
[root@vms10 deploy]#
```

要稍等一会，才能看到第 2 个 pod。

```
[root@vms10 deploy]# kubectl get pods
NAME                       READY    STATUS      RESTARTS    AGE
web1-57cb6d465f-jqm7b      1/1      Running     0           11s
web1-57cb6d465f-zzbjj      1/1      Running     0           7m15s
[root@vms10 deploy]#
```

因为 HPA 会通知 deployment 把副本数改为 2。

步骤 6：把副本数设置为 0，最后还是运行 2 个 pod。

```
[root@vms10 deploy]# kubectl scale deployment web1 --replicas=0
deployment.apps/web1 scaled
[root@vms10 deploy]#
[root@vms10 ~]# kubectl get pods
NAME                       READY    STATUS      RESTARTS    AGE
web1-65bd67cbf8-m95h7      1/1      Running     0           12s
web1-65bd67cbf8-4af90      1/1      Running     0           13s
[root@vms10 ~]#
```

步骤 7：删除此 HPA。

```
[root@vms10 deploy]# kubectl delete hpa web1
horizontalpodautoscaler.autoscaling "web1" deleted
[root@vms10 deploy]#
```

创建 HPA，要求 CPU 的使用率不超过 80%。

不过此时如果要让 --cpu-percent 生效，必须要启用此 deployment 的资源请求。

步骤 8：修改 deployment 的配置，设置每个容器的资源限制。

```
[root@vms10 deploy]# kubectl edit deployments web1
...
    containers:
    - image: nginx:1.9
      imagePullPolicy: IfNotPresent
      name: nginx
      resources:
        requests:
          cpu: 400m
      ports:
```

```
...
```

把 resources：{} 换成上面这样。

步骤 9：把 deployment 的副本数改为 1。

```
[root@vms10 deploy]# kubectl scale deployment web1 --replicas=1
deployment.apps/web1 scaled
[root@vms10 deploy]#
```

步骤 10：创建新的 HPA，使得每个 pod 的 CPU 最大使用率不超过 80%。

```
[root@vms10 deploy]# kubectl autoscale deployment web1 --min=1 --max=5 --cpu-
percent=80
horizontalpodautoscaler.autoscaling/web1 autoscaled
[root@vms10 deploy]#
```

步骤 11：查看 HPA。

```
[root@vms10 deploy]# kubectl get hpa
NAME     REFERENCE        TARGETS        MINPODS    MAXPODS    REPLICAS    AGE
web1     Deployment/web1  <unknown>/80%  1          5          1           93s
[root@vms10 deploy]#
```

这里需要等一会，unknown 才会变成具体值。

```
[root@vms10 deploy]# kubectl get hpa
NAME     REFERENCE        TARGETS    MINPODS    MAXPODS    REPLICAS    AGE
web1     Deployment/web1  0%/80%     1          5          1           32s
[root@vms10 deploy]#
```

8.3.2 测试 HPA

本节实验是给 pod 创建负载，然后检测 HPA 是否把 pod 副本数增加了。

步骤 1：确认现在环境里只有一个 pod。

```
[root@vms10 deploy]# kubectl get pods
NAME                    READY    STATUS     RESTARTS    AGE
web1-7554fbb4cd-fdkbp   1/1      Running    0           2m41s
[root@vms10 deploy]#
```

步骤 2：为此 deploy 创建一个服务，类型为 NodePort。

```
[root@vms10 deploy]# kubectl expose deployment web1 --port=80 --target-port=80
--type=NodePort
service/web1 exposed
[root@vms10 deploy]#
[root@vms10 deploy]# kubectl get svc
NAME         TYPE        CLUSTER-IP       EXTERNAL-IP    PORT(S)        AGE
kubernetes   ClusterIP   10.96.0.1        <none>         443/TCP        57d
web1         NodePort    10.103.125.212   <none>         80:32000/TCP   20s
[root@vms10 deploy]#
```

这样直接访问 192.168.26.10:32000 的时候，就能访问到 web1 这个 service 了，然后这个 service 会把请求转发给后端的 pod（web1 创建出来的 pod）。

所以这个 service 接收的访问量越大，后端 pod 接收的请求也就越大。

步骤 3：在任意客户端上安装 ab 测试通过，这里在 vms10 上安装。

```
[root@vms10 deploy]# yum install httpd-tools -y
已加载插件：fastestmirror
    ...输出...
作为依赖被安装：
   apr.x86_64 0:1.4.8-7.el7          apr-util.x86_64 0:1.5.2-6.el7

完毕！
[root@vms10 deploy]#
```

步骤 4：对 192.168.26.10:32000 进行压力测试。

```
[root@vms10 deploy]#  ab -t 600 -n 1000000 -c 1000 http://192.168.26.10:32000/
index.html
This is ApacheBench, Version 2.3 <$Revision: 1430300 $>
Copyright 1996 Adam Twiss, Zeus Technology Ltd, http://www.zeustech.net/
Licensed to The Apache Software Foundation, http://www.apache.org/

Benchmarking 192.168.26.10 (be patient)
Completed 100000 requests
Completed 200000 requests
Completed 300000 requests
Completed 400000 requests
...
```

步骤 5：在 ssh 客户端另外一个标签里执行如下命令。

```
[root@vms10 ~]# kubectl get hpa
NAME     REFERENCE          TARGETS      MINPODS   MAXPODS   REPLICAS   AGE
web1     Deployment/web1    158%/80%     1         5         2          6m37s
[root@vms10 ~]#
```

可以看到当前 pod 里 CPU 负载为 158%，已经扩展为 2 个 pod 了，下面看 pod 数。

```
[root@vms10 ~]# kubectl get pods
NAME                    READY    STATUS     RESTARTS    AGE
web1-65bd67cbf8-cts96   1/1      Running    0           17h
web1-65bd67cbf8-m95h7   1/1      Running    0           31s
[root@vms10 ~]#
```

步骤 6：继续等待，查看 pod 数及每个 pod 的负载。

```
[root@vms10 ~]# kubectl get pods
NAME                    READY    STATUS     RESTARTS    AGE
web1-65bd67cbf8-28h6z   1/1      Running    0           2m28s
web1-65bd67cbf8-bgzsk   1/1      Running    0           2m43s
```

```
web1-65bd67cbf8-cts96    1/1    Running    0    10m
web1-65bd67cbf8-m95h7    1/1    Running    0    3m45s
web1-65bd67cbf8-mgp6v    1/1    Running    0    2m43s
[root@vms10 ~]#


[root@vms10 ~]# kubectl top pods
NAME                     CPU(cores)    MEMORY(bytes)
web1-65bd67cbf8-28h6z    342m          1Mi
web1-65bd67cbf8-bgzsk    399m          1Mi
web1-65bd67cbf8-cts96    312m          1Mi
web1-65bd67cbf8-m95h7    464m          1Mi
web1-65bd67cbf8-mgp6v    350m          1Mi
[root@vms10 ~]#
```

步骤 7：终止 ab 压力测试之后，再次检测 pod 数。

```
[root@vms10 ~]# kubectl get pods
NAME                     READY    STATUS     RESTARTS    AGE
web1-65bd67cbf8-m95h7    1/1      Running    0           15m
[root@vms10 ~]#
[root@vms10 ~]# kubectl get hpa
NAME    REFERENCE          TARGETS    MINPODS    MAXPODS    REPLICAS    AGE
web1    Deployment/web1    0%/80%     1          5          1           14m
[root@vms10 ~]#
```

可以看到 pod 数又恢复到了 1 个。

注意：并不是 pod 负载降低之后，pod 数就立即减少，要等一段时间，默认时间是 5 分钟，目的是防止 pod 数的抖动。

步骤 8：自行删除此 HPA，然后把副本数修改为 5。

8.4 deployment 镜像的升级及回滚

【必知必会】：更新 deployment 所使用的镜像，记录更新记录，镜像的回滚

我们已经知道了如何使用 deployment 在环境里部署 pod，如果所使用的镜像有了新的版本，如何把这个新的版本部署到现有的 pod 里呢？如果发现新版本的镜像有 bug，那么又该如何回滚到升级前的版本呢？本节就来介绍如何升级及回滚镜像。

查看当前 deployment 的更多信息。

```
[root@vms10 deploy]# kubectl get deployments -o wide
NAME    READY    UP-TO-DATE    AVAILABLE    AGE      CONTAINERS    IMAGES       ...
web1    5/5      5             5            4m40s    nginx         nginx:1.9    ...
[root@vms10 deploy]#
```

从上面可以看出，当前 deployment 里容器名为 nginx，所使用的镜像是 nginx:1.9。

注意：如果查看到的镜像不是 nginx:1.9 的话，可以先把原来的 deploy 删除，重新用镜像 nginx:1.9 创建一个 deploy。

8.4.1 镜像升级

升级镜像可以通过以下 3 种方式。

（1）kubectl edit deploy。

（2）修改 deployment 的 yaml 文件，然后执行 kubectl apply -f yaml 文件。

（3）命令行方式修改。

这里更建议使用命令行的方式来修改，因为这样可以记录镜像变更的信息。

命令行升级 deployment 里镜像的语法如下。

```
kubectl set image deployment/ 名字   容器名 = 镜像 < --record>
```

或者：

```
kubectl set image deploy 名字        容器名 = 镜像 < --record>
```

这里 --record 是可选的，用于把更新记录下来。

步骤 1：现在把 web1 里所有容器的镜像换成 nginx:latest。

```
[root@vms10 deploy]# kubectl set image deploy web1 nginx=nginx:latest
deployment.apps/web1 image updated
[root@vms10 deploy]#
```

步骤 2：查看现在 deployment 里所使用的镜像。

```
[root@vms10 deploy]# kubectl get deployments -o wide
NAME    READY   UP-TO-DATE   AVAILABLE    AGE       CONTAINERS     IMAGES
web1    5/5     5            5            6m38s     nginx          nginx
[root@vms10 deploy]#
```

可以看到，web1 里的容器现在使用的镜像是 nginx:latest 了。更新 deployment 所用镜像的本质是，deployment 会删除原有的 pod，然后重新生成 pod。

步骤 3：把 deployment 的镜像改成 nginx:1.7.9。

```
[root@vms10 deploy]# kubectl set image deployment/web1   nginx=nginx:1.7.9
deployment.apps/web1 image updated
[root@vms10 deploy]#
```

步骤 4：再次查看 deployment 里所使用的镜像。

```
[root@vms10 deploy]# kubectl get deployments -o wide
NAME    READY   UP-TO-DATE   AVAILABLE    AGE       CONTAINERS     IMAGES
web1    5/5     5            5            9m        nginx          nginx:1.7.9
[root@vms10 deploy]#
```

可以看到，现在使用的镜像为 nginx:1.7.9 了。

到现在为止，镜像从 nginx:1.9 到 nginx，再到 nginx:1.7.9。

步骤 5：查看镜像的变化过程。

```
[root@vms10 deploy]# kubectl rollout history deployment web1
deployment.apps/web1
REVISION   CHANGE-CAUSE
1          <none>
2          <none>
3          <none>

[root@vms10 deploy]#
```

此时看不出来每次切换的是哪个版本的镜像，因为我们并没有记录每次的变更。

步骤 6：再次将镜像切换，从 nginx1.7.9 到 nginx:latest，然后到 nginx:1.7.9，再到 nginx:1.9，每次升级镜像的时候加上 --record 选项。

```
[root@vms10 deploy]# kubectl set image deployment/web1 nginx=nginx --record
deployment.apps/web1 image updated
[root@vms10 deploy]# kubectl set image deployment/web1 nginx=nginx:1.7.9 --record
deployment.apps/web1 image updated
[root@vms10 deploy]#
[root@vms10 deploy]# kubectl set image deployment/web1 nginx=nginx:1.9 --record
deployment.apps/web1 image updated
[root@vms10 deploy]#
```

步骤 7：再次查看 deployment 镜像的变更记录。

```
[root@vms10 deploy]# kubectl rollout history deployment/web1
deployment.extensions/web1
REVISION   CHANGE-CAUSE
4          kubectl set image deployment/web1 nginx=nginx --record=true
5          kubectl set image deployment/web1 nginx=nginx:1.7.9 --record=true
6          kubectl set image deployment/web1 nginx=nginx:1.9 --record=true

[root@vms10 deploy]#
```

可以看到每次变更镜像的记录，每次变更前面都会有一个编号。

步骤 8：查看当前 deployment 所使用的镜像。

```
[root@vms10 deploy]# kubectl get deployments.  -o wide
NAME   READY   UP-TO-DATE   AVAILABLE     AGE    CONTAINERS    IMAGES
web1   5/5        5           5           24m    nginx         nginx:1.9
[root@vms10 deploy]#
```

此时所使用的镜像是 nginx:1.9。

8.4.2 镜像的回滚

如果变更后的镜像有问题，我们可以把镜像回滚到变更之前的版本，回滚的语法是：

```
kubectl rollout undo deployment 名字
```

或者：

```
kubectl rollout undo deployment 名字  --to-revision=版本
```

这里的版本是通过 kubectl rollout history 查看出来的。

步骤 1：回滚到编号为 5 的那次变更。

```
[root@vms10 deploy]# kubectl rollout undo deployment/web1 --to-revision=5
deployment.apps/web1 rolled back
[root@vms10 deploy]#
```

步骤 2：查看当前 deployment 所用镜像的版本。

```
[root@vms10 deploy]# kubectl get deployments.  -o wide
NAME    READY   UP-TO-DATE    AVAILABLE   AGE   CONTAINERS    IMAGES
web1    5/5        5             5         27m   nginx         nginx:1.7.9
[root@vms10 deploy]#
```

镜像切换到了 nginx:1.7.9。

8.5 滚动升级

【必知必会】：了解滚动更新，执行滚动更新

对于 web1 来说里面有 5 个 pod，如果要把镜像换成另外一个镜像，我们知道是将所有的 pod 删除，然后重新用新的镜像创建 5 个 pod 出来。这个过程里是一次性把所有 5 个旧 pod 全部删除，同时一次性创建 5 个新 pod，还是删除部分旧 pod，再创建几个新 pod，然后再删除部分旧 pod，再创建几个新 pod（滚动）呢？

滚动更新就是，不是一次性把所有 pod 的镜像全部更新，而是先更新几个 pod 镜像，更新完成之后，再更新几个 pod 的镜像，直到把所有 pod 全部更新完毕。

那么每次更新几个 pod 呢？是由以下两个参数决定的。

（1）maxSurge：用来指定最多一次创建几个 pod，可以是百分比，也可以是具体数目。

（2）maxUnavailable：用来指定最多删除几个 pod，可以是数字或者百分比。

执行滚动更新

为了更好地看到滚动更新的效果，这里设置在更新镜像时，每次只更新一个 pod。

步骤 1：通过 kubectl edit 打开 deployment 的配置。

```
[root@vms10 deploy]# kubectl edit deployments  web1
...
  strategy:
    rollingUpdate:
      maxSurge: 25%
      maxUnavailable: 25%
```

```
      type: RollingUpdate
...
```

这里可看到：

maxSurge 的值被设置为 25%，即变更镜像时先创建 pod 总数的 25% 个数的 pod。

maxUnavailable 的值被设置为 25%，即变更镜像时关闭 pod 总数的 25% 个数的 pod。

整个意思就是，变更镜像时先关闭"总 pod 数 1/4"个旧 pod，同时创建"总 pod 数 1/4"个新 pod。

步骤 2：修改这两个参数的值均为 1。

```
    strategy:
      rollingUpdate:
        maxSurge: 1
        maxUnavailable: 1
type: RollingUpdate
```

意思就是，变更镜像时，删除一个 pod，创建一个 pod。

步骤 3：再次变更镜像，查看变更的情况。

```
[root@vms10 deploy]# kubectl get pods
NAME                       READY    STATUS             RESTARTS    AGE
web1-57cb6d465f-zzbjj      0/1      ContainerCreating  0           0s
web1-c74d8cdc9-6rm87       0/1      Terminating        0           13s
web1-c74d8cdc9-7cv54       1/1      Running            0           13s
web1-c74d8cdc9-d6474       1/1      Running            0           15s
web1-c74d8cdc9-mqnmz       1/1      Running            0           14s
web1-c74d8cdc9-q7qg8       1/1      Running            0           15s
[root@vms10 deploy]#
```

可以看到，这里是删除了 1 个 pod，创建 1 个 pod。

➤ 模拟考题

1. 创建一个 deployment，满足如下要求。

（1）名字为 web1，镜像为 nginx:1.9。

（2）此 web1 要有 2 个副本。

（3）pod 的标签为 app-name=web1。

2. 更新此 deployment，把 maxSurge 和 maxUnavailable 的值都设置为 1。

3. 修改此 deployment 的副本数为 6。

4. 更新此 deployment，让其使用镜像 nginx，并记录此次更新。

5. 回滚此次更新至升级之前的镜像版本 nginx:1.9。

6. 删除此 deployment。

第 9 章
daemonset 及其他控制器

考试大纲

了解 daemonset 的作用，创建及删除 daemonset。

本章要点

考点 1：创建及删除 daemonset
考点 2：指定 pod 运行在特定的节点

daemonset（简称 ds）和 deployment 类似，也是 pod 的控制器，区别在于 daemonset 会在所有的节点（包括 master）上创建一个 pod，即有几个节点就创建几个 pod，每个节点只有一个。

比如 k8s 中每个节点都要运行 kube-proxy 这个 pod，如果我们新增加了节点，则新的节点上也会自动运行一个 kube-proxy pod。这个 kube-proxy pod 就是由 daemonset 控制的。

daemonset 一般用于监控、日志等，每个节点上运行一个 pod，这样可以收集所在主机的监控信息或日志信息，不会在一个节点上创建两个 pod，这样容器造成冲突。

注意：会发现在创建 daemonset 的时候，master 上并不会产生 pod，因为 master 存在污点。

```
[root@vms10 ~]# kubectl describe nodes vms10.rhce.cc  | grep ^Taints
Taints:            node-role.kubernetes.io/master:NoSchedule
[root@vms10 ~]#
```

查看是否有 daemonset。

```
[root@vms10 ~]# kubectl get ds
No resources found in nsdeploy namespace.
[root@vms10 ~]#
```

(9.1) 创建及删除 ds

【必知必会】：创建 daemonset，删除 daemonset

本节主要目的是创建一个 daemonset，然后验证 daemonset 在每个节点上只创建 1 个 pod，而不会在 1 个节点上创建多个 pod。我们把本章所涉及的文件全部放在一个 ds 目录里。

步骤 1：创建目录 ds 并进入。

```
[root@vms10 ~]# mkdir ds
[root@vms10 ~]# cd ds/
[root@vms10 ds]#
```

本章所有实验均在命名空间 nsds 里操作，创建并切换至命名空间 nsds。

```
[root@vms10 ds]# kubectl create ns nsds
namespace/nsds created
[root@vms10 ds]# kubens nsds
Context "kubernetes-admin@kubernetes" modified.
Active namespace is "nsds".
[root@vms10 ds]#
```

步骤 2：创建 ds 所需要的 yaml 文件。

```
[root@vms10 ds]# kubectl create deployment ds1 --image=busybox --dry-run=client -o
yaml  -- sh -c "sleep 36000" > ds1.yaml
[root@vms10 ds]#
```

因为 daemonset 和 deployment 所用的 yaml 文件非常相似，所以先生成 deployment 的 yaml 文件，然后修改。

daemonset 的 yaml 文件和 deployment 的 yaml 文件的内容只有 4 点不同，按如下 4 步修改：

（1）把 kind 字段改为 DaemonSet。

（2）deployment 有副本数，daemonset 没有副本数这个选项，删除 spec 里的 replicas 字段。

（3）删除 .spec 下的 strategy: {}。

（4）删除最后一行的 status:{}。

步骤 3：修改 ds1.yaml，内容如下。

```
[root@vms10 ds]# cat ds1.yaml
apiVersion: apps/v1
kind: DaemonSet
metadata:
  name: ds1
spec:
  selector:
    matchLabels:
      app: busybox
  template:
```

```
    metadata:
      labels:
        app: busybox
    spec:
      containers:
      - image: busybox
        imagePullPolicy: IfNotPresent
        name: busybox
        command: ["sh","-c","sleep 36000"]
[root@vms10 ds]#
```

这个是 daemonset 的 yaml 文件，可以看到这里并没有指定副本数，因为创建的 pod 会在除了 master 之外的所有节点上创建一个 pod。

所以 daemonset 的 yaml 文件，可以从 deployment 的 yaml 文件拷贝过来修改生成（注意，要修改一下）。

步骤 4：应用此 yaml 文件。

```
[root@vms10 ds]# kubectl apply -f ds1.yaml
daemonset.apps/ds1 created
[root@vms10 ds]# kubectl get ds
NAME  DESIRED CURRENT READY UP-TO-DATE AVAILABLE NODE SELECTOR AGE
ds1     2       2       2       2          2      <none>        7s
[root@vms10 ds]#
```

步骤 5：查看 pod 运行状况。

```
[root@vms10 ds]# kubectl get pods -o wide --no-headers
ds1-clxfk   1/1   Running   0   54s   10.244.81.84   vms11.rhce.cc
ds1-qxrmd   1/1   Running   0   54s   10.244.14.33   vms12.rhce.cc
[root@vms10 ds]#
```

可以看到 pod 是在所有 worker 节点上运行的（因为有污点，所以没有在 master 上运行）。

步骤 6：删除 daemonset。

```
[root@vms10 ds]# kubectl delete ds busybox
daemonset.apps "ds1" deleted
[root@vms10 ds]#
[root@vms10 ds]# kubectl get ds
No resources found in nsds namespace.
[root@vms10 ds]#
```

9.2 指定 pod 所在位置

【必知必会】：指定 ds 里的 pod 在特定的节点上运行

类似于前面讲的 pod，可以通过标签的方式指定 daemonset 的 pod 在指定的节点上运行。

前面已经给 vms11 设置了一个标签 diskxx=ssdxx，如果没有给 vms11 设置这个标签，请自行设置一下。

步骤 1：修改 yaml 文件，增加 nodeSelector。

```
[root@vms10 ds]# cat ds1.yaml
apiVersion: apps/v1
kind: DaemonSet
metadata:
  name: ds1
spec:
  selector:
    matchLabels:
      app: busybox
  template:
    metadata:
      labels:
        app: busybox
    spec:
      nodeSelector:
        diskxx: ssdxx
      containers:
      - image: busybox
        imagePullPolicy: IfNotPresent
        name: busybox
        command: ["sh","-c","sleep 36000"]
[root@vms10 ds]#
```

这里通过 nodeSelector 来指定 pod 运行在含有标签 diskxx=ssdxx 的节点上，在这个环境里只有 vms11.rhce.cc 才有 diskxx=ssdxx 这个标签，所以此 daemonset 所产生的 pod 只会在 vms11.rhce.cc 这个节点上运行。

步骤 2：应用此 yaml 文件。

```
[root@vms10 ds]# kubectl apply -f ds1.yaml
daemonset.apps/ds1 created
[root@vms10 ds]#
[root@vms10 ds]# kubectl get pods -o wide --no-headers
ds1-b44bz   1/1   Running   0    11s   10.244.14.34   vms11.rhce.cc
[root@vms10 ds]#
```

可以看到，ds 所产生的 pod 只在 vms11 上运行，并没有在 vms12 上运行，因为 vms12 没有指定的标签。

步骤 3：删除 daemonset。

```
[root@vms10 ds]# kubectl delete ds busybox
daemonset.apps "ds1" deleted
[root@vms10 ds]#
```

9.3 其他控制器 ReplicationController（rc）

rc 的作用和 deployment 是一样的，使用方法也是一样的。

步骤 1：查看是否存在 rc。

```
[root@vms10 ds]# kubectl get rc
No resources found in nsds namespace.
[root@vms10 ds]#
```

步骤 2：创建 rc 所需要的 yaml 文件。

```
[root@vms10 ds]# cat rc1.yaml
apiVersion: v1
kind: ReplicationController
metadata:
  name: myrc
spec:
  replicas: 3
  selector:
    app: nginx
  template:
    metadata:
      labels:
        app: nginx
    spec:
      containers:
      - name: nginx
        image: nginx
        imagePullPolicy: IfNotPresent
        ports:
        - containerPort: 80
[root@vms10 ds]#
```

上面的 yaml 文件用于创建名字为 myrc 的 rc，有 3 个副本。

步骤 3：创建 rc。

```
[root@vms10 ds]# kubectl apply -f rc1.yaml
replicationcontroller/rc1 created
[root@vms10 ds]# kubectl get rc
NAME    DESIRED   CURRENT   READY   AGE
myrc    3         3         3       8s
[root@vms10 ds]#
[root@vms10 ds]# kubectl get pods
NAME          READY   STATUS    RESTARTS   AGE
myrc-grn58    1/1     Running   0          3s
myrc-kddp6    1/1     Running   0          3s
myrc-mbwl9    1/1     Running   0          3s
```

CKA/CKAD 应试指南：
从 Docker 到 Kubernetes 完全攻略

```
[root@vms10 ds]#
```

步骤 4：扩展 pod 数目。

```
[root@vms10 ds]# kubectl scale rc myrc --replicas=5
replicationcontroller/myrc scaled
[root@vms10 ds]#
```

步骤 5：查看 pod 数。

```
[root@vms10 ds]# kubectl get pods
NAME           READY    STATUS    RESTARTS    AGE
myrc-grn58     1/1      Running   0           31s
myrc-kddp6     1/1      Running   0           31s
myrc-mbwl9     1/1      Running   0           31s
myrc-r98sg     1/1      Running   0           1s
myrc-tc8ws     1/1      Running   0           1s
[root@vms10 ds]#
```

步骤 6：更新 rc 的镜像，首先查看 rc 的一些信息。

```
[root@vms10 ds]# kubectl get rc -o wide
NAME   DESIRED   CURRENT   READY   AGE   CONTAINERS   IMAGES
myrc   5         5         5       79s   nginx        nginx
[root@vms10 ds]#
```

可以看到，myrc 所使用的镜像是 nginx。

步骤 7：更新镜像，做法步骤和更新 deployment 的镜像是一样的。

```
[root@vms10 ds]# kubectl set image rc myrc nginx=nginx:1.9
replicationcontroller/myrc image updated
[root@vms10 ds]#
```

查看是否生效。

```
[root@vms10 ds]# kubectl get rc -o wide
NAME   DESIRED   CURRENT   READY   AGE    CONTAINERS   IMAGES
myrc   5         5         5       2m23   nginx        nginx :1.9
[root@vms10 ds]#
```

步骤 8：删除此 rc。

```
[root@vms10 ds]# kubectl delete rc myrc
replicationcontroller "myrc" deleted
[root@vms10 ds]#
```

9.4 其他控制器 ReplicaSet（rs）

rs 的作用和 deployment 是一样的，使用方法也是一样的。

步骤 1：查看是否存在 rs。

```
[root@vms10 ds]# kubectl get rs
No resources found in nsds namespace.
[root@vms10 ds]#
```

步骤 2：创建 rs 所需要的 yaml 文件。

```
[root@vms10 ds]# cat rs1.yaml
apiVersion: apps/v1
kind: ReplicaSet
metadata:
  name: myrs
  labels:
    app: rs1
spec:
  replicas: 3
  selector:
    matchLabels:
      app rsx
  template:
    metadata:
      labels:
        app: rsx
    spec:
      containers:
      - name: web
        imagePullPolicy: IfNotPresent
        image: nginx
[root@vms10 ds]#
```

这里创建一个名字为 myrs 的 rs，里面包含 3 个副本。

步骤 3：创建 rs。

```
[root@vms10 ds]# kubectl apply -f rs1.yaml
replicaset.apps/myrs created
[root@vms10 ds]#
[root@vms10 ds]# kubectl get rs
NAME    DESIRED    CURRENT    READY    AGE
myrs    3          3          3        20s
[root@vms10 ds]# kubectl get pods
NAME          READY    STATUS     RESTARTS    AGE
myrs-925sp    1/1      Running    0           57s
myrs-mjsgk    1/1      Running    0           57s
myrs-zdr54    1/1      Running    0           57s
[root@vms10 ds]#
```

步骤 4：把副本数扩展到 5 个。

```
[root@vms10 ds]# kubectl scale rs myrs --replicas=5
replicaset.apps/myrs scaled
[root@vms10 ds]#
```

```
[root@vms10 ds]# kubectl get pods
NAME            READY   STATUS    RESTARTS   AGE
myrs-925sp      1/1     Running   0          114s
myrs-mjsgk      1/1     Running   0          114s
myrs-s5rck      1/1     Running   0          2s
myrs-tvcrz      1/1     Running   0          2s
myrs-zdr54      1/1     Running   0          114s
[root@vms10 ds]#
```

步骤 5：删除此 rs。

```
[root@vms10 ds]# kubectl delete rs myrs
replicaset.apps "myrs" deleted
[root@vms10 ds]# kubectl get rs
No resources found in nsds namespace.
[root@vms10 ds]#
```

9.5 deployment、rc、rs 之间 yaml 文件的对比

这些控制器作用是类似的，只是在 yaml 文件的语法上有些区别，比如 apiVersion 的值，以及 selector 下面是否有 matchLabels 等，如表 9-1 所示做了简要的总结。

表 9-1　控制器语法区别

	api	select
deploment	apps/v1	selector: matchLabels:
daemonset	apps/v1	selector: matchLabels:
ReplicationController	v1	selector:
ReplicaSet	apps/v1	selector: matchLabels:

➡ 模拟考题

1. 创建一个 daemonset，满足如下要求。

（1）名字为 ds-test1。

（2）使用的镜像为 nginx。

2. 解释此 daemonset 为什么没有在 master 上创建 pod。

3. 创建一个 daemonset，满足如下要求。

（1）名字为 ds-test2。

（2）使用的镜像为 nginx。

（3）此 daemonset 所创建的 pod 只在含有标签为 disktype=ssd 的 worker 上运行。

（4）删除这两个 daemonset。

10 第 10 章
探针

考试大纲

了解探针的作用，为 pod 配置探针从而检测程序是否健康运行。

本章要点

考点 1：为 pod 配置 liveness 探针

考点 2：为 pod 配置 readiness 探针

对于 deployment 来说，只保证 pod 的状态为 running。如果 pod 状态是 running，但是里面丢失了文件，导致用户访问不到数据，则 deployment 是不管的，此时就需要用 probe 来检测是否正常工作，如表 10-1 所示。

表 10-1　pod 状态运行结果

deployment	检测你出勤了没，到了之后是睡觉还是工作，我不管
probe	检测你是否在好好工作

probe 是定义在容器里的，可以理解为是在容器里加的一个装置，来探测容器是不是工作正常，分成 liveness probe 和 readiness probe。

10.1 liveness probe

【**必知必会**】：利用 liveness command 的方式探测，利用 liveness httpGet 的方式探测

liveness 探测到某个 pod 运行有问题的话，就会通过重启 pod 来解决问题。所谓的重启，本质上就是把这个 pod 删除，然后创建出来一个同名的 pod。

10.1.1 command 探测方式

command 的探测方式就是，在容器内部执行一条命令，如果这个命令的返回值为零，即命令正确执行了，则认为容器是正常的，如果返回值为非零，则认为容器出现了问题，然后通过重启来解决问题。

本章所涉及的文件全部放在一个 probe 目录里。

步骤 1：创建目录 probe 并进入此目录。

```
[root@vms10 ~]# mkdir probe
[root@vms10 ~]# cd probe
[root@vms10 probe]#
```

本章所有的实验均在命名空间 nsprobe 里操作，创建并切换至命名空间 nsprobe。

```
[root@vms10 probe]# kubectl create ns nsprobe
namespace/nsprobe created
[root@vms10 probe]# kubens nsprobe
Context "kubernetes-admin@kubernetes" modified.
Active namespace is "nsprobe".
[root@vms10 probe]#
```

步骤 2：按前面讲过的知识，用 kubectl run 创建 pod 所需的 yaml 文件 liveness1.yaml，并做适当的修改之后，内容如下。

```
[root@vms10 probe]# cat liveness1.yaml
apiVersion: v1
kind: Pod
metadata:
  labels:
    test: liveness
  name: liveness-exec
spec:
  containers:
  - name: liveness
    image: busybox
    imagePullPolicy: IfNotPresent
    args:
    - /bin/sh
    - -c
    - touch /tmp/healthy; sleep 30; rm -rf /tmp/healthy; sleep 1000
    livenessProbe:
      exec:
        command:
        - cat
        - /tmp/healthy
      initialDelaySeconds: 5    #容器启动的 5s 内不探测
      periodSeconds: 5          #每 5s 探测一次
```

```
[root@vms10 probe]#
```

在 pod 启动之后会创建 /tmp/healthy，30s 之后删除它，然后等待 1000s。如果不探测的话，则此 pod 会等待 1000s 之后，才会终止。

但是这里定义了 liveness Probe，探测 /tmp/healthy 是不是存在，如果存在，则认为这个容器是正常的，如果发现不存在，则认为这个容器出问题了，会通过重启 pod 来解决问题。

探测这个文件的方式是通过命令 cat /tmp/healthy 来判断，如果查看成功，则返回值为零（注：不是文件内容为 0），认为此 pod 没问题。如果这个文件不存在，则命令执行失败，返回值为非零，则认为容器出问题了。

这里在 liveness Probe 中写了 2 个参数。

（1）initialDelaySeconds：在 pod 的启动多少秒内不探测，因为有的 pod 启动时间比较久，pod 都没启动起来就探测是没有任何意义的。

（2）periodSeconds：指的是探测的间隔，每隔多久去探测一次。

还有如下 2 个重要参数。

（1）successThreshold：探测失败后，最少连续探测成功多少次才被认定为成功，默认是 1，对于 liveness 必须是 1，最小值是 1。

（2）failureThreshold：探测失败后 kubernetes 的重试次数，默认值是 3，最小值是 1。

上面的例子里是 pod 启动的 5s 不探测，然后每隔 5s 探测一次。

步骤 3：创建 pod。

```
[root@vms10 probe]# kubectl apply -f liveness1.yaml
pod/liveness-exec created
[root@vms10 probe]#
```

步骤 4：查看 pod 的运行状况。

```
[root@vms10 probe]# kubectl get pods
NAME            READY    STATUS   RESTARTS    AGE
liveness-exec   1/1      Running  0           3s
[root@vms10 probe]#
```

在创建好 pod 之后，探针开始探测是否能查看 /tmp/healthy，如果能看到（返回值为 0），说明 pod 里的程序还是正常运行的。

过了 30s 之后，/tmp/healthy 被删除，那么探针再次探测的时候发现 /tmp/healthy 这个文件不存在了（返回值为非 0），认为 pod 里的程序出了问题（此时 pod 的状态为 running），就要重启 pod 来解决问题。

```
[root@vms10 probe]# kubectl get pods
NAME            READY    STATUS   RESTARTS    AGE
liveness-exec   1/1      Running  0           27s
[root@vms10 probe]#
```

步骤 5：检查 pod 里的 /tmp/healthy 是否还存在。

```
[root@vms10 probe]# kubectl exec liveness-exec -- ls /tmp/
healthy
[root@vms10 probe]#
```

从结果来看，这个文件现在还存在，因为要等第 30s 才会执行删除操作。

步骤 6：再次检查 pod 里 /tmp/healthy 是否还存在。

```
[root@vms10 probe]# kubectl get pods
NAME            READY    STATUS      RESTARTS    AGE
liveness-exec   1/1      Running     0           32s
[root@vms10 probe]# kubectl exec liveness-exec -- ls /tmp/
[root@vms10 probe]#
```

可以看到，此时 pod 里的 /tmp/healthy 已经不存在了。

大概经过 75s 之后，pod 自动重启，此时 pod 里又多了这个文件。

```
[root@vms10 probe]# kubectl get pods
NAME            READY    STATUS      RESTARTS    AGE
liveness-exec   1/1      Running     1           76s
[root@vms10 probe]# kubectl exec liveness-exec -- ls /tmp/
healthy
[root@vms10 probe]#
```

按照预测，第 30s 的时候 /tmp/healthy 就被删除了，然后重试 3 次（每次间隔 5s），大概在第 45s 的时候就会重启，为什么要到 75s 呢？原因在于前面提到了关闭 pod 时有 30s 的宽限期。

步骤 7：删除此 pod。

```
[root@vms10 probe]# kubectl delete pod liveness-exec
pod "liveness-exec" deleted
[root@vms10 probe]#
```

读者可以按前面讲过的知识，自行在 pod 里添加 terminationGracePeriodSeconds: 0，可以看到 pod 会在第 45s、46s 左右开始重启。

10.1.2 liveness probe httpGet 探测方式

httpGet 的方式，指的是 HTTP 协议的数据包能否通过指定的端口访问到指定的文件，如果能访问到，则认为容器是正常的，如果访问不到，则认为 pod 是不正常的。

步骤 1：按前面讲过的知识，用 kubectl run 创建 pod 所需的 yaml 文件 liveness2.yaml，做适当的修改之后内容如下。

```
[root@vms10 probe]# cat liveness2.yaml
apiVersion: v1
kind: Pod
metadata:
```

```
    labels:
      test: liveness
    name: liveness-http
spec:
  containers:
  - name: liveness
    image: nginx
    imagePullPolicy: IfNotPresent
    livenessProbe:
      failureThreshold: 3
      httpGet:
        path: /index.html
        port: 80
        scheme: HTTP
      initialDelaySeconds: 10
      periodSeconds: 10
      successThreshold: 1
[root@vms10 probe]#
```

这里创建一个名字为 liveness-http 的 pod，系统通过 httpGet 的方式，查看是否能通过端口 80
访问到 /usr/share/nginx/html/index.html，如果能，则认为此 pod 是正常工作的，如果不能，则认为
pod 出现了问题，就要重启 pod 来解决问题（所谓重启，就是删除 pod 重新创建）。

步骤 2：创建此 pod。

```
[root@vms10 probe]# kubectl apply -f liveness2.yaml
pod/liveness-http created
[root@vms10 probe]#
```

步骤 3：查看 pod 运行状态。

```
 kubectl get pods
NAME            READY    STATUS    RESTARTS    AGE
liveness-http   1/1      Running   0           3s
[root@vms10 probe]#
```

如果没有意外，pod 里的 /usr/share/nginx/html/index.html 会一直存在，那么 liveness-html 也会
一直正常运行，不会重启。

步骤 4：在另外的终端里进入此 pod，并删除 /usr/share/nginx/html/index。

```
[root@vms10 ~]# kubectl exec -it liveness-http --  bash
root@liveness-http:/# rm -rf /usr/share/nginx/html/index.html
root@liveness-http:/#
root@liveness-http:/# exit
exit
[root@vms10 ~]#
```

步骤 5：切换到第一个终端。

```
[root@vms10 probe]# kubectl get pods
NAME                 READY      STATUS       RESTARTS      AGE
liveness-http        1/1        Running      1             50s
[root@vms10 probe]#
```

因为探测不到 /usr/share/nginx/html/index.html，所以通过重启 pod 来解决问题，这里的 AGE 是 50s，它取决于删除 index.html 的时间。

步骤 6：再次查看此 pod 里 /usr/share/nginx/html/ 里的内容。

```
[root@vms10 probe]# kubectl exec -it liveness-http -- ls /usr/share/nginx/html
50x.html   index.html
[root@vms10 probe]#
```

重启之后也恢复了 index.html。

步骤 7：删除此 pod。

```
[root@vms10 probe]# kubectl delete pod liveness-http
pod "liveness-http" deleted
[root@vms10 probe]#
```

10.1.3 liveness probe tcpScoket 探测方式

tcpScoket 的探测方式是指，能否和指定的端口建立 tcp 三次握手，如果能，则探测通过，认为 pod 没问题，否则认为 pod 有问题，这里不会探测某个文件是否存在。下面的例子里，我们把探测的端口设置为 808。

步骤 1：按前面讲过的知识，用 kubectl run 创建 pod 所需的 yaml 文件 liveness3.yaml，做适当的修改之后内容如下。

```
[root@vms10 probe]# cat liveness3.yaml
apiVersion: v1
kind: Pod
metadata:
  labels:
    test: liveness
  name: liveness-tcp
spec:
  containers:
  - name: liveness
    image: nginx
    imagePullPolicy: IfNotPresent
    livenessProbe:
```

```
        failureThreshold: 3
        tcpSocket:
          port: 808
        initialDelaySeconds: 5
        periodSeconds: 5
[root@vms10 probe]#
```

nginx 运行的端口为 80，但是我们探测的却是 808 端口，这自然是要探测失败的。从第 5s 开始探测，探测会失败，然后每隔 5s 探测 1 次，如果连续探测 3 次都失败（大概在第 15s），就要开始重启 pod。

步骤 2：创建此 pod。

```
[root@vms10 probe]# kubectl apply -f liveness3.yaml
pod/liveness-http created
[root@vms10 probe]#
```

步骤 3：检查 pod 的运行状态。

```
[root@vms10 probe]# kubectl get pods
NAME            READY      STATUS       RESTARTS      AGE
liveness-tcp    1/1        Running      0             15s
[root@vms10 probe]#
```

步骤 4：再次检查 pod 的运行状态。

```
[root@vms10 probe]# kubectl get pods
NAME            READY      STATUS       RESTARTS      AGE
liveness-tcp    1/1        Running      1             17s
[root@vms10 probe]#
```

从这里可以看到，大概在第 16s 的时候已经开始重启了，第 17s 的时候已经重启完成。

步骤 5：删除此 pod。

```
[root@vms10 probe]# kubectl delete pod liveness-tcp
pod "liveness-tcp" deleted
[root@vms10 probe]#
```

10.2 readiness probe

【必知必会】：利用 readiness command 的方式探测

关于 readiness 的探测和 liveness 的探测类似，不过 readiness 和 liveness 探测到问题之后，处理的方式是不一样的。

liveness：探测到 pod 有问题之后，通过重启 pod 来解决问题。

readiness：探测到 pod 有问题之后并不重启，只是 svc 接收到请求之后，不再转发到此 pod。svc 的主要作用是接收用户的请求，然后转发给后端的 pod，如图 10-1 所示。

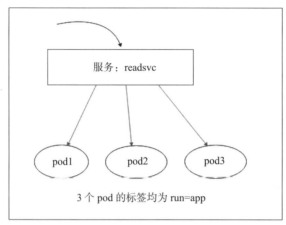

图 10-1　实验拓扑图

这里有 3 个 pod，它们的标签是一样的，都是 run=app，为具有这个标签的 pod 创建一个名字为 readsvc 的服务。当用户把请求发送给 readsvc 的时候，readsvc 会把请求转发给后端的 pod，即 pod1、pod2、pod3。3 台 pod 都配置了 readiness probe，当探测到 pod3 有问题的时候，readsvc 就不会再把请求转发给 pod3 了。

步骤 1：创建含有 readiness probe 的 pod，yaml 文件内容如下。

```
root@vms10 probe]# cat readiness.yaml
apiVersion: v1
kind: Pod
metadata:
  labels:
    run: app
  name: pod1
spec:
  containers:
  - name: c1
    image: nginx
    imagePullPolicy: IfNotPresent
    lifecycle:
      postStart:
        exec:
          command: ["/bin/sh","-c","touch /tmp/healthy"]
    readinessProbe:
```

```
      exec:
        command:
        - cat
        - /tmp/healthy
[root@vms10 probe]#
```

这里通过配置 pod postStart 钩子，让 pod 在启动的时候创建文件 /tmp/healthy。然后通过 readiness probe 探测这个文件是否存在，存在则认为 pod 是健康的，否则认为 pod 出问题了。

步骤 2：创建出来 3 个 pod。

```
[root@vms10 probe]# kubectl apply -f readiness.yaml
pod/pod1 created
[root@vms10 probe]# sed 's/pod1/pod2/' readiness.yaml | kubectl apply -f -
pod/pod2 created
[root@vms10 probe]# sed 's/pod1/pod3/' readiness.yaml | kubectl apply -f -
pod/pod3 created
[root@vms10 probe]#
```

步骤 3：查看 pod 的运行状态。

```
[root@vms10 probe]# kubectl get pods --show-labels
NAME    READY    STATUS     RESTARTS    AGE    LABELS
pod1    1/1      Running    0           29s    run=app
pod2    1/1      Running    0           26s    run=app
pod3    1/1      Running    0           23s    run=app
[root@vms10 probe]#
```

可以看到 3 个 pod 均具备相同的标签 run=app。

步骤 4：创建名字为 readsvc 的 svc。

```
[root@vms10 probe]# kubectl expose --name=readsvc  pod pod1 --port=80
--selector=run=app
service/svc1 exposed
[root@vms10 probe]#
```

虽然这里是为 pod1 创建的 svc，但是因为它们的标签是一样的，所以这个 readsvc 会关联 3 个 pod。

步骤 5：为了看到 svc 把请求转发到不同的 pod，这里修改 3 个 pod 的 index.html 的内容，分别为 111、222、333。

```
[root@vms10 probe]# kubectl exec -it pod1 -- bash
root@pod1:/# echo 111 > /usr/share/nginx/html/index.html
root@pod1:/# exit
exit
[root@vms10 probe]# kubectl exec -it pod2 -- bash
```

```
root@pod2:/# echo 222 > /usr/share/nginx/html/index.html
root@pod2:/# exit
exit
[root@vms10 probe]# kubectl exec -it pod3 -- bash
root@pod3:/# echo 333 > /usr/share/nginx/html/index.html
root@pod3:/# exit
exit
[root@vms10 probe]#
```

步骤 6：获取 readsvc 的 IP。

```
[root@vms10 probe]# kubectl get svc readsvc
NAME       TYPE        CLUSTER-IP       EXTERNAL-IP   PORT(S)   AGE
readsvc    ClusterIP   10.102.236.50    <none>        80/TCP    18s
[root@vms10 probe]#
```

从这里可以看到 readsvc 的 IP 是 10.102.236.50。

步骤 7：通过这个 IP 访问 svc。

```
[root@vms10 probe]# curl -s 10.102.236.50
333
[root@vms10 probe]# curl -s 10.102.236.50
222
[root@vms10 probe]# curl -s 10.102.236.50
111
[root@vms10 probe]#
```

可以看到，请求分别转发到了 3 个 pod 上。

步骤 8：删除 pod3 里的 /tmp/healthy，让 pod3 探测失败。

```
[root@vms10 probe]# kubectl exec -it pod1 -- ls /tmp/healthy
/tmp/healthy
[root@vms10 probe]#
[root@vms10 probe]# kubectl exec -it pod3 -- rm -rf /tmp/healthy
[root@vms10 probe]# kubectl exec -it pod3 -- ls /tmp/healthy
ls: cannot access '/tmp/healthy': No such file or directory
command terminated with exit code 2
[root@vms10 probe]#
```

步骤 9：看到 pod3 的状态。

```
[root@vms10 probe]# kubectl describe pod pod3
Name:          pod3
   ... 输出 ...
  Normal   Pulled    8m45s          kubelet          Container image "nginx"
already present on machine
  Normal   Created   8m45s          kubelet          Created container c1
```

```
 Normal   Started      8m45s              kubelet      Started container c1
 Warning  Unhealthy  2s (x7 over 62s)  kubelet      Readiness probe failed:
cat: /tmp/healthy: No such file or directory
[root@vms10 probe]#
```

这里可以看到已经检测到 pod3 是不健康的。

步骤 10：再次访问 readsvc。

```
[root@vms10 probe]# curl -s 10.102.236.50
111
[root@vms10 probe]# curl -s 10.102.236.50
222
[root@vms10 probe]# curl -s 10.102.236.50
222
[root@vms10 probe]#
```

可以看到 readsvc 已经不把 svc 转到 pod3 了。

步骤 11：查看 pod 的状态。

```
[root@vms10 probe]# kubectl get pods
NAME    READY   STATUS     RESTARTS    AGE
pod1    1/1     Running    0           10m
pod2    1/1     Running    0           10m
pod3    0/1     Running    0           10m
[root@vms10 probe]#
```

这里 pod3 的状态虽然是显示 0/1，但是 pod3 里的容器依然是正常运行的。

```
[root@vms10 probe]# kubectl exec -it pod3 -- bash
root@pod3:/# exit
exit
[root@vms10 probe]#
```

步骤 12：删除这 3 个 pod 和 readsvc。

```
[root@vms10 ~]# kubectl delete svc readsvc
service "readsvc" deleted
[root@vms10 ~]#
[root@vms10 ~]# kubectl delete pod pod{1,2,3} --force
warning: Immediate deletion does not wait for confirmation that the running resource
has been terminated. The resource may continue to run on the cluster indefinitely.
pod "pod1" force deleted
pod "pod2" force deleted
pod "pod3" force deleted
[root@vms10 ~]#
```

➤ 模拟考题

创建一个 pod，满足如下要求。

（1）pod 名为 web-nginx，使用的镜像为 nginx。

（2）用 livenessProbe 探测 /usr/share/nginx/index.html，如果此文件丢失了，则通过重启 pod 来解决问题。

（3）在 pod 启动的前 10s 内不探测，然后每隔 5s 探测一次。

（4）等待此 pod 运行起来之后，删除 pod 里的 /usr/share/nginx/index.html，检查 pod 是否会重启。

（5）删除此 pod。

11

第 11 章

job

考试大纲

了解 job 及 cronjob 的作用，通过配置 job 执行一次性任务，通过配置 cronjob 执行周期性任务。

本章要点

考点 1：创建及删除 job

考点 2：创建及删除 cronjob

前面讲过 deployment 可以管理 pod，这些 pod 里运行的是一个守护进程，比如某个 pod 里运行的是 nginx，会一直运行着。但我们在日常的工作中经常会遇到一些需要进行数据处理、分析、测试、运算等的需求，测试完就算了，不需要 pod 一直运行下去。也有可能需要定期去处理一些事情，比如清理临时文件等操作，到期执行即可，执行完之后 pod 的任务就算完成了，pod 的状态变为 Completed。

这些临时用一下，用完就结束的情况，可以通过 job 及 cronjob 来实现。

11.1 job

【必知必会】：创建 job，删除 job

job 用于执行一次性任务，比如计算圆周率小数点后 200 位，运算完成之后就结束了，不用一直运算下去。当创建一个 job 后，这个 job 会创建一个 pod 去完成一个任务，如果 pod 执行成功了，则此 job 结束；如果执行失败，则会新创建一个 pod 或者重启 pod，再次去执行任务。

为了看起来不那么乱，单独创建一个命名空间 nsjob，并切换至此命名空间。

```
[root@vms10 ~]# kubectl create ns nsjob
namespace/nsjob created
[root@vms10 ~]# kubens nsjob
Context "kubernetes-admin@kubernetes" modified.
Active namespace is "nsjob".
```

把本章所需要的文件全部放在一个单独的目录 jobs 里，创建 jobs 目录并进入。

```
[root@vms10 ~]# mkdir jobs
[root@vms10 ~]# cd jobs/
```

11.1.1 创建 job

既可以通过命令行的方式创建 job，也可以通过 yaml 文件的方式创建 job，建议用命令行的方式生成 yaml 文件，然后在其基础上进行修改。

命令行创建 job 的语法如下。

```
kubectl create job 名字 --image=镜像  --  "命令"
```

先创建一个名字叫 job1 的 job，所使用的镜像是 busybox，此任务里执行命令为 "echo hello；sleep 10"。

步骤 1：用命令行创建一个 job 的 yaml 文件 job1.yaml。

```
[root@vms10 jobs]# kubectl create job job1 --image=busybox --dry-run=client -o yaml
-- sh -c "echo hello && sleep 10" > job1.yaml
[root@vms10 jobs]#
```

由此 job 创建出来的 pod，里面运行的是如下命令：先执行 echo hello，之后等待 10s。整个 pod 的运行时间就是 10s。

步骤 2：对刚刚生成的 job1.yaml 做适当的修改，内容如下。

```
[root@vms10 jobs]# cat job1.yaml
apiVersion: batch/v1
kind: Job
metadata:
  creationTimestamp: null
  name: job1
spec:
  ...省略...
      image: busybox
      imagePullPolicy: IfNotPresent
      name: job1
      resources: {}
    restartPolicy: Never
status: {}
[root@vms10 jobs]#
```

这里 imagePullPolicy: IfNotPresent 是手动加上去的，注意这里的重启策略。

job 的 restart 策略只能是以下 2 种。

（1）Never：只要任务没有完成，则新创建 pod 运行，直到 job 完成，会产生多个 pod。

（2）OnFailure：只要 pod 没有完成，就会重启 pod，重新执行任务。

前面讲 pod 时，介绍过 pod 有 3 种重启策略，但是在 job 里没有 Always 这种重启策略。

步骤 3：创建 job。

```
[root@vms10 jobs]# kubectl apply -f job1.yaml
job.batch/job1 created
[root@vms10 jobs]#
```

步骤 4：查看 pod 状况。

```
[root@vms10 jobs]# kubectl get pods
NAME           READY    STATUS      RESTARTS    AGE
job1-fqrvv     1/1      Running     0           6s
[root@vms10 jobs]#
```

这个 pod 里的进程只会运行 10s，到第 11s 的时候进程结束，则 pod 也运行完毕。

步骤 5：查看 job 的运行状态。

```
[root@vms10 jobs]# kubectl get jobs
NAME    COMPLETIONS    DURATION    AGE
job1        0/1           7s       7s
[root@vms10 jobs]#
```

在 COMPLETIONS 列看到的是 0/1，说明此 job 需要正确地完成一次，因为 pod 正在运行，即任务还没有完成，所以能看到 0/1。

步骤 6：再次查看 pod 状况。

```
[root@vms10 jobs]# kubectl get pods
NAME           READY    STATUS       RESTARTS    AGE
job1-fqrvv     0/1      Completed    0           11s
[root@vms10 jobs]#
```

因为这里 pod 中的进程已经正常运行完毕了，状态为 Completed。

步骤 7：查看 job 的运行状态。

```
[root@vms10 jobs]# kubectl get jobs
NAME    COMPLETIONS    DURATION    AGE
job1        1/1           11s      16s
[root@vms10 jobs]#
```

这里说明，job1 需要完成一次，且 pod 的任务也正确完成了，所以这里显示 1/1。

步骤 8：删除 job1。

```
[root@vms10 jobs]# kubectl delete -f job1.yaml
job.batch "job1" deleted
[root@vms10 jobs]#
```

11.1.2 在 job 中指定参数

因为 job 所创建出来的 pod，其里面的进程是一次性的任务，执行完之后 pod 就结束了，没有必要一直执行。所以 job 正确结束之后所创建的 pod 状态必须要是 Completed。

如果 job 所创建的 pod 里的进程因为种种原因没有正确执行，就意味着任务没有正确完成，那么就要重复去执行，直到任务完成，即出现状态为 Completed 的 pod。

这里说的 job 没有正确执行需要重复去执行，到底是通过重启 pod 还是新创建 pod 的方式来重新执行任务，就要看在 job 里所设置的重启策略了。

对于一些任务而言，测试一次成功了，不能算成功，需要测试多次且都成功了，才算是成功。那么可以在定义 job 时指定相关的参数。

在 job 的 yaml 文件里还可以指定以下几个参数。

（1）parallelism：N，并行运行 N 个 pod。

（2）completions：M，job 测试多次的话，要有 M 次要成功才算成功，即要有 M 个状态为 Completed 的 pod，如果没有就重复执行。

（3）backoffLimit：N，如果 job 失败，则重试几次。（注：重试时如果并行创建 2 个 pod，则算是重复 2 次，有时创建的 pod 会被自动删除。比如总共创建了 5 个 pod，然后自动删除了 2 个，我们最终看到的 pod 数为 3，所以不能以最终的 pod 数计算重试的次数）

这里 parallelism 的值指的是一次性运行几个 pod，这个值不会超过 completions 的值。

（4）activeDeadlineSeconds：N，job 运行的最长时间，单位是秒，超过这个时间不管 job 有没有完成都会被终止，没完成的 pod 也会被强制删除，也不会再产生新的 pod。

步骤 1：修改 job1.yaml 的内容如下。

```
[root@vms10 jobs]# cat job1.yaml
apiVersion: batch/v1
kind: Job
metadata:
  name: job1
spec:
  parallelism: 3
  completions: 6
  backoffLimit: 4
  template:
    metadata:
    spec:
      containers:
            ... 省略 ...
      restartPolicy: Never
status: {}
[root@vms10 jobs]#
```

这里并行设置为 3 个，要有 6 个 pod 处于完成状态才可以。

步骤 2：创建 job1。

```
[root@vms10 jobs]# kubectl apply -f job1.yaml
job.batch/job1 created
[root@vms10 jobs]#
```

步骤 3：查看 pod 的运行状态。

```
[root@vms10 jobs]# kubectl get pods
NAME           READY    STATUS      RESTARTS      AGE
job1-6d52b     1/1      Running     0             7s
job1-dcmtf     1/1      Running     0             7s
job1-kmmds     1/1      Running     0             7s
[root@vms10 jobs]#
```

这里一共运行了 3 个 pod，因为我们加了参数 parallelism: 3。

步骤 4：查看 job 的运行状态。

```
[root@vms10 jobs]# kubectl get jobs
NAME    COMPLETIONS    DURATION    AGE
job1    0/6            9s          9s
[root@vms10 jobs]#
```

因为指定了参数 completions: 6，即需要 job 完成 6 次，但是现在有 3 个正在运行，还没有 pod 执行完成，所以看到的结果是 0/6。

步骤 5：再次查看 pod 的运行状态。

```
[root@vms10 jobs]# kubectl get pods
NAME           READY    STATUS              RESTARTS      AGE
job1-6d52b     0/1      Completed           0             13s
job1-dcmtf     0/1      Completed           0             13s
job1-kmmds     0/1      Completed           0             13s
job1-xdgkx     1/1      Running             0             1s
job1-xvvlw     1/1      Running             0             1s
job1-zhhsz     0/1      ContainerCreating   0             0s
[root@vms10 jobs]#
```

因为 pod 里的运行时间是 10s，所以现在有 3 个 pod 已经运行完毕了，然后再次开启 3 个 pod（因为需要 6 个，每次运行 3 个）。

步骤 6：再次看下 job 的运行状态。

```
[root@vms10 jobs]# kubectl get jobs
NAME    COMPLETIONS    DURATION    AGE
job1    3/6            15s         15s
[root@vms10 jobs]#
```

可以看到，job 需要完成 6 次，这里已经完成了 3 个，所以显示的是 3/6。

步骤 7：等一会之后，再次查看 pod 的状态。

```
[root@vms10 jobs]# kubectl get pods
NAME             READY   STATUS       RESTARTS    AGE
job1-6d52b       0/1     Completed    0           26s
job1-dcmtf       0/1     Completed    0           26s
job1-kmmds       0/1     Completed    0           26s
job1-xdgkx       0/1     Completed    0           14s
job1-xvvlw       0/1     Completed    0            14s
job1-zhhsz       0/1     Completed    0           13s
[root@vms10 jobs]#
```

这里 6 个 pod 已经全部运行完毕了，不再产生新的 pod，因为 completions: 6 这个条件已经满足了。

步骤 8：查看 job 的运行状态。

```
[root@vms10 jobs]# kubectl get jobs
NAME       COMPLETIONS    DURATION     AGE
job1       6/6            27s          27s
[root@vms10 jobs]#
```

这里已经显示为 6/6，意思是此 job 需要完成 6 次，现在也已经正确地完成了。

步骤 9：删除此 job。

```
[root@vms10 jobs]# kubectl delete -f job1.yaml
job.batch "job1" deleted
[root@vms10 jobs]#
```

步骤 10：修改 pod1.yaml 的内容如下。

```
[root@vms10 jobs]# cat job1.yaml
apiVersion: batch/v1
kind: Job
metadata:
  creationTimestamp: null
  name: job1
spec:
  parallelism: 3
  completions: 6
  backoffLimit: 3
  template:
    metadata:
      creationTimestamp: null
    spec:
      containers:
      - command:
        - sh
        - -c
        - echoX hello  &&  sleep 10
        image: busybox
        imagePullPolicy: IfNotPresent
```

```
        name: job1
        resources: {}
      restartPolicy: Never
status: {}
[root@vms10 jobs]#
```

这里把容器里的命令误写成了 echoX，此容器是不能正确执行的，因为这里重启策略设置的是 Never，所以需要重复创建 pod 来执行此 job。

```
[root@vms10 jobs]# kubectl get pods
NAME         READY   STATUS   RESTARTS   AGE
job1-72tbk   0/1     Error    0          18s
job1-glz25   0/1     Error    0          19s
job1-q74qs   0/1     Error    0          19s
job1-zjkj8   0/1     Error    0          19s
[root@vms10 jobs]#
```

如果这里重启策略设置的是 OnFailure，则不是通过创建 pod 来解决失败的问题，而是通过重启来解决问题。

步骤 11：删除此 job。

```
[root@vms10 jobs]# kubectl delete -f job1.yaml
job.batch "job1" deleted
[root@vms10 jobs]#
```

练习：计算圆周率小数点后 2000 位

前面讲了如何使用 job 做一次性任务，那么下面练习一下如何使用 job 计算圆周率小数点后 2000 位。

```
[root@vms10 jobs]# kubectl create job job2 --image=perl -- perl -Mbignum=bpi -wle
'print bpi(2000)'
job.batch/job2 created
[root@vms10 jobs]#
```

注意：这里 perl -Mbignum=bpi -wle 'print bpi(2000)' 是 perl 里的命令，不是 k8s 内容，大家知道即可。

查看 pod 的运行状况。

```
[root@vms10 jobs]# kubectl get pods
NAME         READY   STATUS    RESTARTS   AGE
job2-7tpnx   1/1     Running   0          14s
[root@vms10 jobs]#
```

现在还是正在运行的，稍等一会之后，再次查看。

```
[root@vms10 jobs]# kubectl get pods
NAME         READY   STATUS      RESTARTS   AGE
job2-7tpnx   0/1     Completed   0          79s
[root@vms10 jobs]#
```

查看下 pod 里的输出。

```
[root@vms10 jobs]# kubectl logs job2-7tpnx
3.14159265358979323846264338327950288419716
... 大量输出 ...
459958133904780275901
[root@vms10 jobs]#
```

11.2 cronjob

【必知必会】创建 cronjob，删除 cronjob

前面讲过 job 是一次性的，完成之后就没有然后了，比如演示的求圆周率小数点后 2000 位，并不需要一直去执行运算。但是 cronjob 是周期性的、循环性的，比如每周日凌晨 2 点都需要清理一下临时文件，cronjob 简写为 cj。

查看是否存在 cronjob。

```
[root@vms10 jobs]# kubectl get cj
No resources found in nsjob namespace.
[root@vms10 jobs]#
```

当前并不存在 cronjob。

可以通过 yaml 的方式创建 cronjob，也可以通过命令行的方式创建。不过建议使用命令行的方式生成 yaml 文件，然后根据需要修改 yaml 文件。

创建 cronjob 的命令如下。

```
kubectl create cj 名字 --image=镜像 --schedule="*/1 * * * *"  --  /bin/sh -c  "命令"
```

这里 --schedule 里定义的就是什么时候开始执行指定的命令，格式跟 Linux 系统里 crontab 的格式一样，到了时间点之后执行 "--" 后面的命令。

建议用命令行生成一个 yaml 文件，然后对此 yaml 进行相关的修改之后，使用 kubectl apply 来创建 cronjob。

下面创建一个名为 job2 的 cronjob，每隔 1min 执行一次命令。

步骤 1：通过命令行生成创建 cronjob 的 yaml 文件 job2.yaml。

```
[root@vms10 jobs]# kubectl create cj job2 --image=busybox --schedule="*/1 * * * *"
--dry-run=client -o yaml --  /bin/sh -c  "echo hello world" > job2.yaml
[root@vms10 jobs]#
```

步骤 2：查看此 yaml 文件的内容，并添加镜像下载策略。

```
[root@vms10 jobs]# cat job2.yaml
apiVersion: batch/v1
kind: CronJob
metadata:
```

```
    name: job2
spec:
  jobTemplate:
    metadata:
      name: job2
    spec:
      template:
        metadata:
        spec:
          containers:
          - command: ["sh","-c","echo hello world"]
            image: busybox
            imagePullPolicy: IfNotPresent
            name: job2
            resources: {}
          restartPolicy: OnFailure
  schedule: '*/1 * * * *'
[root@vms10 jobs]#
```

注意：这里 schedule 和 jobTemplate 是对齐的，为了使整个文件看起来更清晰，在 command 的地方使用 json 格式把命令写成了一行。这里的意思是每隔 1min 就创建一个 pod，里面执行 echo hello world!

步骤 3：创建 cronjob。

```
[root@vms10 jobs]# kubectl apply -f job2.yaml
cronjob.batch/job2 created
[root@vms10 jobs]#
```

步骤 4：查看 cronjob。

```
[root@vms10 jobs]# kubectl get cj
NAME    SCHEDULE      SUSPEND   ACTIVE   LAST SCHEDULE   AGE
job2    */1 * * * *   False     0        <none>          5s
[root@vms10 jobs]#
```

每隔 1min 就会运行一个 pod。

步骤 5：查看现有 pod。

```
[root@vms10 jobs]# kubectl get pods
No resources found in nsjob namespace.
[root@vms10 jobs]#
```

可以看到现在还没有任何的 pod 出现。

步骤 6：再次查看 pod。

```
[root@vms10 jobs]# kubectl get pods
NAME                    READY   STATUS      RESTARTS   AGE
job2-1591638240-p4hhf   0/1     Completed   0          10s
[root@vms10 jobs]#
```

步骤 7：等 1 分钟之后再次查看 pod。

```
[root@vms10 jobs]# kubectl get pods
NAME                        READY   STATUS            RESTARTS   AGE
job2-1591638240-p4hhf       0/1     Completed         0          62s
job2-1591638300-rq7r4       0/1     ContainerCreating 0          2s
[root@vms10 jobs]#
[root@vms10 jobs]# kubectl get pods
NAME                        READY   STATUS       RESTARTS   AGE
job2-1591638240-p4hhf       0/1     Completed    0          64s
job2-1591638300-rq7r4       0/1     Completed    0          4s
[root@vms10 jobs]#
```

从上面可以看到，两个 pod 的间隔是 1min。

步骤 8：删除 cj。

```
[root@vms10 jobs]# kubectl delete cj job2
cronjob.batch "job2" deleted
[root@vms10 jobs]#
```

注意：在 cronjob 的 yaml 文件里的 .spec.jobTemplate.spec 字段里，可以写 activeDeadlineSeconds 参数，指定 cronjob 所生成的 pod 只能运行多久。

模拟考题

1. 创建 job，满足如下要求。

（1）job 的名字为 job1，镜像为 busybox。

（2）在 pod 里执行 echo "hello k8s" && sleep 10。

（3）重启策略为 Never，执行此 job 时，一次性运行 3 个 pod。

（4）此 job 只有 6 个 pod 正确运行完毕，才算成功。

2. 创建 job，名字为 job2，镜像为 perl，计算圆周率小数点后 100 位。

3. 创建 cronjob，满足如下要求。

（1）cronjob 的名字为 testcj。

（2）容器名为 c1，镜像为 busybox。

（3）每隔 2 分钟，执行一次 date 命令。

4. 删除 job1，testcj。

第 12 章
服务管理

考试大纲

了解 service 的作用，了解 port、targetport、NodePort 的作用，创建 service 并通过 NodePort 及 ingress 的方式发布服务。了解 3 种服务的发现方式：clusterIP、变量、dns。

本章要点

考点 1：创建及删除 service

考点 2：了解 service 是通过标签的方式定位 pod

考点 3：通过 NodePort 发布服务

考点 4：创建 ingress 并发布服务

前面提到过 pod 是不健壮的，可能随时会挂掉，因为配置了 deployment，马上会重新生成一个新的 pod，但是新的 pod 的 IP 会发生改变。

所以想通过连接 pod 的 IP 来访问是不靠谱的，且直接通过 pod 的 IP 来访问的话，如果负载大也无法实现负载均衡，所以我们需要 service（简称 svc）。

可以把 service 理解为一个负载均衡器，所有发送给 svc1 的请求，都会转发给后端的 pod，pod 数目越多，每个 pod 的负载就越低。svc 之所以能把请求转发给后端的 pod，是由 kube-proxy 组件来实现的，如图 12-1 所示。

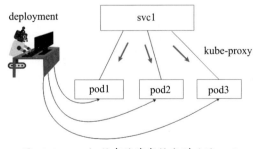

图 12-1　svc 把所有的请求转发到后端 pod

service 是通过标签（label）来定位 pod 的，deployment 创建出来的 pod 都具有相同的标签，所以如果某个 pod 挂掉了，deployment 会马上生成一个具有相同标签的 pod，此时 service 能立即定位到新 pod。如果 deployment 创建更多个副本，service 也能立即定位到这些新的 pod。

(12.1) 服务的基本管理

【必知必会】：创建和删除服务

本节讲解如何创建服务及验证服务的负载均衡功能。

12.1.1 环境准备

本章内容所涉及的文件全部放在目录 svc 里，所有的实验全部在命名空间 nssvc 里操作，然后创建一个副本的 deployment。

步骤 1：创建目录 svc，然后进入此目录。

```
[root@vms10 ~]# mkdir svc
[root@vms10 ~]# cd svc/
[root@vms10 svc]#
```

创建一个名字为 nssvc 的命名空间，并切换到此命名空间里。

```
[root@vms10 svc]# kubectl create ns nssvc
namespace/nssvc created
[root@vms10 svc]# kubens nssvc
Context "kubernetes-admin@kubernetes" modified.
Active namespace is "nssvc".
[root@vms10 svc]#
```

步骤 2：创建一个 deployment 的 yaml 文件。

```
[root@vms10 svc]# kubectl create deployment web --image=nginx --dry-run=client -o
yaml > web1.yaml
[root@vms10 svc]#
```

步骤 3：手动修改镜像下载策略并修改标签方面的内容，yaml 文件如下。

```
[root@vms10 svc]# cat web1.yaml
apiVersion: apps/v1
kind: Deployment
metadata:
  labels:
    app: web        } 1 位置
  name: web
spec:
  replicas: 1
```

```
    selector:
      matchLabels:        ⎫
        app1: web1        ⎬  2 位置
    strategy: {}          ⎭
    template:
      metadata:
        labels:
          app1: web1      ⎫  3 位置
      spec:               ⎭
        containers:
        - image: nginx
          name: nginx
          imagePullPolicy: IfNotPresent
[root@vms10 svc]#
```

这里可以看到，deployment 创建出来的 pod 都具有 app1=web1 这个标签（3 位置），且 deployment 是通过 app1=web1 这个标签（2 位置）来定位 pod 的。这里 deployment 自身的标签是 app=web（1 位置），这个和其创建出来的 pod 的标签不一样也没关系。

步骤 4：创建 deployment。

```
[root@vms10 svc]# kubectl apply -f web1.yaml
deployment.apps/web created
[root@vms10 svc]#
```

步骤 5：查看 deployment。

```
[root@vms10 svc]# kubectl get deploy -o wide
NAME   READY   UP-TO-DATE   AVAILABLE   AGE   CONTAINERS   IMAGES   SELECTOR
web    1/1     1            1           16s   nginx        nginx    app1=web1
[root@vms10 svc]#
```

这里可以看到，deployment 是通过标签 app1=web1 来定位 pod 的。

12.1.2 创建 svc

可以基于 deployment 来创建 svc，因为 web 这个 deployment 创建出来的 pod，都具有一个标签 app1=web1（这个不是 deployment 自身的标签），所以本质上是对标签为 app1=web1 的那些 pod 创建 svc。

创建 svc 的语法如下。

```
kubectl expose deployment  <deploy 的名字 > --name= 服务名 --port= 端口 --target-port= 端口
```

这里如果不使用 --name 指定服务名的话，则保持和 deployment 的名字一致。

如果是为 pod 创建服务的话，语法如下。

```
kubectl expose pod  <pod 的名字 > --name= 服务名 --port= 端口 --target-port= 端口
```

这里如果不使用 --name 指定服务名的话，则保持和 pod 的名字一致。

因为客户端直接访问 svc，所以这里 --port 指的是服务的端口（svc 这个端口可以根据需要随意指定），svc 会把请求转发给后端的 pod，所以这里 --target-port 指的是后端 pod 运行的端口（--target-port 这个端口不可以随意指定，要看 pod 里所使用的端口是什么），如图 12-2 所示。

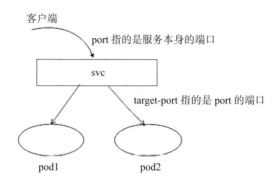

图 12-2　介绍 port 和 targetport 的概念

步骤 1：为名字为 web 的 deployment 创建一个服务，名字为 svc1。

```
[root@vms10 svc]# kubectl expose deployment web --name=svc1 --port=80 --target-
port=80
service/svc1 exposed
[root@vms10 svc]#
```

步骤 2：查看现有的服务。

```
[root@vms10 svc]# kubectl get svc -o wide
NAME        TYPE         CLUSTER-IP     EXTERNAL-IP   PORT(S)   AGE   SELECTOR
svc1        ClusterIP    10.105.26.3    <none>        80/TCP    9s    app1=web1
[root@vms10 svc]#
```

从这里可以看到，svc1 是通过标签 app1=web1（在 SELECTOR 字段显示）来定位 pod 的。所以，这个 svc 虽然是基于 deployment 创建出来的，其实定位的是此 deployment 所管理的 pod。

步骤 3：查看 svc 的详细信息。

```
[root@vms10 svc]# kubectl describe svc svc1
Name:              svc1
Namespace:         nssvc
Labels:            app=web
Annotations:       <none>
Selector:          app1=web1
Type:              ClusterIP
IP:                10.105.26.3
Port:              <unset>   80/TCP
TargetPort:        80/TCP
Endpoints:         10.244.14.35:80
Session Affinity:  None
```

```
Events:             <none>
[root@vms10 svc]#
```

这里 endpoint 的 IP 地址就是后端 pod 的 IP。

步骤 4：查看 pod 的 IP。

```
[root@vms10 svc]# kubectl get pods -o wide --no-headers
web-7db74cf5f5-xvgxf   1/1  Running  0  5m10s   10.244.14.35   ...
[root@vms10 svc]#
```

步骤 5：现在扩展 deployment 的副本数为 3。

```
[root@vms10 svc]# kubectl scale deploy web --replicas=3
deployment.apps/web scaled
[root@vms10 svc]#
```

步骤 6：再次查看 pod 的 IP 情况。

```
[root@vms10 svc]# kubectl get pods -o wide --no-headers
web-7db74cf5f5-fb8nd   1/1   Running   0   1s     10.244.14.36 ...
web-7db74cf5f5-kjh94   1/1   Running   0   1s     10.244.81.100 ...
web-7db74cf5f5-xvgxf   1/1   Running   0   6m2s   10.244.14.35 ...
[root@vms10 svc]#
```

步骤 7：再次查看 svc 的信息。

```
[root@vms10 svc]# kubectl describe svc svc1
Name:              svc1
Namespace:         nssvc
Labels:            app=web
Annotations:       <none>
Selector:          app1=web1
Type:              ClusterIP
IP:                10.105.26.3
Port:              <unset>  80/TCP
TargetPort:        80/TCP
Endpoints:         10.244.14.35:80,10.244.14.36:80,10.244.81.100:80
Session Affinity:  None
Events:            <none>
[root@vms10 svc]#
```

从这里可以看到，deploy 扩展了副本数之后，新产生的 pod 也具有 app1=web1 标签，svc 会动态地去更新后端 pod，而不用考虑 pod 的 IP。

12.1.3 删除 svc

本节讲的是如何删除 svc。

删除 svc 命令的语法如下。

```
kubectl delete svc 名字
```

或者：

```
kubectl delete -f svc 的 yaml 文件
```

下面删除 svc1。

```
[root@vms10 svc]# kubectl delete  svc svc1
service "svc1" deleted
[root@vms10 svc]#
```

如果 pod 有多个标签的话，在创建 svc 的时候，也可以指定到底根据哪个标签来定位 pod，此时在创建 svc 时加上 --selector 选项。

```
[root@vms10 svc]# kubectl expose pod web-7db74cf5f5-xvgxf --name=svc1--selector=
app1=web1
--port=80 --target-port=80
service/svc1 exposed
[root@vms10 svc]#
```

12.1.4 验证 svc 的负载均衡功能

先查看拓扑图，如图 12-3 所示。

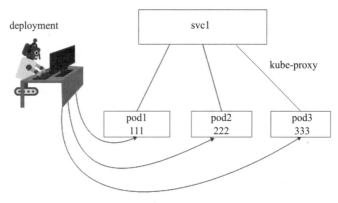

图 12-3　实验拓扑图

按照刚才所讲的，用户访问 svc1 的时候，svc1 会把请求转发到后端的 pod，这样如果有 300 个请求连接过来，每个 pod 大概会承担 100 个请求，下面开始验证这个负载均衡。

步骤 1：先把后端 pod 的首页内容改成不一样的，分别是 1111、222、333。

```
[root@vms10 svc]# kubectl exec -it web-7db74cf5f5-fb8nd -- bash
root@web-7db74cf5f5-fb8nd:/# echo 1111 > /usr/share/nginx/html/index.html
root@web-7db74cf5f5-fb8nd:/# exit
exit
[root@vms10 svc]# kubectl exec -it web-7db74cf5f5-kjh94 -- bash
root@web-7db74cf5f5-kjh94:/# echo 222 > /usr/share/nginx/html/index.html
root@web-7db74cf5f5-kjh94:/# exit
```

```
exit
[root@vms10 svc]# kubectl exec -it web-7db74cf5f5-xvgxf -- bash
root@web-7db74cf5f5-xvgxf:/# echo 333 > /usr/share/nginx/html/index.html
root@web-7db74cf5f5-xvgxf:/# exit
exit
[root@vms10 svc]#
```

步骤 2：因为前面把 svc1 删除了，这里再次创建出来名为 svc1 的 svc。

```
[root@vms10 svc]# kubectl expose deployment web --name=svc1 --port=80 --target-
port=80
service/svc1 exposed
[root@vms10 svc]#
```

步骤 3：查看 svc 的 IP。

```
[root@vms10 svc]# kubectl get svc
NAME            TYPE        CLUSTER-IP       EXTERNAL-IP      PORT(S)     AGE
svc1            ClusterIP   10.105.157.241   <none>           80/TCP      112s
[root@vms10 svc]#
```

这里得到服务的 IP 是 10.105.157.241。

步骤 4：下面开始访问 svc1 的 IP。

```
[root@vms10 svc]# curl -s 10.105.157.241
1111
[root@vms10 svc]# curl -s 10.105.157.241
333
[root@vms10 svc]# curl -s 10.105.157.241
222
[root@vms10 svc]#
```

可以看到，已经负载均衡到后端的每个 pod 了。

步骤 5：删除此服务 svc1。

```
[root@vms10 svc]# kubectl delete svc svc1
service "svc1" deleted
[root@vms10 svc]#
```

12.1.5 通过 yaml 文件的方式创建 service

也可以通过 yaml 文件的方式来创建服务，这样我们可以根据需要来修改 yaml 文件。yaml 文件可以通过 kubectl expose 命令来生成。

步骤 1：用命令行生成 svc1.yaml。

```
[root@vms10 svc]# kubectl expose deployment web --name=svc1 --port=80 --target-
port=80 --dry-run=client -o yaml > svc1.yaml
[root@vms10 svc]#
```

步骤 2：查看 svc1.yaml 的内容如下。

```
[root@vms10 svc]# cat svc1.yaml
apiVersion: v1
kind: Service
metadata:
  labels:
    name: test
  name: svc1
spec:
  ports:
    - port: 80
      targetPort: 80
  selector:
    app1: web1
[root@vms10 svc]#
```

这里用 selector 来指定到底要关联哪些标签的 pod，即前面 deployment 创建出来 pod 都具备
app1=web1 的这个标签。

步骤 3：创建此 svc。

```
[root@vms10 svc]# kubectl apply -f svc1.yaml
service/svc1 created
[root@vms10 svc]#
```

步骤 4：查看现有的 svc。

```
[root@vms10 svc]# kubectl get svc
NAME          TYPE         CLUSTER-IP       EXTERNAL-IP      PORT(S)      AGE
svc1          ClusterIP    10.102.197.175   <none>           80/TCP       4s
[root@vms10 svc]#
```

步骤 5：删除 deployment 和 svc。

```
[root@vms10 svc]# kubectl delete deployments web
deployment.apps "web" deleted
[root@vms10 svc]#
[root@vms10 svc]# kubectl delete  svc svc1
service "svc1" deleted
[root@vms10 svc]#
```

12.2 服务发现

【必知必会】：通过 clusterIP 发现 svc，通过变量发现 svc，通过 dns 发现 svc

有的应用是多个 pod 联合使用的，比如使用 wordpress + mysql 搭建个人博客。

wordpress 要连接到 mysql 的 pod，拓扑图如图 12-4 所示。

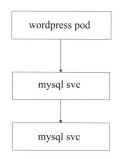

图 12-4　搭建个人博客所需要创建的资源

　　wordpress 需要连接到 mysql 才能正常工作，但是前面讲过，最好不要直接去访问 pod 的 IP，因为 pod 不稳定，通过 deployment 创建出来的 pod 的 IP 又是会改变的。所以我们有必要为 mysql 的 pod 创建一个 mysql 的 svc，只要不删除重建 svc，则 svc 的 IP 是不会变的。

　　此时 wordpress 的 pod 需要连接 mysql 的 svc 的时候，mysql 的 svc 会把请求转发给 mysql pod。这样 wordpress 的 pod 就可以访问到 mysql 的 pod 了。那么 wordpress 的 pod 如何知道 mysql svc 的 IP 的呢？这里就涉及了服务的发现。

12.2.1　环境准备

　　如果图 12-4 中，先创建出来一个 mysql 的 pod，然后创建出来 mysql 的 svc，在创建 wordpress 的 pod 的时候，让 wordpress 的 pod 连接到 mysql 的 svc。

　　步骤 1：先开始创建 mysql 的 pod，对应的 yaml 文件如下。

```
[root@vms10 svc]# cat pod-mysql.yaml
apiVersion: v1
kind: Pod
metadata:
  name: mysql
  labels:
    name: mysql
spec:
  containers:
  - image: hub.c.163.com/library/mysql:latest
    imagePullPolicy: IfNotPresent
    name: mysql
    env:
    - name: MYSQL_ROOT_PASSWORD
      value: redhat
    - name: MYSQL_USER
      value: tom
    - name: MYSQL_PASSWORD
      value: redhat
    - name: MYSQL_DATABASE
```

```
        value: blog
    ports:
    - containerPort: 3306
      name: mysql
[root@vms10 svc]#
```

注意看这里 mysql 里设置的各个变量，把 mysql 的 root 密码设置为 redhat，创建一个普通用户 tom，且密码被设置为 redhat，然后创建了一个数据库 blog。

步骤 2：创建 mysql 的 pod。

```
[root@vms10 svc]# kubectl apply -f pod-mysql.yaml
pod/mysql created
[root@vms10 svc]# kubectl get pods
NAME      READY    STATUS     RESTARTS    AGE
mysql     1/1      Running    0           2s
[root@vms10 svc]#
```

此时 mysql 这个 pod 已经正常运行了。

步骤 3：为 mysql 的 pod 创建 svc，名字为 dbsvc。

```
[root@vms10 svc]# kubectl expose pod mysql --name=dbsvc --port=3306
service/dbsvc exposed
[root@vms10 svc]#
```

步骤 4：下面创建 wordpress 的 pod，对应的 yaml 文件如下。

```
[root@vms10 svc]# cat pod-wordpress.yaml
apiVersion: v1
kind: Pod
metadata:
  name: wordpress
  labels:
    name: wordpress
spec:
  containers:
  - image: hub.c.163.com/library/wordpress:latest
    imagePullPolicy: IfNotPresent
    name: wordpress
    env:
      - name: WORDPRESS_DB_USER
        value: root
      - name: WORDPRESS_DB_PASSWORD
        value: redhat
      - name: WORDPRESS_DB_NAME
        value: blog
      - name: WORDPRESS_DB_HOST
        value: x.x.x.x
```

```
        ports:
        - containerPort: 80
          name: wordpress
[root@vms10 svc]#
```

这里 wordpress 使用 root 用户连接到 mysql，密码是 redhat，使用的数据库为 blog。那么连接 mysql 的 IP 是多少呢？在上面 yaml 文件里变量 WORDPRESS_DB_HOST 对应的值必须要填写 mysql 的 IP，那么该填写什么呢？（此处用 x.x.x.x 替代了。）

12.2.2 通过直接访问 clusterip 的方式访问

每个 svc 都有自己的 clusterIP，如果 svc 不删除重建的话，这个 clusterIP 就不会发生改变。如果通过 clusterip 的方式访问的话，此处需要首先查询出 mysql svc 对应的 IP。

步骤 1：获取 mysql 的 svc 的 IP。

```
[root@vms10 svc]# kubectl get svc
NAME        TYPE         CLUSTER-IP        EXTERNAL-IP     PORT(S)      AGE
dbsvc       ClusterIP    10.111.176.72     <none>          3306/TCP     25s
[root@vms10 svc]#
```

这里对应的地址是 10.111.176.72 ，所以在 pod-wordpress.yaml 里，WORDPRESS_DB_IIOST 所对应的 IP 应该填写 10.111.176.72。

步骤 2：修改 wordpress 的 yaml 文件 pod-wordpress.yaml 里的 WORDPRESS_DB_HOST 部分，内容如下。

```
        - name: WORDPRESS_DB_HOST
          value: 10.111.176.72
```

步骤 3：创建 wordpress 的 pod。

```
[root@vms10 svc]# kubectl apply -f pod-wordpress.yaml
pod/wordpress created
[root@vms10 svc]#
```

步骤 4：查看 pod 运行状况。

```
[root@vms10 svc]# kubectl get pods -o wide --no-headers
mysql       1/1    Running    0    8m53s    10.244.14.38    ...
wordpress   1/1    Running    0    2m20s    10.244.81.101   ...
[root@vms10 svc]#
```

此时通过 wordpress 的 pod 的 IP 地址 10.244.81.101，就可以访问到 wordpress 了（注意，这个 IP 只能是 master 或者 worker 才能访问）。

步骤 5：在 master 里的 Firefox（master 里需安装 FireFox，在 ssh 客户端执行命令 firefox & 可远程打开 master 上 Firefox 浏览器）地址栏输入 10.244.81.101，选择"简体中文"，单击"继续"按钮，如图 12-5 所示，在欢迎界面并没有让我们连接数据库，说明 wordpress 已经自动连接到

mysql 上了，如图 12-6 所示。

图 12-5　wordpress 刚准备安装的界面

图 12-6　自动连接数据库

12.2.3 通过变量的方式

在同一个命名空间里，假设已经先存在了 A 服务，则在创建 B pod 的时候，B pod 里会自动地学习到和 A 服务相关的一些变量，标记服务 IP 和端口的格式如下。

```
A 服务名 _SERVICE_HOST
A 服务名 _SERVICE_PORT
```

注意：这里服务名要换成大写。

在 B pod 的 yaml 文件里要引用关于 A 服务的变量时，用 $(变量名)。

比如刚才已经创建了 mysql 的 pod 和 mysql 的服务 dbsvc，然后又创建了 wordpress 的 pod，进入 wordpress 的 pod 里查看相关变量，如下所示。

```
[root@vms10 svc]# kubectl exec wordpress -it  --  bash
root@wordpress:/var/www/html# env | grep DBSVC
DBSVC_PORT_3306_TCP_ADDR=10.111.176.72
DBSVC_SERVICE_PORT=3306
DBSVC_PORT_3306_TCP_PORT=3306
DBSVC_PORT_3306_TCP=tcp://10.111.176.72:3306
DBSVC_SERVICE_HOST=10.111.176.72
DBSVC_PORT=tcp://10.111.176.72:3306
DBSVC_PORT_3306_TCP_PROTO=tcp
root@wordpress:/var/www/html# exit
exit
[root@vms10 svc]#
```

因为 mysql 的 svc 是在 wordpress 的 pod 之前创建的，可以看到，wordpress 的 pod 里以变量的方式自动学习到了 mysql svc 的信息。因为 mysql 的 svc 的名字是 dbsvc，所以这里识别出来的变量是 DBSVC_SERVICE_HOST 和 DBSVC_SERVICE_PORT。

所以 wordpress pod 的 yaml 文件里，可以直接使用变量的方式来获取 dbsvc 的 IP（DBSVC_SERVICE_HOST 这个变量显示的就是 dbsvc 的 IP）。

步骤 1：删除 wordpress 的 pod。

```
[root@vms10 svc]# kubectl delete pod wordpress --force
pod "wordpress" deleted
[root@vms10 svc]#
```

步骤 2：修改 wordpress pod 的 yaml 文件，把 WORDPRESS_DB_HOST 的值改成：

```
    - name: WORDPRESS_DB_HOST
      value: $(DBSVC_SERVICE_HOST)
```

注意：这里引用变量使用的是 $()，而不是 ${}；value 和 name 是对齐的。

步骤 3：创建 wordpress 的 pod。

```
[root@vms10 svc]# kubectl apply -f pod-wordpress.yaml
pod/wordpress created
[root@vms10 svc]# kubectl get pods -o wide --no-headers
mysql       1/1   Running   0    28m   10.244.14.38
wordpress   1/1   Running   0    22s   10.244.81.102
[root@vms10 svc]#
```

此时 wordpress 的 pod 正常运行，pod 的 IP 为 10.244.81.102，通过这个地址查看下是否能正常访问到 wordpress。

步骤 4：在 master 的 Firefox 地址栏输入 10.244.81.102，如图 12-7 和图 12-8 所示。

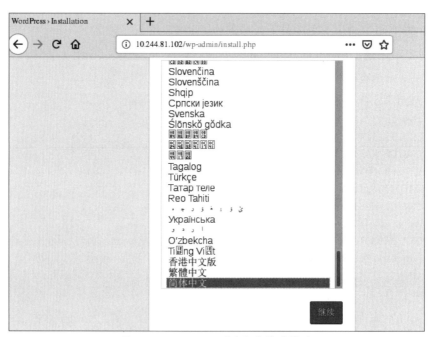

图 12-7 wordpress 刚准备安装的界面

图 12-8 自动连接数据库

可以看到，现在跳过了数据库的设置，说明 wordpress 已经自动连接到数据库了。。

通过变量的方式发现服务，有两个缺点。

（1）必须要在同一命名空间里。

（2）创建服务的时候，必须要有先后顺序。

步骤 5：删除 wordpress 这个 pod。

```
[root@vms10 svc]# kubectl delete pod wordpress
pod "wordpress" deleted
[root@vms10 svc]#
```

12.2.4 通过 DNS 的方式

在 kubernetes 安装完毕之后，在 kube-system 命名空间里有一个 coredns 的 deployment，它创建了 2 个副本的 pod。

```
root@vms10 ~]# kubectl get pods -n kube-system
NAME                           READY   STATUS    RESTARTS   AGE
...
coredns-7ff77c879f-725xw       1/1     Running   1          30d
coredns-7ff77c879f-ht6cr       1/1     Running   1          30d
...
[root@vms10 ~]#
```

这个 deployment 有一个名字叫作 kube-dns 的 service。

```
[root@vms10 svc]# kubectl get svc -n kube-system
NAME             TYPE        CLUSTER-IP       ...
kube-dns         ClusterIP   10.96.0.10       ...
metrics-server   ClusterIP   10.108.223.93   ...
[root@vms10 svc]#
```

这样通过访问 kube-dns 这个 service 就能访问到 coredns 这些 pod 了。

在整个 kubernetes 集群里，不管在哪个命名空间，只要创建了服务，都会自动到 coreDNS 里去注册，这样 coreDNS 会知道每个服务及 IP 地址的对应关系，如图 12-9 所示。

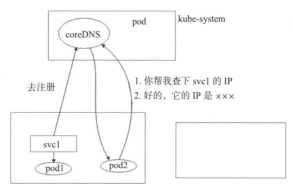

图 12-9 coreDNS 的工作流程

在同一个命名空间里，其他 pod 可以直接通过服务名来访问到此服务。比如上图，过程就是 pod2 要访问 svc1 的时候，首先到 coreDNS 里问 svc1 的 IP 是多少，coreDNS 查询出来之后告诉 pod2，pod2 就直接通过这个 IP 访问到 svc1，表面上看就是 pod2 直接通过 svc1 这个名字就能访问了。

如同我们平时访问百度，在浏览器里输入 www.baidu.com，回车一瞬间会通过 dns 把 www. baidu.com 解析成 IP，但是我们却感觉好像直接通过主机名访问到百度似的。

比如刚才创建了一个 dbsvc，它的 IP 是 10.111.176.72。

```
[root@vms10 svc]# kubectl get svc
NAME            TYPE         CLUSTER-IP         EXTERNAL-IP     PORT(S)     AGE
dbsvc           ClusterIP    10.111.176.72      <none>          3306/TCP    36m
[root@vms10 svc]#
```

创建一个临时容器，在里面直接通过服务名访问 dbsvc。

```
[root@vms10 svc]# kubectl run busybox --rm -it --image=busybox sh
If you don't see a command prompt, try pressing enter.
/ # ping dbsvc
PING dbsvc (10.111.176.72): 56 data bytes
^C
/ # exit
[root@vms10 svc]#
```

这里 ping 不通是正常的，因为 svc 并没有允许 icmp 通过，只允许特定端口的数据通过，但是可以看到这里已经把 dbsvc 解析到 10.111.176.72 了。

如果要访问其他命名空间里的服务，则需要在服务名后面指定命名空间，格式如下。

服务名.命名空间

所以在 wordpress 的 yaml 文件里指定 WORDPRESS_DB_HOST 具体值的时候，因为和 mysql 是在同一个命名空间，所以直接写上 mysql svc 的服务名即可。

步骤 1：修改 wordpress pod 的 yaml 文件，把 WORDPRESS_DB_HOST 的值改成 dvsvc。

```
    env:
    - name: WORDPRESS_DB_USER
      value: root
    - name: WORDPRESS_DB_PASSWORD
      value: redhat
    - name: WORDPRESS_DB_NAME
      value: blog
    - name: WORDPRESS_DB_HOST
      value: dbsvc
```

这里直接指定的是 mysql 的 svc 的服务名。

步骤 2：创建 wordpress 的 pod。

```
[root@vms10 svc]# kubectl apply -f pod-wordpress.yaml
pod/wordpress created
[root@vms10 svc]#
```

步骤 3：查看 wordpress pod 的 IP。

```
[root@vms10 svc]# kubectl get pods -o wide --no-headers
mysql        1/1    Running    0      68m     10.244.14.38  ...
wordpress    1/1    Running    0      14s     10.244.81.104 ...
[root@vms10 svc]#
```

测试通过 10.244.81.104 是否能访问到 wordpress。

步骤 4：在 master 的 Firefox 地址栏输入 10.244.81.104，如图 12-10 所示。

图 12-10　自动连接数据库

wordpress 依然是可以访问的，说明 wordpress pod 已经正确地连接到 mysql 上了。

12.3 服务发布

【必知必会】：通过 NodePort 发布服务，通过 ingress 发布服务

按前面所述，我们需要为 pod 创建一个 svc，但是 svc 的 IP 只有集群内部主机及 pod 才可以访问，那么如何才能让外界的其他主机也能访问呢？这个时候就利用到服务的发布。

12.3.1 NodePort

当我们创建一个服务的时候，把服务的端口映射到物理机（kubernetes 集群中所有节点）的某端口，以后访问服务器该端口的时候，请求就会转发到该 svc 上，如图 12-11 所示。

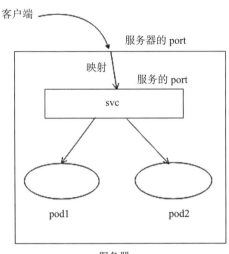

图 12-11　了解 NodePort 的工作流程

我们把服务的类型设置为 NodePort，就可以实现这种映射了。

前面已经把 wordpress 的 pod 创建好了。

```
[root@vms10 svc]# kubectl get pods
NAME          READY    STATUS      RESTARTS      AGE
mysql         1/1      Running     0             70m
wordpress     1/1      Running     0             2m48s
[root@vms10 svc]#
```

步骤 1：为此 pod 创建类型为 NodePort 类型的 service，名字为 blog。

```
[root@vms10 svc]# kubectl expose pod wordpress --name=blog --port=80 --type=NodePort
service/blog exposed
[root@vms10 svc]#
```

步骤 2：查看服务。

```
[root@vms10 svc]# kubectl get svc
NAME       TYPE         CLUSTER-IP       EXTERNAL-IP      PORT(S)         AGE
blog       NodePort     10.106.148.66    <none>           80:30588/TCP    45s
dbsvc      ClusterIP    10.111.176.72    <none>           3306/TCP        71m
[root@vms10 svc]#
```

从上面可以看出来，名字是 blog 的服务的端口为 80，映射到物理机（集群中所有节点）的端口为 30588，此时外部主机通过访问集群中任一节点 IP 的 30588 端口都可访问到 wordpress 的服务，如图 12-12 所示。

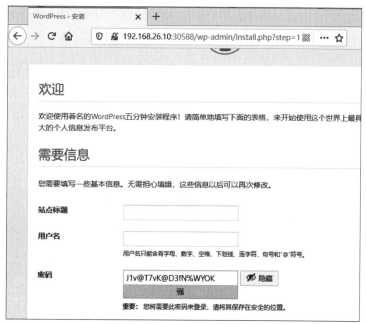

图 12-12　通过 NodePort 访问 wordpress

自行删除以上几个 pod 及对应的 svc。

12.3.2　LoadBalancer

如果通过 loadbalancer 的方式来发布服务的话，每个 svc 都会获取一个 IP。所以需要部署一个地址池，用于给 svc 分配 IP。

要部署 loadbalancer 类型的服务，需要用到第三方工具 metallb。

步骤 1：创建命名空间 metallb-system。

```
[root@vms10 svc]# kubectl create ns metallb-system
namespace/metallb-system created
[root@vms10 svc]#
```

步骤 2：创建所需要的 secret。

```
[root@vms10 svc]# kubectl create secret generic -n metallb-system memberlist
 --from-literal=secretkey="$(openssl rand -base64 128)"
secret/memberlist created
[root@vms10 svc]#
```

步骤 3：下载部署 metallb 所需要的 yaml 文件。

```
wget https://raw.githubusercontent.com/metallb/metallb/v0.9.5/manifests/metallb.
yaml
```

注意：如果下载不了的话，可以到 http://www.rhce.cc/2748.html 找到此文件。

查看其所需要的镜像，并把镜像下载策略改由 Always 改为 IfNotPresent：

```
[root@vms10 svc]# grep image metallb.yaml
        image: metallb/speaker:v0.9.5
        imagePullPolicy: IfNotPresent
        image: metallb/controller:v0.9.5
        imagePullPolicy: IfNotPresent
[root@vms10 svc]#
```

在所有的节点上提前拉取镜像 metallb/speaker:v0.9.5 和 metallb/controller:v0.9.5 。

步骤 4：部署 metallb。

```
[root@vms10 svc]# kubectl apply -f metallb.yaml
podsecuritypolicy.policy/controller created
    ... 输出 ...
deployment.apps/controller created
[root@vms10 svc]#
```

查看 metallb 是否正常运行了。

```
[root@vms10 svc]# kubectl get pods -n metallb-system
NAME                        READY   STATUS    RESTARTS   AGE
controller-b4df945f8-7qn76  1/1     Running   0          38s
speaker-8xqtk               1/1     Running   0          38s
speaker-qfvdr               1/1     Running   0          38s
speaker-rxwb5               1/1     Running   0          38s
[root@vms10 svc]#
```

所有 pod 状态为 running，说明 metallb 已经部署完毕。

步骤 5：创建地址池所需要的 yaml 文件，并创建地址池。

```
[root@vms10 svc]# cat pool1.yaml
apiVersion: v1
kind: ConfigMap
metadata:
  namespace: metallb-system
  name: config
data:
  config: |
    address-pools:
    - name: default
      protocol: layer2
      addresses:
      - 192.168.26.111-192.168.26.120
[root@vms10 svc]#
```

这里 192.168.26.111-192.168.26.120 是后面将会分配给 svc 的 IP。

创建地址池：

```
[root@vms10 svc]# kubectl apply -f pool1.yaml
```

```
configmap/config created
[root@vms10 svc]#
```

步骤 6：测试。

创建一个名字为 pod1 的 pod：

```
[root@vms10 svc]# kubectl run pod1 --image=nginx --image-pull-policy=IfNotPresent
pod/pod1 created
[root@vms10 svc]#
```

为此 pod 创建一个名字为 svc1，类型为 LoadBalancer 的服务：

```
[root@vms10 svc]# kubectl expose --name=svc1 pod pod1 --port=80 --type=LoadBalancer
service/svc1 exposed
[root@vms10 svc]#
```

查看 svc 的信息：

```
[root@vms10 svc]# kubectl get svc
NAME    TYPE            CLUSTER-IP       EXTERNAL-IP      PORT(S)       AGE
svc1    LoadBalancer    10.109.105.150   192.168.26.111   80:30343/TCP  17s
[root@vms10 svc]#
```

这里可以看到，svc1 已经从我们定义的地址池里获取了一个 IP 地址 192.168.26.111。

在物理机的浏览器里输入 192.168.26.111，可以直接访问到 pod1 了。

图 12-13 LoadBalance 测试

步骤 7：删除这个 svc1 和 pod1。

```
[root@vms10 svc]# kubectl delete svc svc1
service "svc1" deleted
[root@vms10 svc]# kubectl delete pod pod1
pod "pod1" deleted
[root@vms10 svc]#
```

12.3.3 ingress

【必知必会】：创建 ingress 实现对服务的发布

使用 NodePort 方式把服务发布出去存在一个问题。假设需要发布的服务很多，那么需要在物理机上映射出很多端口，是否可以不用端口映射，就能把服务发布出去呢？答案是可以的，就是利用 ingress 来实现。

首先我们需要搭建一个 ingress-nginx 控制器，这个控制器本质上是通过 nginx 的反向代理来实现的。然后用户在所在命名空间写 ingres 规则，这些规则会"嵌入" ingres-nginx 控制器里，如图 12-14 所示。

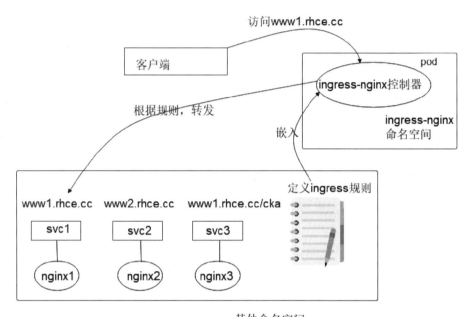

图 12-14　ingress 的工作流程

用户在自己的命名空间里定义 ingress 规则：

访问 www1.rhce.cc 时转发到 svc1；

访问 www2.rhce.cc 时转发到 svc2；

访问 www1.rhce.cc/cka 时转发到 svc3。

我们把 www1.rhce.cc 和 www2.rhce.cc 都解析为 ingress-nginx 控制器所在主机的 IP。以后客户端访问 www1.rhce.cc 的时候访问的就是 ingress-nginx 控制器，根据规则，控制器会把请求转发到 svc1。

1. 部署 nginx ingress 控制器

这小节讲解如何部署 ingress 控制器。

步骤 1：先下载负载均衡器所需要的镜像，从下面地址找到下载链接。

```
http://www.rhce.cc/2748.html
```

下载之后上传到 master 上。

```
[root@vms10 svc]# ls nginx-ingress-controller*
nginx-ingress-controller-img.tar    nginx-ingress-controller.yaml
[root@vms10 svc]#
```

其中 nginx-ingress-controller-img.tar 是部署 nginx ingress controller 所需要的镜像，nginx-ingress-controller.yaml 是部署控制器所需的 yaml 文件。

步骤 2：在所有节点上把控制器所需镜像提前导入。

```
[root@vms1X svc]# docker load -i nginx-ingress-controller-img.tar
    ...大量输出...
Loaded image: k8s.gcr.io/ingress-nginx/controller:v0.41.2
[root@vms1X svc]#
```

步骤 3：部署负载均衡器。

```
[root@vms10 svc]# kubectl apply -f nginx-ingress-controller.yaml
namespace/ingress-nginx created
    ...输出...
job.batch/ingress-nginx-admission-patch created
[root@vms10 svc]#
```

步骤 4：查看现有命名空间。

```
[root@vms10 svc]# kubectl get ns
NAME             STATUS    AGE
default          Active    16d
ingress-nginx    Active    11s
...输出...
[root@vms10 svc]#
```

步骤 5：查看 ingress-nginx 里的 deployment。

```
[root@vms10 svc]# kubectl get deploy -n ingress-nginx
NAME                      READY   UP-TO-DATE   AVAILABLE   AGE
ingress-nginx-controller  1/1     1            1           55s
[root@vms10 svc]#
```

步骤 6：查看 pod 所在节点。

```
[root@vms10 svc]# kubectl get pods -n ingress-nginx  -o wide --no-headers
ingress-nginx-admission-create-j2vrj      0/1    Completed   ...
ingress-nginx-admission-patch-dqf8s       0/1    Completed   ...
ingress-nginx-controller-5774fb4dd9-nffwc 1/1    Running     192.168.26.11 ...
[root@vms10 svc]#
```

步骤 7：查看 ingress-nginx 里的服务。

```
[root@vms10 svc]# kubectl get svc -n ingress-nginx
NAME                                TYPE        CLUSTER-IP       ...
ingress-nginx-controller            NodePort    10.99.219.209    ...
ingress-nginx-controller-admission  ClusterIP   10.98.223.25     ...
[root@vms10 svc]#
```

因为在练习环境里要通过 www1.rhce.cc 和 www2.rhce.cc 来访问 svc，不管通过哪个主机名来访问，都要先访问到 ingress-nginx 控制器，然后由 ingress-nginx 控制器转发到不同的 svc，所以我们把这两个主机名通过 /etc/hosts 或者 dns 解析为 192.168.26.11。

修改客户端的 /etc/hosts，增加：

```
www1.rhce.cc 解析成 192.168.26.11
www2.rhce.cc 解析成 192.168.26.11
```

如图 12-15 所示。

```
[root@server1 ~]# cat /etc/hosts
127.0.0.1    localhost localhost.localdomain localhost4 localhost4.localdomain4
::1          localhost localhost.localdomain localhost6 localhost6.localdomain6
192.168.26.16   server2.rhce.cc server2
192.168.26.11   www1.rhce.cc www1
192.168.26.11   www2.rhce.cc www2
[root@server1 ~]#
```

图 12-15 没有 dns，用 /etc/hosts 来解析

2. 环境准备

下面准备我们的实验环境，首先创建 3 个 pod，它们的主页内容各自不同，然后分别为这 3 个 pod 创建 service，这 3 个服务直接是 clusterIP 类型的。当用户把请求发送给 ingress-nginx 控制器之后，ingress-nginx 控制器会把请求转发到后端相应的 svc。

步骤 1：分别创建 3 个 pod：nginx1，nginx2，nginx3。

```
[root@vms10 svc]# kubectl run nginxX --image=nginx --image-pull-policy=IfNotPresent
pod/nginxX created
[root@vms10 svc]#
这里 X 用 1,2,3 替换。
[root@vms10 svc]# kubectl get pods
NAME       READY    STATUS    RESTARTS    AGE
nginx1     1/1      Running   0           3m48s
nginx2     1/1      Running   0           3m45s
nginx3     1/1      Running   0           3m43s
[root@vms10 svc]#
```

步骤 2：为这 3 个 pod 分别创建一个服务 svcX，这里 X=1,2,3。

```
kubectl expose pod  nginxX --name=svcX --port=80
```

步骤 3：查看这些 svc 的信息。

```
[root@vms10 svc]# kubectl get svc
NAME    TYPE         CLUSTER-IP       EXTERNAL-IP    PORT(S)    AGE
svc1    ClusterIP    10.102.40.174    <none>         80/TCP     31s
svc2    ClusterIP    10.105.14.186    <none>         80/TCP     26s
svc3    ClusterIP    10.97.122.86     <none>         80/TCP     21s
[root@vms10 svc]#
```

步骤 4：分别修改 3 个 pod 的内容。

把 nginx1 的默认主页设置为 111。

```
[root@vms10 svc]# kubectl exec -it nginx1 -- bash
```

```
root@nginx1:/# echo 111 > /usr/share/nginx/html/index.html
root@nginx1:/# exit
exit
[root@vms10 svc]#
```

把 nginx2 的默认主页设置为 222。

```
[root@vms10 svc]# kubectl exec -it nginx2-- bash
root@nginx2:/# echo 222 > /usr/share/nginx/html/index.html
root@nginx2:/# exit
exit
[root@vms10 svc]#
```

在 nginx3 里创建目录 /usr/share/nginx/html/cka，将里面 index.html 的内容设置为 333。

```
[root@vms10 svc]# kubectl exec -it nginx3 -- bash
root@nginx3:/# mkdir /usr/share/nginx/html/cka
root@nginx3:/# echo 333 > /usr/share/nginx/html/cka/index.html
root@nginx3:/# exit
exit
[root@vms10 svc]#
```

3. 定义 ingress 规则

步骤 1：创建 ingress 的 yaml 文件 ingress.yaml，内容如下。

```
[root@vms10 svc]# cat ingress.yaml
apiVersion: networking.k8s.io/v1
kind: Ingress
metadata:
  name: mying
spec:
  rules:
  - host: www1.rhce.cc
    http:
      paths:
      - path: /
        pathType: Prefix
        backend:
          service:
            name: svc1
            port:
              number: 80
      - path: /cka
        pathType: Prefix
        backend:
          service:
            name: svc3
            port:
```

```
                    number: 80
      - host: www2.rhce.cc
        http:
          paths:
          - path: /
            pathType: Prefix
            backend:
              service:
                name: svc2
                port:
                  number: 80
[root@vms10 svc]#
```

这个文件就是创建转发规则的，如图 12-14 所示，当用户访问 www1.rhce.cc 的时候，控制器会把请求转发到 svc1 里，当用户访问 www1.rhcc.cc/cka 的时候，控制器会把请求转发到服务 svc3 里，当用户访问 www2.rhce.cc 的时候，控制器会把请求转发到服务 svc2 里。

步骤 2：创建 ingress。

```
[root@vms10 svc]# kubectl apply -f ingress.yaml
ingress.extensions/mying created
[root@vms10 svc]#
```

步骤 3：查看 ingress。

```
[root@vms10 svc]# kubectl get ing
NAME    CLASS    HOSTS                        ADDRESS         PORTS    AGE
mying   <none>   www1.rhce.cc,www2.rhce.cc    10.99.219.209   80       24s
[root@vms10 svc]#
```

注意上面 ADDRESS 的值需要稍等一会才会出现。

步骤 4：访问测试。

在客户端的浏览器里输入 www1.rhce.cc，如图 12-16 所示。

图 12-16　输入 www1.rhce.cc

可以看到转发到 svc1 里了，访问了 nginx1 里的内容。

在客户端的浏览器里输入 www2.rhce.cc，如图 12-17 所示。

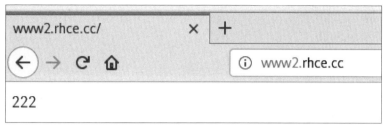

图 12-17　输入 www2.rhce.cc

可以看到转发到 svc2 里了，访问了 nginx2 里的内容。

在客户端的浏览器里输入 www1.rhce.cc/cka，如图 12-18 所示。

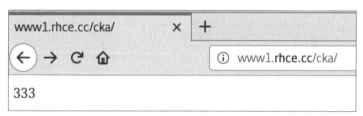

图 12-18　输入 www1.rhce.cc/cka

可以看到转发到 svc3 里了，访问了 nginx3 里的内容。

步骤 5：删除以上这些 svc 和 pod 及 ingress。

```
[root@vms10 svc]# kubectl delete -f ingress.yaml
ingress.networking.k8s.io "mying" deleted
[root@vms10 svc]#
[root@vms10 svc]# kubectl delete svc svc1 svc2 svc3
service "svc1" deleted
service "svc2" deleted
service "svc3" deleted
[root@vms10 svc]#
[root@vms10 svc]# kubectl delete pod nginx1 nginx2 nginx3
pod "nginx1" deleted
pod "nginx2" deleted
pod "nginx3" deleted
[root@vms10 svc]#
```

模拟考题

1. 列出命名空间 kube-system 里名字为 kube-dns 的 svc 所对应的 pod 名称。

2. 创建 deployment，满足如下要求。

（1）deployment 的名字为 web2。

（2）pod 使用两个标签，app-name1=web1 和 app-name2=web2。

（3）容器所使用的镜像为 nginx，端口为 80。

3. 创建 svc，满足如下要求。

（1）服务名为 svc-web。

（2）类型为 NodePort。

4. 查看此 NodePort 映射的物理机端口是多少。

5. 在其他非集群机器上打开浏览器，访问此服务。

6. 删除此服务及 deployment。

13

第 13 章
网络管理

考试大纲

了解网络策略的作用及创建网络策略。

本章要点

考点 1：创建及删除网络策略

考点 2：创建基于标签的网络策略

所谓的网络策略，其实就是类似于防火墙，允许哪些客户端能访问，哪些客户端不能访问指定的 pod，如图 13-1 所示。

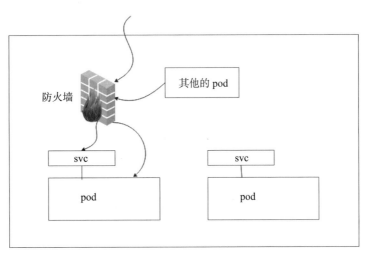

图 13-1　网络策略的作用

网络策略主要有两种类型：ingress 和 egress。

（1）ingress：用来限制"进"的流量。

（2）egress：用来设置 pod 的数据是否能出去。

定义的网络策略到底保护哪些 pod 是由该策略里 podSelector 字段来指定，即防火墙来保护谁。

哪些客户端能访问是由 ipBlock 或者 podSelector 来指定，即防火墙允许哪些客户端能访问 pod。

13.1 实验准备

本章练习全部在一个新的命名空间 nsnet 里操作，先创建这个命名空间。

步骤 1：创建一个名字为 nsnet 的命名空间，并切换进去。

```
[root@vms10 ~]# kubectl create ns nsnet
namespace/nsnet created
[root@vms10 ~]# kubensns nsnet
Context "kubernetes-admin@kubernetes" modified.
Active namespace is "nsnet".
[root@vms10 ~]#
```

在所有节点上下载测试用的镜像，并 tag 成 busybox。

```
[root@vms1X ~]# docker pull yauritux/busybox-curl
[root@vms1X ~]# docker tag yauritux/busybox-curl busybox
```

本章所涉及的文件全部放在一个目录 net 里。

步骤 2：创建目录 net，并 cd 进去。

```
[root@vms10 ~]# mkdir net ; cd net
[root@vms10 net]#
```

本实验的拓扑图如图 13-2 所示。创建两个 pod：pod1 和 pod2，他们的标签分别为 run=pod1 和 run=pod2，为这两个 pod 分别创建一个服务 svc1 和 svc2。本实验将会创建一个网络策略，应用在 pod1 上，然后测试是否还能访问到 pod1。

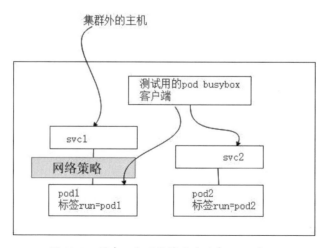

图 13-2　创建一个网络策略应用在 pod1 上

步骤 3：创建两个 pod：pod1 和 pod2。

```
[root@vms10 net]# kubectl run pod1 --image=nginx --image-pull-policy=IfNotPresent
--labels=run=pod1 --dry-run=client -o yaml > pod1.yaml
[root@vms10 net]#
[root@vms10 net]# kubectl apply -f pod1.yaml
pod/pod1 created
[root@vms10 net]# sed 's/pod1/pod2/' pod1.yaml | kubectl apply -f -
pod/pod2 created
[root@vms10 net]#
```

查看两个 pod 的标签。

```
[root@vms10 net]# kubectl get pods --show-labels
NAME    READY   STATUS    RESTARTS   AGE       LABELS
pod1    1/1     Running   0          2m51s     run=pod1
pod2    1/1     Running   0          2m28s     run=pod2
[root@vms10 net]#
```

可以看到这两个 pod 的标签分别是 run=pod1 和 run=pod2。

步骤 4：把两个 pod 的默认主页改为 111 和 222。

为了测试方便，把两个 pod 的默认主页，即 pod 里 /usr/share/nginx/html/index.html 的内容改成比较好区分的内容，分别为 111 和 222。

```
[root@vms10 net]# kubectl exec -it pod1 -- sh -c "echo 111 > /usr/share/nginx/
html/index.html"
[root@vms10 net]# kubectl exec -it pod2 -- sh -c "echo 222 > /usr/share/nginx/
html/index.html"
[root@vms10 net]#
```

步骤 5：为这两个 pod 创建对应的服务，类型为 LoadBalancer。

```
[root@vms10 net]# kubectl expose pod pod1 --name=svc1 --port=80 --type=LoadBalancer
service/svc1 exposed
[root@vms10 net]# kubectl expose pod pod2 --name=svc2 --port=80 --type=LoadBalancer
service/svc2 exposed
[root@vms10 net]#
```

步骤 6：查看 svc 的 IP。

```
[root@vms10 net]# kubectl get svc
NAME    TYPE           CLUSTER-IP      EXTERNAL-IP      PORT(S)         AGE
svc1    LoadBalancer   10.98.199.251   192.168.26.111   80:30779/TCP    8s
svc2    LoadBalancer   10.96.7.148     192.168.26.112   80:31338/TCP    2s
[root@vms10 net]#
```

步骤 7：查看是否存在网络策略。

```
[root@vms10 ~]# kubectl get networkpolicies.
No resources found in nsnet namespace.
[root@vms10 ~]#
```

在没有网络策略的情况下，pod1 和 pod2 的访问是不受限制的。

拓扑图如图 13-3 所示。

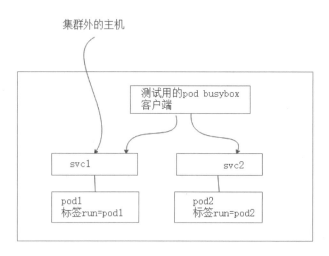

图 13-3　没有网络策略的时候，所有数据包都能通信

步骤 1：测试 ping 连通性，查看这两个 pod 的 IP。

```
[root@vms10 net]# kubectl get pods -o wide --no-headers
pod1   1/1   Running   0     5m14s   10.244.81.78
pod2   1/1   Running   0     4m56s   10.244.14.12
[root@vms10 net]#
```

这里两个 pod 的 IP 分别是 10.244.81.78 和 10.244.14.12。

步骤 2：在集群中任一节点上 (vms10~12) 测试 ping 这两个 pod 的 IP。

```
[[root@vms10 net]# ping 10.244.81.78 -c1
PING 10.244.81.78 (10.244.81.78) 56(84) bytes of data.
64 bytes from 10.244.81.78: icmp_seq=1 ttl=63 time=0.449 ms
   ...输出...
[root@vms10 net]# ping 10.244.14.12 -c1
PING 10.244.14.12 (10.244.14.12) 56(84) bytes of data.
64 bytes from 10.244.14.12: icmp_seq=1 ttl=63 time=0.935 ms
   ...输出...
[root@vms10 net]#
```

可以看到也都能 ping 通。

步骤 3：在 ssh 客户端上打开一个新标签，创建客户端用的测试 pod。

```
[root@vms10 ~]# alias k-busybox="kubectl run busybox --rm -it --image=busybox
 --image-pull-policy=IfNotPresent"
[root@vms10 ~]#
```

这里为了后续使用方便，通过 alias 创建了别名 k-busybox，用于创建名字为 busybox 的测试

pod。

```
[root@vms10 ~]# k-busybox sh
If you don't see a command prompt, try pressing enter.
/home #
```

这个命令会创建一个测试 pod 并获取此 pod 的 shell，然后 ping pod1 和 pod2 的 IP 地址。

先 ping pod1 的 IP：

```
/home # ping 10.244.81.78 -c1
PING 10.244.81.78 (10.244.81.78): 56 data bytes
64 bytes from 10.244.81.78: seq=0 ttl=63 time=0.102 ms
   ...输出...
```

再 ping pod2 的 IP：

```
/home # ping 10.244.14.12 -c1
PING 10.244.14.12 (10.244.14.12): 56 data bytes
64 bytes from 10.244.14.12: seq=0 ttl=63 time=0.078 ms
   ...输出...
/home #
```

可以看到也是可以 ping 通的。

步骤 4：分别从 svc1 和 svc2 访问 pod 提供的 http 服务。

```
/home # curl svc1
111
/home # curl svc2
222
/home #
```

都能访问，说明在没有网络策略的情况下都是可以正常访问的，既可以 ping 通也可以通过 80 端口访问。这里通过访问 svc 的方式来访问 pod，svc 会把请求转发给 pod，所以本质上就是访问 pod。

步骤 5：用集群之外的主机测试。

确认下每个 svc 的 EXTERNAL-IP：

```
[root@vms10 net]# kubectl get svc --no-headers
svc1    LoadBalancer    10.98.199.251    192.168.26.111    80:30779/TCP    25m
svc2    LoadBalancer    10.96.7.148      192.168.26.112    80:31338/TCP    25m
[root@vms10 net]#
```

打开物理机的浏览器，分别输入两个 svc：EXTERNAL-IP 192.168.26.111 和 192.168.26.112，分别如图 13-4 和图 13-5 所示。

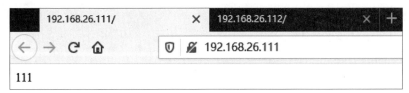

图 13-4　物理机访问 192.168.26.111

图 13-5　物理机访问 192.168.26.112

可以看到均可以正常访问。

13.2 创建 ingress 类型的网络策略

【必知必会】：创建网络策略，创建基于命名空间的网络策略，删除网络策略

前面演示的是没有网络策略的情况，任何的节点都可以访问到 pod（直接访问 pod 或者通过 svc 来访问 pod），本节开始演示在有网络策略的情况下，如何能访问到 pod。

13.2.1 允许特定标签的 pod 能访问

创建网络策略时需要指定：这个策略要应用到哪些 pod 上（保护哪些 pod），以及指定哪些客户端可以访问。在指定哪些允许客户端能访问的时候，可以通过标签、网段及命名空间来指定。这里先演示通过标签来指定允许的客户端。

步骤 1：创建网络策略的 yaml 文件，内容如下。

```
[root@vms10 net]# cat net1.yaml
apiVersion: networking.k8s.io/v1
kind: NetworkPolicy
metadata:
  name: mypolicy
spec:
  podSelector:
    matchLabels:
      run: pod1    #此策略作用在标签为 run=pod1 的 pod
  policyTypes:
  - Ingress
  ingress:
  - from:
    - podSelector:
        matchLabels:
          xx: xx     #只允许当前命名空间里标签为 xx=xx 的 pod 来访问
    ports:
    - protocol: TCP
      port: 80
[root@vms10 net]#
```

spec.podSelector 设置策略应用在哪些 pod 上，即要保护哪些 pod。spec.ingress.from 设置的是允许哪些客户端来访问。

整体意思是，此策略应用在当前命名空间里标签名为 run=pod1 的 pod 上，即此策略应用到 pod1 上，而没有应用到 pod2 上。哪些客户端能访问呢？当前命名空间具有标签为 xx=xx 的那些 pod 可以访问，且只允许访问 pod1 的端口 80。

注意：在 spec.podSelector.matchLabels 下没写任何标签的话，则会保护当前命名空间里所有的 pod，如图 13-6 所示。

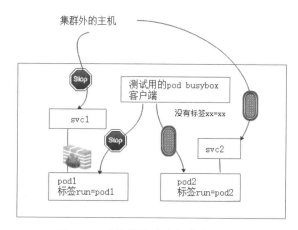

图 13-6 网络策略通过标签进行限制

因为网络策略只作用于 pod1，不会影响 pod2，所以测试 pod 是可以继续访问 pod2 的，但不能访问 pod1。

步骤 2：创建网络策略。

```
[root@vms10 net]# kubectl apply -f net1.yaml
networkpolicy.networking.k8s.io/mypolicy created
[root@vms10 net]#
[root@vms10 net]#
```

下面开始测试。

步骤 3：再次在浏览器里测试。

在物理机里访问 svc1 对应的 IP 192.168.26.111，如图 13-7 所示。

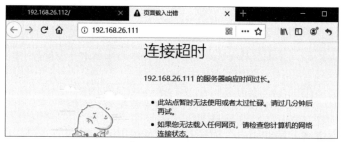

图 13-7 无法访问

答案是访问不到，因为只有标签为 xx=xx 的 pod 才能访问，其他任何主机不能访问。

步骤 4：在测试 pod 里进行测试，注意这个测试 pod 不存在标签 xx=xx。

```
/home # curl svc2
222
/home #
/home # curl svc1
^C #这里会卡住，按【Ctrl+C】终止
/home #
```

可以看到是不能访问 pod1 的，但是可以正常访问 pod2，因为 pod1 被网络策略限制只有特定的客户端才能访问，但是 pod2 没有被限制。

这里是通过访问 svc 的方式来访问 pod 的，svc 会把请求转发给 pod，所以本质上就是访问 pod。

步骤 5：为测试 pod 添加一个标签 xx=xx，然后测试访问端口 80。

```
[root@vms10 net]# kubectl label pod busybox xx=xx
pod/busybox labeled
[root@vms10 net]# kubectl get pods busybox --show-labels
NAME       READY    STATUS    RESTARTS    AGE    LABELS
busybox    1/1      Running   0           38m    run=busybox,xx=xx
[root@vms10 net]#
切换到测试 pod 里：
/home # curl svc1
111
/home # curl svc2
222
/home #
```

这里通过 curl 能正常访问 pod1 和 pod2，因为测试 pod 含有标签 xx=xx，如图 13-8 所示。

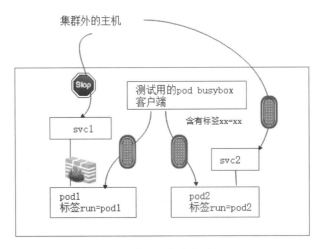

图 13-8　测试 pod 含有标签 xx=xx

步骤 6：切换到 ssh 客户端的第一个标签，测试 ping 的连通性。

```
[root@vms10 net]# ping 10.244.81.78 -c1 #这个是 pod1 的 IP
PING 10.244.81.78 (10.244.81.78) 56(84) bytes of data.
^C 没有 ping 通，按【Ctrl + C】终止
--- 10.244.81.78 ping statistics ---
1 packets transmitted, 0 received, 100% packet loss, time 0ms

[root@vms10 net]# ping 10.244.14.12 -c1 #这个是 pod2 的 IP
PING 10.244.14.12 (10.244.14.12) 56(84) bytes of data.
64 bytes from 10.244.14.12: icmp_seq=1 ttl=63 time=0.604 ms
 能够 ping 通
--- 10.244.14.12 ping statistics ---
1 packets transmitted, 1 received, 0% packet loss, time 0ms
rtt min/avg/max/mdev = 0.604/0.604/0.604/0.000 ms
[root@vms10 net]#
```

这里在集群中任一节点上 (vms10~12) 测试 ping，发现 pod2 可以正常 ping 通，但是 pod1 是 ping 不通的，因为策略里只允许访问端口 80，而不允许访问其他的协议，比如 ICMP。

注意下面的策略。

```
[root@vms10 net]# cat net1.yaml
apiVersion: networking.k8s.io/v1
kind: NetworkPolicy
metadata:
  name: mypolicy
spec:
  podSelector:
    matchLabels:   #matchLabels 下没指定任何标签，会影响当前命名空间里所有 pod
  policyTypes:
  - Ingress
  ingress:
  - from:
    - podSelector:
        matchLabels: #这下面也没指定任何标签，允许当前命名空间里所有的 pod 访问
    ports:
    - protocol: TCP
      port: 80
[root@vms10 net]#
```

这个网络策略则是应用到当前命名空间里所有的 pod，且允许当前命名空间里所有标签的 pod 访问。

13.2.2 允许特定网段的客户端能访问

这节演示在网络策略里允许特定网段的客户端能访问，注意这里如果通过集群外主机访问的话，需要把服务类型设置为 LoadBalancer。

步骤 6：修改 net1.yaml 文件，内容如下。

```
[root@vms10 net]# cat net1.yaml
apiVersion: networking.k8s.io/v1
kind: NetworkPolicy
metadata:
  name: mypolicy
spec:
  podSelector:
    matchLabels:
      run: pod1
  policyTypes:
  - Ingress
  ingress:
  - from:
    - ipBlock:
        cidr: 192.168.26.0/24 #注意这里和 - ipBlock 之间是 4 个空格的缩进
    ports:
    - protocol: TCP
      port: 80
[root@vms10 net]#
```

这里允许 192.168.26.0/24 网段的主机可以访问标签为 run=pod1 的 pod（当然也可以访问 svc1 这个服务），其他的不允许，如图 13-9 所示。

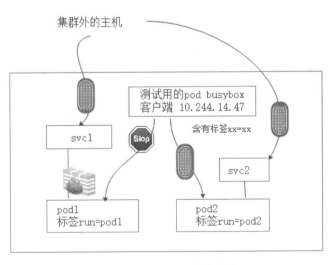

图 13-9　通过网段限制客户端

步骤 7：应用此文件。

```
[root@vms10 net]# kubectl apply -f net1.yaml
networkpolicy.networking.k8s.io/mypolicy configured
[root@vms10 net]#
```

步骤 8：在物理机里刷新浏览器，如图 13-10 所示。

图 13-10 可以正常访问

步骤 9：在 busybox 这个测试 pod（此 pod 具有 xx=xx 标签）里进行测试。

```
/home # curl svc1
^C
/home #
```

这里没有访问成功，因为网络策略里并没有允许指定标签的 pod 访问，只允许某个网段的客户端访问，这个测试 pod 的 IP 并没有出现在指定网段，所以访问不了。

如果在网络策略里 podSelector 和 ipBlock 都写的话，它们是"或"的关系，如下所示。

```
  ingress:
  - from:
    - podSelector:
        matchLabels:
          xx: xx
    - ipBlock:
        cidr: 192.168.26.0/24
```

这里的意思就是既允许当前命名空间里标签 xx=xx 的 pod 访问，也允许 192.168.26.0/24 网段里客户端访问。

删除网络策略的命令很简单，语法如下。

```
kubectl delete -f yaml 文件 或者
kubectl delete networkpolicies 名字
```

下面删除刚刚创建的网络策略 mypolicy。

步骤 10：查看现在有的网络策略。

```
[root@vms10 net]# kubectl get networkpolicies.
NAME            POD-SELECTOR    AGE
mypolicy    run=pod1        6m23s
[root@vms10 net]#
```

步骤 11：删除网络策略 mypolicy。

```
[root@vms10 net]# kubectl delete networkpolicies mypolicy
networkpolicy.networking.k8s.io "mypolicy" deleted
[root@vms10 net]#
```

13.2.3 允许特定命名空间里的 pod 能访问

如果要限制其他某个命名空间里的客户端 pod 能否访问当前命名空间里的 pod，则可以通过

namespaceSelector 来限制。

本节实验要实现的效果是，允许 default 命名空间里的 pod 可以访问命名空间 nsnet 里的 pod，但是不允许自己命名空间里的其他 pod 访问，如图 13-11 所示。

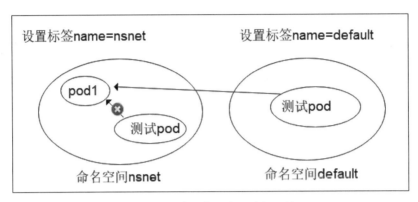

图 13-11　基于命名空间进行限制

实验的思路为，给命名空间 nsnet 设置一个标签 name=nsnet，给命名空间 default 设置一个标签 name=default。然后创建一个网络策略，这个网络策略只允许命名空间 default 里的 pod 来访问 nsnet 里所有的 pod，其他客户端均不允许访问。

步骤 1：先为 default 和 net 这两个命名空间设置标签。

```
[root@vms10 net]# kubectl label ns default name=default
namespace/default labeled
[root@vms10 net]# kubectl label ns nsnet name=nsnet
namespace/net labeled
[root@vms10 net]#
```

步骤 2：查看这两个命名空间的标签。

```
[root@vms10 net]# kubectl get ns --show-labels
NAME            STATUS    AGE      LABELS
default         Active    8d       name=default
nsnet           Active    166m     name=nsnet
    ... 输出 ...
[root@vms10 net]#
```

步骤 3：修改 net1.yaml 的内容。

```
[root@vms10 net]# cat net1.yaml
apiVersion: networking.k8s.io/v1
kind: NetworkPolicy
metadata:
  name: mypolicy
spec:
  podSelector:
    matchLabels:   #matchLabels 下没指定任何标签
```

```
    policyTypes:
    - Ingress
    ingress:
    - from:
      - namespaceSelector:
          matchLabels:
            name: default
      ports:
      - protocol: TCP
        port: 80
[root@vms10 net]#
```

这里的意思是只允许标签为 name=default 的命名空间里的 pod，能访问当前命名空间 (nsnet) 里所有的 pod，其他客户端是没法访问的。当前命名空间里的 pod 也是访问不了自己命名空间里其他 pod 的。

步骤 3：在测试 pod 里访问 pod1。

```
/home # curl svc2
^C
/home # curl svc1
^C
/home #
```

因为这里测试 pod 是在命名空间 nsnet 里的，但是网络策略只允许 default 命名空间里的 pod 能访问，所以可以看到测试 pod 是访问失败的。

步骤 4：下面在 default 命名空间里创建一个 pod 来测试。

打开第三个 ssh 客户端标签，在 default 命名空间里创建一个名字为 busybox 的 pod。

```
[root@vms10 ~]# kubectl run busybox --rm -it --image=busybox --image-pull-
policy=IfNotPresent -n default sh
If you don't see a command prompt, try pressing enter.
/home #
```

然后开始访问命名空间 nsnet 里的 svc1 和 svc2。

```
/home # curl svc1.nsnet
111
/home # curl svc2.nsnet
222
/home #
```

可以看到 default 命名空间里的 pod 是可以正常访问的。

步骤 5：修改 net1.yaml，把 namespaceSelector 下 matchLabels 的值去掉，如下面的内容。

```
[root@vms10 net]# cat net1.yaml
apiVersion: networking.k8s.io/v1
kind: NetworkPolicy
metadata:
```

```
    name: mypolicy
spec:
  podSelector:
    matchLabels:
  policyTypes:
  - Ingress
  ingress:
  - from:
    - namespaceSelector:
        matchLabels: #下面没有指定哪些命名空间，则是允许所有的命名空间
    ports:
    - protocol: TCP
      port: 80
[root@vms10 net]#
```

这里没有指定哪个命名空间，则是允许所有的命名空间里的 pod 访问。

步骤 6：删除此网络策略。

```
[root@vms10 net]# kubectl delete -f net1.yaml
networkpolicy.networking.k8s.io "mypolicy" deleted
[root@vms10 net]#
```

13.3 创建 egress 类型的网络策略

前面讲过用 ingress 规则来限制进 pod 的流量，也可以用 egress 规则来限制出 pod 的流量，如图 13-12 所示。

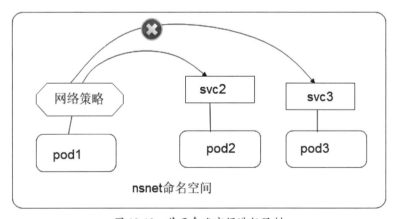

图 13-12　基于命名空间进行限制

这里可以设置 pod1 只能访问 pod2，不能访问其他的 pod3。

步骤 1：先创建 pod3，并修改 pod3 默认主页的内容。

```
[root@vms10 net]# sed 's/pod1/pod3/' pod1.yaml | kubectl apply -f -
pod/pod3 created
[root@vms10 net]# kubectl exec -it pod3 -- sh -c "echo 333 > /usr/share/nginx/
html/index.html"
[root@vms10 net]#
```

为 pod3 创建服务 svc3。

```
[root@vms10 net]# kubectl expose pod pod3 --name=svc3 --port=80
service/svc3 exposed
[root@vms10 net]#
```

步骤 2：在当前没有网络策略的情况下，用 pod1 分别访问 svc2 和 svc3。

```
[root@vms10 net]# kubectl exec -it pod1 -- curl -s svc2
222
[root@vms10 net]# kubectl exec -it pod1 -- curl -s svc3
333
[root@vms10 net]#
```

可以看到现在是正常访问的。

步骤 3：创建网络策略所需要的 yaml 文件 net2.yaml。

```
[root@vms10 net]# cat net2.yaml
apiVersion: networking.k8s.io/v1
kind: NetworkPolicy
metadata:
  name: mypolicy2
spec:
  podSelector:
    matchLabels:
      run: pod1
  policyTypes:
  - Egress
  egress:
  - to:
    - podSelector:
        matchLabels:
          run: pod2
    ports:
    - protocol: TCP
      port: 80
[root@vms10 net]#
```

这里在 .spec.podSelector 里指定了此策略只应用到 pod1 上。在 .spec.egress.to.podSelector 里指定了只能访问 pod2（pod2 的标签为 run=pod2）的端口 80。

创建网络策略：

```
[root@vms10 net]# kubectl apply -f net2.yaml
networkpolicy.networking.k8s.io/mypolicy2 created
[root@vms10 net]#
```

步骤 4：再次在 pod1 上测试访问 pod2 和 pod3。

```
[root@vms10 net]# kubectl exec -it pod1 -- curl -s svc2
^Ccommand terminated with exit code 130
[root@vms10 net]#
```

可以看到通过访问 svc2 的方式访问不了 pod2。

```
[root@vms10 net]# kubectl get pods pod2 -o wide --no-headers
pod2   1/1   Running   0      4h58m   10.244.14.12   ...
[root@vms10 net]
```

这里得到 pod2 的 IP 是 10.244.14.12，通过 IP 访问试试。

```
[root@vms10 net]# kubectl exec -it pod1 -- curl -s 10.244.14.12
222
[root@vms10 net]#
```

通过 IP 能访问，通过服务器 svc2 却不能访问，这是为何？

我们在 12.2.4 章节里讲服务的 DNS 发现方式时讲过，要想通过服务名访问的话需要到命名空间 kube-system 里进行 DNS 解析查询，如图 13-13。

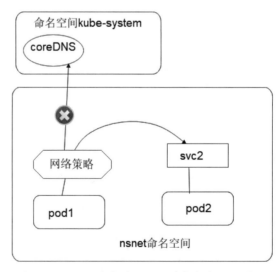

图 13-13　pod1 要先到 coreDNS 去查询 svc2 的 IP

但是我们的策略只允许访问 pod2 的端口 80，并没有允许访问 kube-system 里的 53 端口，因为无法解析，所以导致没法访问到 svc2。这里需要修改网络策略。

步骤 5：修改配置。

给命名空间 kube-system 设置一个标签：name=kube-system。

```
[root@vms10 net]# kubectl label ns kube-system name=kube-system
namespace/kube-system labeled
[root@vms10 net]#
```

修改 net2.yaml，内容如下。

```
[root@vms10 net]# cat net2.yaml
apiVersion: networking.k8s.io/v1
kind: NetworkPolicy
metadata:
  name: mypolicy2
spec:
  podSelector:
    matchLabels:
      run: pod1
  policyTypes:
  - Egress
  egress:
  - to:
    - namespaceSelector:
        matchLabels:
          name: kube-system
    ports:
    - protocol: UDP
      port: 53
  - to:
    - podSelector:
        matchLabels:
          run: pod2
    ports:
    - protocol: TCP
      port: 80
[root@vms10 net]#
```

上面的粗体字为增加的部分，是允许访问命名空间 kube-system 里端口为 53 的服务，因为 DNS 查询使用的是 UDP，所以上面 protocol 设置的是 UDP。

使这个修改生效。

```
[root@vms10 net]# kubectl apply -f net2.yaml
networkpolicy.networking.k8s.io/mypolicy2 configured
[root@vms10 net]#
```

步骤 6：再次进行测试。

访问 svc2 和 svc3。

```
[root@vms10 net]# kubectl exec -it pod1 -- curl -s svc2
222
```

```
[root@vms10 net]# kubectl exec -it pod1 -- curl -s svc3
^Ccommand terminated with exit code 130
[root@vms10 net]#
```

这里可以看到访问 svc2 没问题，但是访问不了 svc3，因为网络策略里设置 pod1 只能访问 pod2，不能访问 pod3。

步骤 7：删除这个网络策略。

```
[root@vms10 net]# kubectl delete -f net2.yaml
networkpolicy.networking.k8s.io "mypolicy2" deleted
[root@vms10 net]#
```

(13.4) 默认的策略

如果在某个命名空间里没有任何策略的话，则允许所有数据包通过。如果设置了网络策略，但是策略里没有任何规则的话，则拒绝所有数据包访问。

步骤 1：创建默认策略的 yaml 文件 net3.yaml。

```
[root@vms10 net]# cat net3.yaml
apiVersion: networking.k8s.io/v1
kind: NetworkPolicy
metadata:
  name: default-deny
spec:
  podSelector: {}
  policyTypes:
  - Ingress
[root@vms10 net]#
```

在此策略里没有任何的规则，则拒绝所有数据包通过。

步骤 2：创建此策略。

```
[root@vms10 net]# kubectl apply -f net3.yaml
networkpolicy.networking.k8s.io/default-deny created
[root@vms10 net]#
```

步骤 3：查看现有网络策略。

```
[root@vms10 net]# kubectl get networkpolicies
NAME            POD-SELECTOR    AGE
default-deny    <none>          6s
[root@vms10 net]#
```

步骤 4：在 vms10 上分别 ping 两个 pod 的 IP。

```
[root@vms10 net]# ping 10.244.81.78
PING 10.244.81.78 (10.244.81.78) 56(84) bytes of data.
^C #不通，通过按 Ctrl+C 终止
--- 10.244.81.78 ping statistics ---
2 packets transmitted, 0 received, 100% packet loss, time 999ms

[root@vms10 net]#
[root@vms10 net]# ping 10.244.14.12
PING 10.244.14.12 (10.244.14.12) 56(84) bytes of data.
^C #不通，通过按 Ctrl+C 终止
--- 10.244.14.12 ping statistics ---
3 packets transmitted, 0 received, 100% packet loss, time 1999ms

[root@vms10 net]#
```

可以看到 ping 不通，因为默认策略会阻绝所有数据包通过。

步骤 5：删除此策略。

```
[root@vms10 net]# kubectl delete networkpolicies default-deny
networkpolicy.networking.k8s.io "default-deny" deleted
[root@vms10 net]#
```

模拟考题

根据下面的拓扑图进行解答。

c1 busybox	c2 busybox

c3 nginx	c4 nginx

1. 创建 4 个 pod，满足如下要求。

（1）名字为 c1 和 c2 的 pod 使用 busybox 镜像。

（2）名字为 c3 和 c4 的 pod 使用 nginx。

2. 创建网络策略 myp1。

（1）此 myp1 应用在 c3 pod 上。

（2）设置 c3 pod 只允许 c1 pod 访问。

（3）只允许访问 c3 的端口 80。

3. 创建网络策略 myp2。

（1）此策略应用在 c4 pod 上。

（2）设置 c4 pod 允许所有 192.168.26.0/24 网段的主机可以访问。

（3）只允许访问 c4 的端口 80。

4. 删除这 4 个 pod，删除这两个网络策略。

14

第 14 章

包管理 helm v3

考试大纲

了解 helm 是如何工作的，从而实现快速部署应用。

本章要点

考点 1：添加 helm 源

考点 2：使用 helm 部署应用

前面在使用 wordpress + mysql 部署博客应用的时候，需要做许多的工作，需要每个 pod 创建 pv 和 pvc，然后分别创建每个应用的 pod 及 svc，整个过程非常麻烦。

如果搭建博客的所有步骤写在一个文件里，然后放在一个文件夹里（这个文件夹叫作 chart），以后直接使用这个 chart，就可以把所有的操作一次性做完，这样很容易实现一个博客应用（用这个 chart 部署出来的一个实例，叫作 release）。这就类似于用镜像创建一个容器，镜像就是 chart，通过此镜像生成的容器叫作 release。

helm 实现的就是这样的功能，在互联网上存在 chart 仓库（也可以自己搭建），其中包括了各种应用，需要什么应用直接拉取部署即可。

14.1 安装 helm

【必知必会】：安装 helm3

helm3 安装在 master 上，是一个和 kubectl 类似的客户端，只是一个在 Kubernetes API 上执行操作的工具。

步骤 1：下载最新版的 helm。

下载地址为 https://github.com/helm/helm/releases，提前下载所需要的文件：https://get.helm.sh/

helm-v3.2.1-linux-amd64.tar.gz 及对应的 checksum 文件，如图 14-1 所示。

图 14-1　下载 helm 安装包

步骤 2：下载安装 helm 的脚本。

```
[root@vms10 ~]# curl https://raw.githubusercontent.com/helm/helm/master/scripts/
get-helm-3 > get
[root@vms10 ~]# chmod +x get
[root@vms10 ~]#
```

因为此脚本会自动到互联网下载最新版的 helm，所以需要修改此脚本，以实现使用本地已经
下载好的 helm 文件。

步骤 3：修改 helm 安装脚本。

因为已经下载的 helm 版本是 v3.2.1，所以先修改 get 文件，直接指定 helm 的版本为 v3.2.1，
在 get 脚本里大概 104 行找到 checkDesiredVersion 函数，改为如下内容。

```
checkDesiredVersion() {
  if [ "x$DESIRED_VERSION" == "x" ]; then
    # Get tag from release URL
    local latest_release_url="https://github.com/helm/helm/releases"
    if [ "${HAS_CURL}" == "true" ]; then
      TAG=$(curl -Ls $latest_release_url | grep 'href="/helm/helm/releases/tag/
v3.[0-9]*.[0-9]*\"' | grep -v no-underline | head -n 1 | cut -d '"' -f 2 | awk
'{n=split($NF,a,"/");print a[n]}' | awk 'a !~ $0{print}; {a=$0}')
    elif [ "${HAS_WGET}" == "true" ]; then
      TAG=$(wget $latest_release_url -O - 2>&1 | grep 'href="/helm/helm/releases/
tag/v3.[0-9]*.[0-9]*\"' | grep -v no-underline | head -n 1 | cut -d '"' -f 2 |
awk '{n=split($NF,a,"/");print a[n]}' | awk 'a !~ $0{print}; {a=$0}')
    fi
  else
    TAG=$DESIRED_VERSION
  fi
}
```

将上方的整段代码修改成：

```
checkDesiredVersion() {
    TAG=v3.2.1
}
```

在大概 127 行找到 downloadFile() 函数，删除 if 到 f i 之间（127~142 行）的语句并插入 cp helm* $HELM_TMP_ROOT，结果如下。

```
downloadFile() {
  HELM_DIST="helm-$TAG-$OS-$ARCH.tar.gz"
  DOWNLOAD_URL="https://get.helm.sh/$HELM_DIST"
  CHECKSUM_URL="$DOWNLOAD_URL.sha256"
  HELM_TMP_ROOT="$(mktemp -dt helm-installer-XXXXXX)"
  HELM_TMP_FILE="$HELM_TMP_ROOT/$HELM_DIST"
  HELM_SUM_FILE="$HELM_TMP_ROOT/$HELM_DIST.sha256"
  echo "Downloading $DOWNLOAD_URL"
  if [ "${HAS_CURL}" == "true" ]; then
    curl -SsL "$CHECKSUM_URL" -o "$HELM_SUM_FILE"
    curl -SsL "$DOWNLOAD_URL" -o "$HELM_TMP_FILE"
  elif [ "${HAS_WGET}" == "true" ]; then        } 修改部分
    wget -q -O "$HELM_SUM_FILE" "$CHECKSUM_URL"
    wget -q -O "$HELM_TMP_FILE" "$DOWNLOAD_URL"
  fi
}
```

改成：

```
downloadFile() {
  HELM_DIST="helm-$TAG-$OS-$ARCH.tar.gz"
  DOWNLOAD_URL="https://get.helm.sh/$HELM_DIST"
  CHECKSUM_URL="$DOWNLOAD_URL.sha256"
  HELM_TMP_ROOT="$(mktemp -dt helm-installer-XXXXXX)"
  HELM_TMP_FILE="$HELM_TMP_ROOT/$HELM_DIST"
  HELM_SUM_FILE="$HELM_TMP_ROOT/$HELM_DIST.sha256"
  echo "Downloading $DOWNLOAD_URL"
  cp helm* $HELM_TMP_ROOT
}
```

在大概 162 行（这个行数是前面修改之后显示的行数）找到 verifyChecksum 函数，把 166~169 行的 if 判断删除，结果如下。

```
verifyChecksum() {
  printf "Verifying checksum... "
  local sum=$(openssl sha1 -sha256 ${HELM_TMP_FILE} | awk '{print $2}')
  local expected_sum=$(cat ${HELM_SUM_FILE})
  if [ "$sum" != "$expected_sum" ]; then
    echo "SHA sum of ${HELM_TMP_FILE} does not match. Aborting."   } 修改部分
    exit 1
  fi
  echo "Done."
}
```

改成：

```
verifyChecksum() {
  printf "Verifying checksum... "
  local sum=$(openssl sha1 -sha256 ${HELM_TMP_FILE} | awk '{print $2}')
  local expected_sum=$(cat ${HELM_SUM_FILE})
  echo "Done."
}
```

保存退出。注意，可能因为版本问题，读者自己做的时候，行数不一定能和这里的行数匹配，如果没匹配的话，可以找到对应的关键字，再做相关修改。

在 get 文件 downloadFile 函数（大概在 106 行）里可以看到安装 helm 所需要的 checksum 文件名（通过变量 HELM_SUM_FILE 定义），这个文件可能和我们刚下载的不一致，如果不一致的话，进行如下操作。

步骤 4：对 sum 文件拷贝并重命名。

```
[root@vms10 ~]# cp helm-v3.2.1-linux-amd64.tar.gz.sha256sum helm-v3.2.1-linux-
amd64.tar.gz.sha256
[root@vms10 ~]#
```

步骤 5：确保 get 有可执行权限，并运行 get。

```
[root@vms10 ~]# ./get
Downloading https://get.helm.sh/helm-v3.2.1-linux-amd64.tar.gz
Verifying checksum... Done.
Preparing to install helm into /usr/local/bin
helm installed into /usr/local/bin/helm
[root@vms10 ~]#
```

步骤 6：查看 helm 的版本。

```
[root@vms10 ~]# helm version
version.BuildInfo{Version:"v3.2.1", GitCommit:"fe51cd1e31e6a202cba7dead9552a6d418
ded79a", GitTreeState:"clean", GoVersion:"go1.13.10"}
[root@vms10 ~]#
```

步骤 7：为了能使 helm 子命令使用 Tab 键，运行如下命令。

```
[root@vms10 ~]# helm completion bash > ~/.helmrc
[root@vms10 ~]# echo "source  ~/.helmrc" >> ~/.bashrc
[root@vms10 ~]#
[root@vms10 ~]# source .bashrc
[root@vms10 ~]#
```

14.2 仓库管理

【必知必会】：为 helm 添加源

要安装什么应用的话，就需要在源里去找对应的应用，所以要先添加源才行。

步骤 1：查看现在使用的仓库。

```
[root@vms10 ~]# helm repo list
Error: no repositories to show
[root@vms10 ~]#
```

国内常用的仓库有：

```
阿里云的源      https://apphub.aliyuncs.com
github 的源    https://burdenbear.github.io/kube-charts-mirror/
```

添加仓库的语法：

```
helm repo add 名称    地址
```

步骤 2：下面把阿里云的源和 github 的源都添加过来。

```
[root@vms10 ~]# helm repo add github https://burdenbear.github.io/kube-charts-mirror
"github" has been added to your repositories
[root@vms10 ~]#
```

这里是把 github 的源添加过来，命名为 github。

```
[root@vms10 ~]# helm repo add ali https://apphub.aliyuncs.com
"ali" has been added to your repositories
[root@vms10 ~]#
```

这里添加了阿里云的源，并命名为 ali。

步骤 3：查看现在正在使用的源。

```
[root@vms10 ~]# helm repo list
NAME          URL
github        https://burdenbear.github.io/kube-charts-mirror/
ali           https://apphub.aliyuncs.com
[root@vms10 ~]#
```

14.3 部署一个简单的 mysql 应用

本章所有实验均放在一个目录 helm 里，先把目录 helm 创建出来。

步骤 1：创建 helm 目录，并 cd 进去。

```
[root@vms10 ~]# mkdir helm
[root@vms10 ~]# cd helm/
```

本章所有实验均在命名空间 nshelm 里操作，创建并切换至命名空间 nshelm。

```
[root@vms10 helm]# kubens nshelm
Context "kubernetes-admin@kubernetes" modified.
Active namespace is "nshelm".
[root@vms10 helm]#
```

步骤 2：如果要部署哪个应用，就到仓库里查询这个应用对应的 chart，假设要查询 redis。

```
[root@vms10 helm]# helm search repo redis
NAME                          CHART  VERSION    APP VERSION    DESCRIPTION
ali/prometheus-redis-exporter 3.2.2             1.3.4          Prometheus exporter
for Redis metrics
ali/redis                     10.5.3            5.0.7          Open source,
...
[root@vms10 helm]#
```

如果想查询 mysql 对应的 chart，则执行 helm search repo mysql，下面开始部署 mysql。

步骤 3：通过 helm pull 把 chart 对应的包下载下来，命令如下。

```
[root@vms10 helm]# helm pull github/mysql --version=1.6.8
[root@vms10 helm]# ls
mysql-1.6.8.tgz
[root@vms10 helm]#
```

注意：这里如果不加 --version 选项的话，则安装的是 helm 源里最新的版本。

步骤 4：解压并进入 mysql 目录。

```
[root@vms10 helm]# cd mysql/
[root@vms10 mysql]# ls
Chart.yaml  README.md  templates  values.yaml
[root@vms10 mysql]#
```

Chart.yaml 是 chart 的描述信息。

README.md 是此 chart 的帮助信息。

templates 目录里是各种模板，比如定义 svc、定义 pvc 等。

values.yaml 里记录的是 chart 的各种信息，比如镜像是什么，root 密码是什么，是否使用持久性存储等。

步骤 5：编辑 values.yaml 并按照如下修改。

指定要使用的镜像，按如下修改。

```
 4 image: "hub.c.163.com/library/mysql"
 5 imageTag: "latest"
 6
 7 strategy:
 8   type: Recreate
 9
10 busybox:
11   image: "busybox"
12   tag: "latest"
13
14 testFramework:
```

```
15    enabled: false
16    image: "bats/bats"
17    tag: "1.2.1"
```

上面代码中最前面的数字表示行数。

指定 mysql 的 root 密码，把最前面的 # 去掉，注意这里前面不能留有空格。

```
24 mysqlRootPassword: redhat
25
```

如果要创建普通用户和密码，就修改如下两行，这里没有指定。

```
28 # mysqlUser:
29 ## Default: random 10 character string
30 # mysqlPassword:
```

是否要使用持久性存储，如果不使用的话，就把 enabled 的值改成 false。

```
104 persistence:
105   enabled: false
```

注意：可以用 vim 编辑器搜索 persistence。

关于 values.yaml 的其他部分，保持默认值即可，保存退出。

部署应用的语法为：

```
helm install <名字> <chart 目录>
```

步骤 6：在当前目录里执行安装操作。

```
[root@vms10 mysql]# helm install db .    #最后的点，表示当前目录
NAME: db
NAMESPACE: nshelm
STATUS: deployed
... 大量输出 ...
# Execute the following command to route the connection:
    kubectl port-forward svc/db-mysql 3306
    mysql -h ${MYSQL_HOST} -P${MYSQL_PORT} -u root -p${MYSQL_ROOT_PASSWORD}
[root@vms10 mysql]#
```

步骤 7：查看现在已经部署的 release 及 pod。

```
[root@vms10 mysql]# helm ls
NAME    NAMESPACE    REVISION    UPDATED        STATUS      CHART         APP VERSION
db      nshelm       1           2021-0...T     deployed    mysql-1.6.8   5.7.30
[root@vms10 mysql]#
[root@vms10 mysql]# kubectl get pods
NAME                           READY    STATUS     RESTARTS    AGE
db-mysql-84f68ddfdc-m6xgq      1/1      Running    0           92s
[root@vms10 mysql]#
```

步骤 8：安装 mariadb 客户端。

```
[root@vms10 mysql]# yum install mariadb -y
... 输出 ...
作为依赖被升级：
  mariadb-libs.x86_64 1:5.5.65-1.el7

完毕！
[root@vms10 mysql]#
```

步骤 9：查看 mysql pod 的 IP。

```
[root@vms10 mysql]# kubectl get pods -o wide --no-headers
db-mysql-84f68ddfdc-m6xgq   1/1   Running   0   3m18s   10.244.14.41 ...
[root@vms10 mysql]#
```

步骤 10：用 mysql 命令连接到此 pod 上。

```
[root@vms10 mysql]# mysql -uroot -predhat -h10.244.14.41
Welcome to the MariaDB monitor.  Commands end with ; or \g.
Your MySQL connection id is 48.
... 输出 ...
MySQL [(none)]> quit
Bye
[root@vms10 mysql]#
```

步骤 11：删除此 release。

```
[root@vms10 mysql]# helm delete db
release "db" uninstalled
[root@vms10 mysql]# helm ls
NAME       NAMESPACE      REVISION         UPDATED STATUS CHART   APP VERSION
[root@vms10 mysql]#
[root@vms10 mysql]# cd
[root@vms10 ~]#
```

⑭.④ 搭建私有源

前面使用的是互联网的源，但是如果在私网里无法连接到互联网，要使用 helm 来部署应用程序的话，可以在私网内部搭建私有源。

步骤 1：在 vms12 上用 nginx 镜像创建一个容器，名字为 c1。

```
[root@vms12 ~]# docker run -dit --name=c1 -p 8080:80 -v /data:/usr/share/nginx/
html/charts docker.io/nginx
ca08a2ce9b8e910ed71f458fa3c7dd53843bf50e5bb92c089fdacf7cd65a1657
[root@vms12 ~]#
```

步骤 2：在 master 上自定义一个 chart。

```
[root@vms10 ~]# mkdir mychar
[root@vms10 ~]#
[root@vms10 ~]# cd mychar/
[root@vms10 mychar]# helm create chart1
Creating chart1
[root@vms10 mychar]# cp -r /root/helm/mysql .
[root@vms10 mychar]#
[root@vms10 mychar]# ls
chart1  mysql
[root@vms10 mychar]#
```

步骤 3：对这两个 chart 进行打包。

```
[root@vms10 mychar]# helm package chart1
Successfully packaged chart and saved it to: /root/mychar/chart1-0.1.0.tgz
[root@vms10 mychar]#
[root@vms10 mychar]# helm package  mysql/
Successfully packaged chart and saved it to: /root/mychar/mysql-1.6.8.tgz
[root@vms10 mychar]#
[root@vms10 mychar]# ls
chart1  chart1-0.1.0.tgz  mysql  mysql-1.6.8.tgz
[root@vms10 mychar]#
```

这里后缀为 tgz 的文件就是对 chart 进行打包生成的文件。

步骤 4：给当前目录下的两个包建立索引文件，并指定私有仓库地址。

```
[root@vms10 mychar]# helm repo index  . --url  http://192.168.26.12:8080/charts
[root@vms10 mychar]#
[root@vms10 mychar]# ls
chart1  chart1-0.1.0.tgz  index.yaml  mysql  mysql-1.6.8.tgz
[root@vms10 mychar]#
```

可以看到这里多了一个索引文件 index.yaml，里面记录了当前两个包的信息及所在仓库地址。

步骤 5：把当前目录下 index.yaml 和后缀为 tgz 的包全部拷贝至 192.168.26.12 的 /data 目录里（请理解前面 c1 容器数据卷的设置）。

```
[root@vms10 mychar]# scp index.yaml *.tgz  192.168.26.12:/data
root@192.168.26.12's password:
index.yaml              100% 1192       1.1MB/s    00:00
chart1-0.1.0.tgz        100% 3572       2.5MB/s    00:00
mysql-1.6.8.tgz         100%  11KB      5.2MB/s    00:00
[root@vms10 mychar]#
```

步骤 6：切换到 vms12 上。

```
[root@vms12 ~]# ls /data/
index.yaml  chart1-0.1.0.tgz  mysql-1.6.8.tgz
[root@vms12 ~]# docker exec -it c1 \
> ls /usr/share/nginx/html/charts
```

```
index.yaml  chart1-0.1.0.tgz  mysql-1.6.8.tgz
[root@vms12 ~]#
```

步骤 7：切换到 master 上，添加 http://192.168.26.12:8080/charts 作为仓库，仓库名为 myrepo。

```
[root@vms10 mychar]# helm repo add myrepo http://192.168.26.12:8080/charts
"myrepo" has been added to your repositories
[root@vms10 mychar]#
[root@vms10 mychar]# helm repo list
NAME      URL
github    https://burdenbear.github.io/kube-charts-mirror
ali       https://apphub.aliyuncs.com
myrepo    http://192.168.26.12:8080/charts
[root@vms10 mychar]#
```

步骤 8：搜索 mysql 的 chart。

```
[root@vms10 mychar]# helm search repo  mysql
NAME            CHART VERSION    APP VERSION    DESCRIPTION
ali/mysql       6.8.0            8.0.19         Chart to create a
... 输出 ...
github/mysql    1.6.8            5.7.30         Fast, reliable, scalable,
myrepo/mysql    1.6.8            5.7.30         Fast, reliable, scalable,
[root@vms10 mychar]#
```

除了在 github 里可以找到 mysql 的仓库之外，在自定义的仓库里也能找到 mysql。

步骤 9：查询 chart1。

```
[root@vms10 mychar]# helm search repo  chart1
NAME            CHART VERSION    APP VERSION    DESCRIPTION
myrepo/chart1   0.1.0            1.16.0         A Helm chart for Kubernetes
[root@vms10 mychar]#
```

私有仓库配置完毕。

步骤 10：删除本地私有仓库地址。

```
[root@vms10 mychar]# helm repo remove myrepo
"myrepo" has been removed from your repositories
[root@vms10 mychar]#
```

14.5 实战演示

14.4 节讲了 helm 的使用，这一节主要用 helm 部署 prometheus，来监控我们的 k8s 集群。

首先看一个简单的架构图，了解一下 prometheus 的结构，如图 14-2 所示。

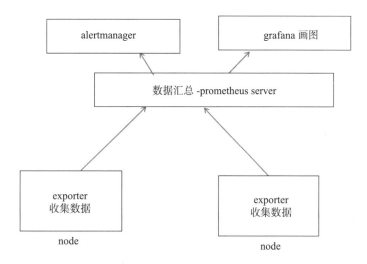

图 14-2　prometheus 的结构

exporter 是用来收集数据的，要监测不同的东西，就需要有不同的 exporter。比如要监测 mysql，需要创建一个 mysql 的 exporter，要监测 pod，则需要 pod 的 exporter，要监测 kube-proxy，则需要一个 kube-proxy 的 exporter 等。

prometheus server 会从 exporter 获取并存储数据，然后通过 grafana 进行画图，这样可以以图形化的界面展示出当前环境的负载情况，如图 14-3 所示。

图 14-3　grafana 的监控界面

prometheus Operator 是 CoreOS 基于 promethues 开发的专门面向 kubernetes 的一套监控方案，以简化 prometheus 在 kubernetes 环境下的部署及配置。下面开始部署 Prometheus Operator。

因为前面创建了很多的 pod，为了看得清晰一些，单独创建一个命名空间 mon，并进入此命名空间。

步骤 1：创建命名空间 mon 并切换到此命名空间。

```
[root@vms10 ~]# kubectl create ns mon
namespace/mon created
[root@vms10 ~]# kubens mon
Context "kubernetes-admin@kubernetes" modified.
Active namespace is "mon".
[root@vms10 ~]#
```

步骤 2：直接从 azure 仓库安装 prometheus-operator。

```
[root@vms10 ~]# helm install mon ali/prometheus-operator
manifest_sorter.go:192: info: skipping unknown hook: "crd-install"
manifest_sorter.go:192: info: skipping unknown hook: "crd-install"
manifest_sorter.go:192: info: skipping unknown hook: "crd-install"
manifest_sorter.go:192: info: skipping unknown hook: "crd-install"
manifest_sorter.go:192: info: skipping unknown hook: "crd-install"
NAME: mon
NAMESPACE: mon
STATUS: deployed
REVISION: 1
NOTES:
The Prometheus Operator has been installed. Check its status by running:
  kubectl --namespace mon get pods -l "release=mon"

Visit https://github.com/coreos/prometheus-operator for instructions on how
to create & configure Alertmanager and Prometheus instances using the Operator.
[root@vms10 ~]#
```

步骤 3：等待一段时间之后，确保所有的 pod 状态都是正常运行的。

```
[root@vms10 ~]# kubectl get pods --no-headers
alertmanager-mon-prometheus-operator-alertmanager-0     2/2   Running   0   74s
mon-grafana-85b64d44d6-54mm8                            2/2   Running   0   80s
mon-kube-state-metrics-597cdbf4f8-94sdp                 1/1   Running   0   80s
mon-prometheus-node-exporter-8knhd                      1/1   Running   0   80s
mon-prometheus-node-exporter-r452q                      1/1   Running   0   80s
mon-prometheus-node-exporter-w9w8f                      1/1   Running   0   80s
mon-prometheus-operator-operator-7b6679cd88-kgm9f       2/2   Running   0   80s
prometheus-mon-prometheus-operator-prometheus-0         3/3   Running   1   64s
[root@vms10 ~]#
```

因为我们要浏览 grafana，所以这里先把 grafana 的服务类型改为 NodePort。

步骤 4：修改服务 grafana 的类型为 NodePort。

```
[root@vms10 ~]# kubectl get svc --no-headers
```

```
... 输出 ...
mon-grafana        ClusterIP    10.97.72.224      <none>     80/TCP     3m48s
... 输出 ...
[root@vms10 ~]#
```

通过命令 kubectl edit svc mon-grafana，把 mon-grafana 的服务类型改为 NodePort，获得 nodeport 端口为 31041（这个端口是随机生成的，每个人的不一样）。

```
[root@vms10 ~]# kubectl get svc --no-headers
... 输出 ...
mon-grafana        NodePort     10.97.72.224      <none>     80:31041/TCP    8m55s
... 输出 ...
[root@vms10 ~]#
```

在浏览器里输入 192.168.26.10:31041，如图 14-4 所示。

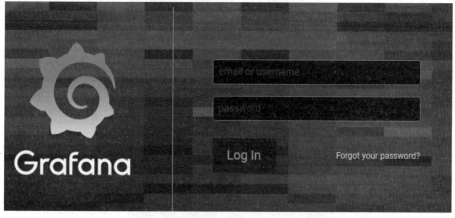

图 14-4 登录 grafana

这里用户名和密码分别是多少呢？我们来查一下。

步骤 5：查看当前命名空间里的 secret。

```
[root@vms10 ~]# kubectl get secrets | grep grafana
mon-grafana                      Opaque          3    10m
mon-grafana-test-token-gpmcd     kubern......-token    3    10m
mon-grafana-token-vg5ql          kubernete....-token   3    10m
[root@vms10 ~]#
```

查看名字为 mon-grafana 的 secret 的具体信息。

```
[root@vms10 ~]#
[root@vms10 ~]# kubectl get secrets mon-grafana -o yaml | head -5
apiVersion: v1
data:
  admin-password: cHJvbS1vcGVyYXRvcg==
  admin-user: YWRtaW4=
  ldap-toml: ""
```

```
[root@vms10 ~]#
```

这里黑体字 admin-user 是用户名，admin-password 是密码，分别是用 base64 编码过的，现在需要解码。

```
[root@vms10 ~]# echo -n "YWRtaW4=" | base64 -d
admin[root@vms10 ~]#
[root@vms10 ~]# echo -n "cHJvbS1vcGVyYXRvcg==" | base64 -d
prom-operator[root@vms10 ~]#
[root@vms10 ~]#
```

可以得到，用户名为 admin，密码为 prom-operator。

步骤 6：登录 grafana，之后依次单击 "设置" → "Data Sources"，如图 14-5 所示。

图 14-5　选择 "Data Sources" 选项

可以看到这里已经把 prometheus 添加到数据源了，如图 14-6 所示。

图 14-6　数据源包含 prometheus

单击最下方的 Test，会看到已经成功连接数据源，如图 14-7 所示。

图 14-7　成功连接数据源

依次单击左上角的 Logo，然后单击 Home，如图 14-8 所示。

图 14-8　单击 Home

此时会显示出很多监测项，如图 14-9 所示。

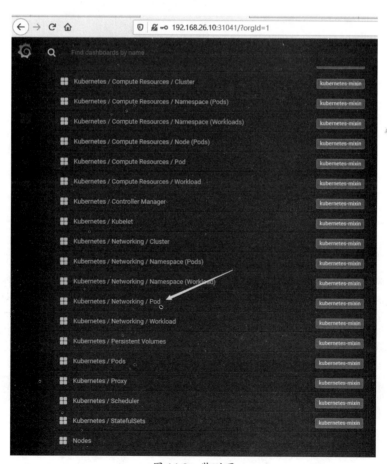

图 14-9　监测项

这里单击 Pods,就能看到 pod 相关的监控信息,如图 14-10 所示。

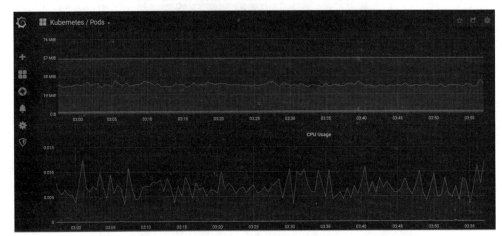

图 14-10　查看监控信息

第 15 章
安全管理

了解通过 kubernetes 的验证方式，申请证书及审批，创建 kubeconfig 文件，了解基于角色的访问控制（RBAC），并通过配置角色或者集群角色给 user 或 sa 授权。

■ 本章要点 ■

考点 1：创建 kubeconfig 文件

考点 2：创建及删除 role

考点 3：创建及删除 rolebinding

考点 4：创建及删除 clusterrole

考点 5：创建及删除 clusterrolebinding

考点 6：创建及删除 sa

考点 7：设置 pod 以指定的 sa 运行

考点 8：限制 pod 及容器的资源

前文讲解在 k8s 上的操作，只要登录到 master 上，就可以直接使用 kubectl 的各种命令进行操作了。可能有人会疑惑说，这里使用的是哪个用户登录的呢？其实这里并没有用哪个用户登录，而是用 kubeconfig 进行验证的。

我们说的 kubeconfig 文件，并非是说存在一个名字叫作 kubeconfig 的文件，而是指的用于认证的文件，不管这个文件名是什么，只要能用于登录 k8s，这个文件就叫作 kubeconfig 文件。默认的 kubeconfig 文件是 master 家目录下的 .kube/config。

```
[root@vms10 ~]# ls ~/.kube/
cache  config  http-cache  kubens
[root@vms10 ~]#
```

这个文件是我们在刚装好 kubernetes 集群后按提示复制过来的，它和 /etc/kubernetes/admin.conf

是一样的，里面包括了集群的地址、admin 用户及各种证书和密钥的信息。创建 kubernetes 集群时，这个文件里的 admin 用户已经被授予最大权限了（权限管理本章后续会讲）。

所以只要有了这个文件，就可以在任何机器上对集群操作，比如把 /etc/kubernetes/admin.conf 拷贝到一台 worker vms11 上，然后只需要用 --kubeconfig 来指定 kubeconfig 文件即可。

```
[root@vms11 ~]# kubectl get nodes
The connection to the server localhost:8080 was refused - did you specify the right
host or port?
[root@vms11 ~]#
```

现在在 vms11 这台 worker 上是无法执行 kubectl 命令的。

把 master 的 kubeconfig 文件拷贝到 vms11 上。

```
[root@vms10 ~]# scp /etc/kubernetes/admin.conf vms11:~
root@vms11's password:
admin.conf                100% 5449     3.7MB/s     00:00
[root@vms10 ~]#
```

执行 kubectl 命令时，用 --kubeconfig 选项来指定 kubeconfig 文件。

```
[root@vms11 ~]# kubectl get nodes --kubeconfig=admin.conf
NAME            STATUS    ROLES     AGE     VERSION
vms10.rhce.cc   Ready     master    3d      v1.21.1
vms11.rhce.cc   Ready     <none>    3d      v1.21.1
vms12.rhce.cc   Ready     <none>    3d      v1.21.1
[root@vms11 ~]#
```

可以看到是正常运行的。

如果不指定的话则会报错，但是如果每次运行都需指定也挺麻烦，所以可以用一个变量来指定 kubeconfig 的路径，这个变量是 KUBECONFIG。

```
[root@vms11 ~]# export KUBECONFIG=./admin.conf
[root@vms11 ~]# kubectl get nodes
NAME            STATUS    ROLES     AGE     VERSION
vms10.rhce.cc   Ready     master    3d      v1.21.1
vms11.rhce.cc   Ready     <none>    3d      v1.21.1
vms12.rhce.cc   Ready     <none>    3d      v1.21.1
[root@vms11 ~]#
```

当然，除了刚才拷贝的 kubeconfig 文件之外，可以自定义一个 kubeconfig 文件，对这个自定义的文件授予权限。

15.1 创建 kubeconfig 文件

要创建 kubeconfig 文件的话，需要一个私钥及集群 CA 授权颁发的证书。如同我们要到公安局

（权威机构）去申请办理身份证，公安局审核之后给我们颁发身份证，这个身份证可以作为证明身份的有效证件，而不能自己随便印一张名片作为有效证件。

同理，我们不能直接用私钥生成公钥，而必须是用私钥生成证书请求文件（申请书），然后根据证书请求文件向 CA（权威机构）申请证书（身份证），CA 审核通过之后会颁发证书。

下面开始创建整个过程。

15.1.1　申请证书

下面的过程是创建私钥，生成证书请求文件，然后申请证书，CA 对请求进行审批。我们把本章内容所涉及的文件放在一个目录 role 里。

步骤 1：创建目录 role 并 cd 进去。

```
[root@vms10 ~]# mkdir role ; cd role
[root@vms10 role]#
```

本章所有实验均在命名空间 nsrole 里操作，创建并切换至 nsrole 命名空间。

```
[root@vms10 role]# kubectl create ns nsrole
namespace/nsrole created
[root@vms10 role]# kubens nsrole
Context "kubernetes-admin@kubernetes" modified.
Active namespace is "nsrole".
[root@vms10 role]#
```

步骤 2：创建私钥，名字为 john.key。

```
[root@vms10 role]# openssl genrsa -out john.key 2048
Generating RSA private key, 2048 bit long modulus
...............................................+++
..........+++
e is 65537 (0x10001)
[root@vms10 role]#
```

步骤 3：利用刚生成的私有 john.key 生成证书请求文件 john.csr。

```
[root@vms10 role]# openssl req -new -key john.key -out john.csr -subj "/CN=john/O=cka2020"
[root@vms10 role]#
```

特别注意，这里 CN 的值 john，就是后面授权的用户。

步骤 4：对证书请求文件进行 base64 编码。

```
[root@vms10 role]# cat john.csr | base64 | tr -d "\n"
LS0tLS1CRUdJTiB... 大量输出 ...TVC0tLS0tCg==[root@vms10 role]#
```

步骤 5：编写申请证书请求文件的 yaml 文件。

```
[root@vms10 role]# cat csr.yaml
apiVersion: certificates.k8s.io/v1beta1
```

```
kind: CertificateSigningRequest
metadata:
  name: john
spec:
  groups:
  - system:authenticated
  #signerName: kubernetes.io/legacy-aa #注意这行是被注释掉的
  request:   LS0tLS1CRUdJTiB... 大量内容 ...TVC0tLS0tCg==
  usages:
  - client auth
[root@vms10 role]#
```

注意：这里 apiVersion 要带 beta1，否则 signerName 那行就不能注释掉，但这样的话后面的操作就不能获取到证书。request 里填写的值是步骤 4 的输出结果，复制时注意不要复制错了。

步骤 6：申请证书。

```
[root@vms10 role]# kubectl apply -f csr.yaml
    ... 输出 ...
certificatesigningrequest.certificates.k8s.io/john created
[root@vms10 role]#
```

步骤 7：查看已经发出的证书申请请求。

```
[root@vms10 role]# kubectl get csr
NAME    AGE         SIGNERNAME                       REQUESTOR            CONDITION
john    36s         kubernetes.io/legacy-unknown     kubernetes-admin     Pending
[root@vms10 role]#
```

步骤 8：批准证书。

```
[root@vms10 role]# kubectl certificate approve john
certificatesigningrequest.certificates.k8s.io/john approved
[root@vms10 role]#
```

步骤 9：查看审批通过的证书。

```
[root@vms10 role]# kubectl get csr
NAME    AGE    SIGNERNAME                    REQUESTOR            CONDITION
john    75s    kubernetes.io/legacy-aa       kubernetes-admin     Approved,Issued
[root@vms10 role]#
```

查看证书：

```
[root@vms10 role]# kubectl get csr/john  -o jsonpath='{.status.certificate}'
LS0tLS1CRUdJTiBDRVJUSUZJQ0FURS0tLS0tCk1JSURCakNDQWU2Z0F3SUJBZ0lRZmhRN0xWMThhFTz
... 大量输出 ...LS0tLUVORCBDRVJUSUZJQ0FURS0tLS0tCg==[root@vms10 role]#
```

步骤 10：导出证书文件。

```
[root@vms10 role]# kubectl get csr/john  -o jsonpath='{.status.certificate}' |
base64 -d > john.crt
[root@vms10 role]#
```

这样就获取了有 john 的私有 john.key 和证书 john.crt。

步骤 11：给用户授权，这里给 john 一个集群角色（clusterrole），这样 john 就具有管理员权限了，具体权限管理后面会讲。

```
[root@vms10 role]# kubectl create clusterrolebinding test1 --clusterrole=cluster-
admin --user=john
clusterrolebinding.rbac.authorization.k8s.io/test1 created
[root@vms10 role]#
```

注意：命令里是 --clusterrole=cluster-admin，上面排版换行了，大家不要写错了。

15.1.2 创建 kubeconfig 文件

john 用户所需要的私钥、证书都已经有了，现在开始创建可以用于登录 kubernetes 的 kubeconfig 文件。

步骤 1：创建 kubeconfig 模板文件 kc1。

```
[root@vms10 role]# cat kc1
apiVersion: v1
kind: Config
preferences: {}
clusters:
- cluster:
  name: cluster1
users:
- name: john
contexts:
- context:
  name: context1
  namespace: default
current-context: "context1"
[root@vms10 role]#
```

这个模板文件里，clusters 字段指定 kubernetes 集群的信息，users 指定用户，contexts 用于指定上下文，包括用户默认所在的命名空间等信息。

步骤 2：拷贝 CA 证书。

```
[root@vms10 role]# cp /etc/kubernetes/pki/ca.crt .
[root@vms10 role]#
```

步骤 3：设置集群字段。

```
[root@vms10 role]# kubectl config --kubeconfig=kc1 set-cluster cluster1 --server=
https://192.168.26.10:6443 --certificate-authority=ca.crt --embed-certs=true
Cluster "cluster1" set.
[root@vms10 role]#
```

这里 --embed-certs=true 的意思是把证书内容写入此 kubeconfig 文件 kc1 里。

步骤 4：设置用户字段。

```
[root@vms10 role]# kubectl config --kubeconfig=kc1 set-credentials john --client-
certificate=john.crt --client-key=john.key --embed-certs=true
User "john" set.
[root@vms10 role]#
```

步骤 5：设置上下文字段，上下文是把集群和用户关联在一起，并指定用户的默认命名空间。

```
[root@vms10 role]# kubectl config --kubeconfig=kc1 set-context context1
 --cluster=cluster1 --namespace=default --user=john
Context "context1" modified.
[root@vms10 role]#
```

请确保 kc1 里有 current-context: "context1"，如果没有请添加上去，参考步骤 1 模板里的对齐关系。

这样 kubeconfig 文件 kc1 就创建完毕了，下面开始验证 kubeconfig 文件。

15.1.3 验证 kubeconfig 文件

因为之前已经给 john 做了授权，那么 john 的 kubeconfig 文件 kc1 就应该具备相关的权限，下面测试这个新创建的 kubeconfig 文件是否具备相关权限。

步骤 1：检查 john 是否具备相关权限。

检查 john 是否具有 list 当前命名空间里的 pod 的权限。

```
[root@vms10 role]# kubectl auth can-i list pods --as john
yes
[root@vms10 role]#
```

检查 john 是否具有 list 命名空间 kube-system 里 pod 的权限。

```
[root@vms10 role]# kubectl auth can-i list pods -n kube-system --as john
yes
[root@vms10 role]#
```

步骤 2：把这个 kubeconfig 文件拷贝到 vms11 上。

```
[root@vms10 role]# scp kc1 vms11:~
kc1                    100% 5506    4.1MB/s    00:00
[root@vms10 role]#
```

步骤 3：在 vms11 上用此 kubeconfig 文件 kc1 执行集群命令。

```
[root@vms11 ~]# kubectl --kubeconfig=kc1 get nodes
NAME            STATUS   ROLES     AGE    VERSION
vms10.rhce.cc   Ready    master    8d     v1.21.1
vms11.rhce.cc   Ready    <none>    8d     v1.21.1
vms12.rhce.cc   Ready    <none>    8d     v1.21.1
[root@vms11 ~]#
```

可以正常使用，前面我们通过命令：

```
kubectl create clusterrolebinding test1 --clusterrole=cluster-admin --user=john
```

给用户 john 做了授权，这里先把这个授权给删除。

步骤 4：删除 john 的权限。

```
[root@vms10 role]# kubectl delete clusterrolebindings test1
clusterrolebinding.rbac.authorization.k8s.io "test1" deleted
[root@vms10 role]#
```

步骤 5：切换到 vms11 上进行测试。

```
[root@vms11 ~]# kubectl --kubeconfig=kc1 get nodes
Error from server (Forbidden): nodes is forbidden: User "john" cannot list
 resource "nodes" in API group "" at the cluster scope
[root@vms11 ~]#
```

可以看到 john 已经没有权限了。

上面是使用 kubeconfig 方式来登录，从 1.19 开始 basic-auth-file 的认证方法已经废弃了。

15.2 kubernetes 的授权

【必知必会】：创建和删除 role，创建和删除 rolebinding，创建和删除 clusterrole，创建和删除 clusterrolebinding

授权一般是基于 RBAC（Role Based Access Control，基于角色的访问控制）的方式，即并不会直接把权限授权给用户，而是把几个权限放在一个角色里，然后把角色授权给用户，如图 15-1 所示。

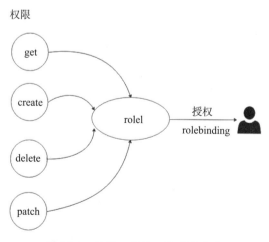

图 15-1　权限、角色、用户的关系

这里把一系列的权限放在 role1 里，然后把这个角色授权给用户，此时这个用户就会具有这个角色所有的权限。

把角色授权给用户，这个授权叫作 rolebinding，不管是 role 还是 rolebinding，都是基于命名空间的，也就是在哪个命名空间里创建，就在哪个命名空间里生效。

15.2.1 role 和 rolebinding

为了测试方便，下面创建几个命名空间：ns1、ns3 和 ns4（如果已经存在则不必创建）。

创建命名空间。

```
[root@vms10 role]# kubectl create ns ns1
namespace/ns1 created
[root@vms10 role]# kubectl create ns ns3
namespace/ns3 created
[root@vms10 role]# kubectl create ns ns4
namespace/ns4 created
[root@vms10 role]#
```

1. 创建 role

步骤 1：创建 role1.yaml，内容如下。

注意：这个文件可以通过 kubectl create role namex --verb=get,watch,list --resource=pods --dry-run=client -o yaml > role1.yaml 快速获取，然后修改。

```
[root@vms10 role]# cat role1.yaml
kind: Role
apiVersion: rbac.authorization.k8s.io/v1
metadata:
  name: pod-reader
rules:
- apiGroups: [""]
  resources: ["pods"]
  verbs: ["get", "watch", "list"]
[root@vms10 role]#
```

这里，role 的名字为 pod-reader。

对于 apiGroups，它是 role 的作用范围，即可以作用到哪些资源上。先看下常见对象的 apiversion 的类型。

pod：v1；

deployment：apps/v1；

daemonset：apps/v1；

job：batch/v1；

cronjob：batch/v1；

service：v1；

role：rbac.authorization.k8s.io/v1；

RoleBinding：rbac.authorization.k8s.io/v1。

这些 apiversion 是以 "父级 / 子级"的格式来写的。在定义角色的 yaml 文件里 apiGroups 字段，写对应的父级即可，如果没有父级，比如 pod 的 apiversion 值为 v1，则在 apiGroups 里写 " "，注意引号里没有空格。

role1.yaml 里 apiGroups 的值是 " "，意思是可以作用到 pod 和 service 这些资源上，因为它们的 apiversion 值并不存在父级。到底是 pod 还是 service，由下面的 resource 来指定。

如果 apiGroups 的值为 "apps" 的话，意思是可以作用到 deployment 和 daemonset，因为他们的 apiversion 是 apps/v1。到底是 deployment 还是 daemonset，由 resource 来指定。

如果想同时作用到 pod 和 deployment 的话，应该这样写：apiGroups: [" "," apps""]。

vers 用来指定所能使用的权限，包括 get、list、create、delete、update 等。

所以 role1.yaml 里定义的角色，对 pod 具有 get、watch、list 权限。

步骤 2：创建角色。

```
[root@vms10 role]# kubectl apply -f role1.yaml
role.rbac.authorization.k8s.io/pod-reader created
[root@vms10 role]#
```

这样就创建了一个名字叫作 pod-reader 的角色。

步骤 3：查看角色。

```
[root@vms10 role]# kubectl get role
NAME            AGE
pod-reader      7s
[root@vms10 role]#
```

步骤 4：查看角色的属性。

```
[root@vms10 role]# kubectl describe role pod-reader
Name:           pod-reader
...
PolicyRule:
  Resources   Non-Resource URLs   Resource Names   Verbs
  ---------   -----------------   --------------   -----
  pods        []                  []               [get watch list]
[root@vms10 role]#
```

这里可以看到，此角色对 pod 具有 get、watch、list 权限。

创建 role 也可以通过命令行来实现，在 CKA 的考试里如果要创建角色，可以通过命令行来快速实现，语法如下。

```
kubectl create role namex --verb=权限 1, 权限 2 ... --resource=pods,deployment,...
```

这句话的意思是创建一个名字为 namex 的角色，对 pods、deployment 具有权限 1、权限 2 等权限。

2. 创建 rolebinding

把角色授权给用户，由 rolebinding 来完成。这里把角色 pod-reader 授权给 john 用户，就需要创建一个 rolebinding。

步骤 1：创建 role1binding.yaml。

注意：这个文件可以通过 kubectl create rolebinding rbind1 --role=pod-reader --user=john --dry-run=client -o yaml > role1binding.yaml 获取，然后修改。

```
[root@vms10 role]# cat role1binding.yaml
kind: RoleBinding
apiVersion: rbac.authorization.k8s.io/v1
metadata:
  name: rbind1
subjects:
- kind: User
  name: john
  apiGroup: rbac.authorization.k8s.io
roleRef:
  kind: Role
  name: pod-reader
  apiGroup: rbac.authorization.k8s.io
[root@vms10 role]#
```

这里的意思是创建一个名字叫作 rbind1 的 rolebinding，把角色 pod-reader 授权给 john 用户，这个也可以使用命令行创建。

```
kubectl create rolebinding rbind1  --role=pod-reader  --user=john
```

这句话就是创建一个名字为 rbind1 的 rolebinding，把角色 pod-reader 授权给用户 john。

步骤 2：创建 rolebinding。

```
[root@vms10 role]# kubectl apply -f role1binding.yaml
rolebinding.rbac.authorization.k8s.io/rbind1 created
[root@vms10 role]#
```

步骤 3：查看现有的 rolebinding。

```
[root@vms10 role]# kubectl get rolebindings
NAME          AGE
rbind1        9s
[root@vms10 role]#
```

步骤 4：查看 rbind1 的属性。

```
[root@vms10 role]# kubectl describe rolebindings rbind1
...
Role:
  Kind:  Role
  Name:  pod-reader
```

```
Subjects:
  Kind  Name  Namespace
  ----  ----  ---------
  User  john
[root@vms10 role]#
```

可以看出来，角色 pod-reader 授权给了 john 用户。

步骤 5：在 vms11 上测试（前面已经把 kc1 拷贝到 vms11 了）。

```
[root@vms11 ~]# kubectl --kubeconfig=kc1 get pods -n ns3
Error from server (Forbidden): pods is forbidden: User "john" cannot list
resource "pods" in API group "" in the namespace "ns3"
[root@vms11 ~]#
```

因为授权 john 只能在当前命名空间 (nsrole) 里执行，所以在 ns3 里会出现没有权限的问题。

```
[root@vms11 ~]# kubectl --kubeconfig=kc1 get pods -n nsrole
No resources found in nsrole namespace.
[root@vms11 ~]#
```

在 nsrole 里查询 pod 就正常了，没有拒绝的提示。

如果查询 deployment 呢？可以试一下。

```
[root@vms11 ~]# kubectl --kubeconfig=kc1 get deploy -n nsrole
Error from server (Forbidden): deployments.apps is forbidden: User "john" cannot
list resource "deployments" in API group "apps" in the namespace "nsrole"
[root@vms11 ~]#
```

报错，因为角色 pod-reader 里只有对 pod 的操作权限，并没有对 deploy 的操作权限，所以 john 只能对 pod 具有相关的权限，而对 deploy 没有任何权限。

步骤 6：在 master 上对 role1.yaml 文件进行修改。

```
[root@vms10 role]# cat role1.yaml
kind: Role
apiVersion: rbac.authorization.k8s.io/v1
metadata:
  name: pod-reader
rules:
- apiGroups: ["","apps"]
  resources: ["pods","deployments"]
  verbs: ["get", "watch", "list"]
[root@vms10 role]#
[root@vms10 role]# kubectl apply -f role1.yaml
role.rbac.authorization.k8s.io/pod-reader configured
[root@vms10 role]#
```

这里在 resources 里增加了 deployments，意思是角色里添加了管理 deployment 的权限。如同前面所讲，请务必在 apiGroups 里把 "apps" 添加上，否则即使在 resources 中添加了 deployments，也不会生效。

步骤 7：再次到 vms11 上进行测试。

```
[root@vms11 ~]# kubectl --kubeconfig=kc1 get deploy -n nsrole
No resources found in nsrole namespace.
[root@vms11 ~]#
```

此时是正常的。

步骤 8：测试创建一个 deployment。

```
[root@vms11 ~]# kubectl --kubeconfig=kc1 create deploy web1 --image=nginx -n nsrole
error: failed to create deployment: deployments.apps is forbidden: User "john"
cannot create resource "deployments" in API group "apps" in the namespace "nsrole"
[root@vms11 ~]#
```

因为对 deploy 只具有查询的权限，并没有给它创建权限。

步骤 9：修改 role1.yaml。

```
[root@vms10 role]# cat role1.yaml
kind: Role
apiVersion: rbac.authorization.k8s.io/v1
metadata:
  name: pod-reader
rules:
- apiGroups: ["","apps"]
  resources: ["pods","deployments"]
  verbs: ["get", "watch", "list","create"]
[root@vms10 role]#
```

应用这个 yaml 文件。

```
[root@vms10 role]# kubectl apply -f role1.yaml
role.rbac.authorization.k8s.io/pod-reader configured
[root@vms10 role]#
```

步骤 10：再次测试。

```
[root@vms11 ~]# kubectl --kubeconfig=kc1 create deploy web1 --image=nginx -n nsrole
deployment.apps/web1 created
[root@vms11 ~]#
```

可以看到 deployment 创建成功了，然后查看 deployment。

```
[root@vms11 ~]# kubectl --kubeconfig=kc1 get deploy -n nsrole
NAME    READY    UP-TO-DATE    AVAILABLE    AGE
web1    1/1      1             1            17s
[root@vms11 ~]#
```

步骤 11：现在更新 web1 的副本数。

```
[root@vms11 ~]# kubectl --kubeconfig=kc1 scale deployment web1 --replicas=2 -n nsrole
Error from server (Forbidden): deployments.apps "web1" is forbidden: User "john"
```

```
cannot patch resource "deployments/scale" in API group "apps" in the namespace
 "nsrole"
[root@vms11 ~]#
```

更新不了，根据提示应该是对 deployments/scale 缺少 patch 权限。

步骤 12：继续修改 role1.yaml。

```
[root@vms10 role]# cat role1.yaml
kind: Role
apiVersion: rbac.authorization.k8s.io/v1
metadata:
  name: pod-reader
rules:
- apiGroups: ["","apps"]
  resources: ["pods","deployments","deployments/scale"]
  verbs: ["get", "watch", "list","create","patch"]
[root@vms10 role]#
[root@vms10 role]# kubectl apply -f role1.yaml
role.rbac.authorization.k8s.io/pod-reader configured
[root@vms10 role]#
```

步骤 13：回到客户端 vms11 上验证。

```
[root@vms11 ~]# kubectl --kubeconfig=kc1 scale deployment web1 --replicas=2 -n nsrole
deployment.apps/web1 scaled
[root@vms11 ~]# kubectl --kubeconfig=kc1 get deploy -n ns4
NAME    READY    UP-TO-DATE    AVAILABLE      AGE
web1    2/2      2             2              4m28s
[root@vms11 ~]#
```

修改成功，这里要修改副本数的话，必须要添加一个 patch 的权限才可以。

步骤 14：现在删除 deployment。

```
[root@vms11 ~]# kubectl --kubeconfig=kc1 delete deploy web1 -n nsrole
Error from server (Forbidden): deployments.apps "web1" is forbidden: User "john"
cannot delete resource "deployments" in API group "apps" in the namespace "nsrole"
[root@vms11 ~]#
```

没有删除权限，但提示要删除的话，角色必须要对 replicasets 也具有 delete 权限才行。

步骤 15：继续修改 role1.yaml。

```
[root@vms10 role]# cat role1.yaml
kind: Role
apiVersion: rbac.authorization.k8s.io/v1
metadata:
  name: pod-reader
rules:
- apiGroups: ["","apps"]
```

```
    resources: ["pods","deployments","deployments/scale"]
    verbs: ["get", "watch", "list","create","patch","delete"]
[root@vms10 role]# kubectl apply -f role1.yaml
role.rbac.authorization.k8s.io/pod-reader configured
[root@vms10 role]#
```

步骤 16：回到 vms11 上测试。

```
[root@vms11 ~]# kubectl --kubeconfig=kc1 delete deploy web1 -n nsrole
deployment.apps "web1" deleted
[root@vms11 ~]#
```

可以看到已经有足够的权限来删除 deployment 了。

以上可以得到一个结论，就是如果想对哪种资源（比如是 pod 还是 deployment）做某些操作（比如 delete 或 create），那么必须要给角色相关权限才可以。

步骤 17：删除 role 和 rolebinding。

```
[root@vms10 role]# kubectl delete role pod-reader
role.rbac.authorization.k8s.io "pod-reader" deleted
[root@vms10 role]# kubectl delete rolebindings rbind1
rolebinding.rbac.authorization.k8s.io "rbind1" deleted
[root@vms10 role]#
```

在上面的例子里，在 role 里授权时对 pod 和 deployment 的权限是一样的，如果想把 pod 和 deployment 设置不同的权限，可以按如下内容设置。

```
kind: Role
apiVersion: rbac.authorization.k8s.io/v1
metadata:
  name: pod-reader
rules:
- apiGroups: [""]
  resources: ["pods"]
  verbs: ["get", "watch", "list"]

- apiGroups: ["apps"]
  resources: ["deployments"]
  verbs: ["get", "watch"]
```

rolebinding 也可以通过命令行来快速创建，语法为：

```
kubectl create rolebinding 名字 --role=角色x --user=user1 --user=user2
```

这句话的意思是把角色 x 授权给 user1 和 user2。

15.2.2 clusterrole 和 clusterrolebinding

前面创建的 role 和 rolebinding 只能作用于一个具体的命名空间，如果想让角色在所有命名空间都生效的话，需要用到 clusterrole 和 clusterrolebinding。

下面创建一个 clusterrole 并创建一个 clusterrolebinding。

步骤 1：创建 clusterrole1.yaml，内容如下。

注意：这个文件可以通过 kubectl create clusterrole namex --verb=get,watch,list --resource=deploy --dry-run=client -o yaml > clusterrole1.yaml 快速获取，然后修改。

```
[root@vms10 role]# cat clusterrole1.yaml
kind: ClusterRole
apiVersion: rbac.authorization.k8s.io/v1
metadata:
  name: pod-reader
rules:
- apiGroups: ["apps"]
  resources: ["deployments","replicasets"]
  verbs: ["get", "watch", "list","create","update","delete"]
[root@vms10 role]#
```

步骤 2：创建 clusterole。

```
[root@vms10 role]# kubectl apply -f clusterrole1.yaml
clusterrole.rbac.authorization.k8s.io/pod-reader created
[root@vms10 role]#
```

这里就创建了一个名字为 pod-reader 的 clusterrole，此处字段的意义和前面一样，不再赘述。

创建 clusterrole 也可以通过命令行来实现，在 CKA 的考试里如果要创建角色，可以通过命令行来快速实现，语法如下。

```
kubectl create clusterrole namex --verb= 权限 1, 权限 2 ...
--resource=pods,deployment,...
```

这句话的意思是创建一个名字为 namex 的集群角色，对 pods、deployment 具有权限 1、权限 2 等权限。

把这个 clusterrole 授权给 john，下面创建一个 clusterrolebinding。

步骤 3：创建 clusterrolebinding1.yaml，内容如下。

注意：这个文件可以通过 kubectl create clusterrolebinding cbind1 --clusterrole=pod-reader --user=john -- dry-run=client -o yaml > clusterrole1binding.yaml 获取，然后修改。

```
[root@vms10 role]# cat clusterrolebinding1.yaml
kind: ClusterRoleBinding
apiVersion: rbac.authorization.k8s.io/v1
metadata:
  name: cbind1
subjects:
- kind: User
  name: john
```

```
  apiGroup: rbac.authorization.k8s.io
roleRef:
  kind: ClusterRole
  name: pod-reader
  apiGroup: rbac.authorization.k8s.io
[root@vms10 role]#
```

这里是把 pod-reader 这个 clusterrole 授权给 john 用户。

步骤 4：创建 clusterrolebinding。

```
[root@vms10 role]# kubectl apply -f clusterrolebinding1.yaml
clusterrolebinding.rbac.authorization.k8s.io/cbind1 created
[root@vms10 role]#
```

下面开始测试做的授权是否生效。

步骤 5：到 vms11 上进行测试。

```
[root@vms11 ~]# kubectl --kubeconfig=kc1 get deploy -n ns4
No resources found in ns4 namespace.
[root@vms11 ~]# kubectl --kubeconfig=kc1 get deploy -n ns2
No resources found in ns2 namespace.
[root@vms11 ~]# kubectl --kubeconfig=kc1 get deploy -n ns1
No resources found in ns1 namespace.
[root@vms11 ~]#
```

可以看到，在所有命名空间里都有权限了。

对于 clusterrolebinding 来说，也可以使用命令行来创建。

语法为：

```
kubectl create clusterrolebinding 名字 --role=角色 x --user=user1 --user=user2
```

这句话的意思是把集群角色 x 授权给 user1 和 user2。

```
[root@vms10 role]# kubectl delete -f clusterrolebinding1.yaml
clusterrolebinding.rbac.authorization.k8s.io "cbind1" deleted
[root@vms10 role]#
[root@vms10 role]# kubectl create clusterrolebinding cbind1 --clusterrole=pod-
reader --user=john
clusterrolebinding.rbac.authorization.k8s.io/cbind1 created
[root@vms10 role]#cd
[root@vms10 ~]#
```

这里的意思是，创建一个名字是 cbind1 的 clusterrolebinding，把 pod-reader 授权给 john 用户。

注意：clusterrole 可以通过 binding 或者 clusterrolebinding 绑定到用户。

如果通过 binding 绑定给用户，在哪个命名空间里创建的 binding，则用户只能在那个命名空间具备这个 clusterrole 里的权限。

如果通过 clusterrolebinding 绑定给用户，则用户在所有命名空间里都具备这个 clusterrole 里的权限。

15.2.3 service account

前面讲的用户（比如 tom、john 等）都是用于登录 kubernetes 的，这种账户叫作 user account。还有另外一种账户可以理解为是 kubernetes 的内置用户，指定的是 pod 里的进程以什么身份运行，这种账户叫作 service account，简称 sa，如图 15-2 所示。

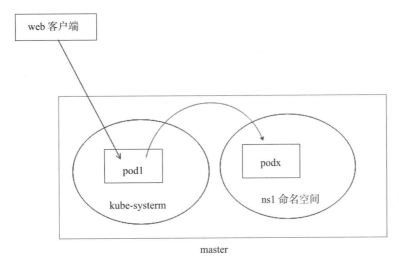

图 15-2　sa 的用途

我们要开发一个应用程序，目的是以 web 的方式来管理 kubernetes。这个程序以 pod 的方式运行，如图 15-2 中的 pod1，pod1 里运行了一个进程，可以接收用户发送的各种请求，比如创建或者删除 pod。

当用户从浏览器登录管理界面时，其实是登录到了 pod1，通过图形化界面的方式要在 ns1 命名空间里创建一个 podx，这一切实际上都是由 pod1 里的应用程序来完成。那么 pod1 里运行的这个进程是否有权限在 ns1 命名空间里创建 pod 呢？

我们可以指定 pod1 里的程序以某个 sa 身份来运行，然后给这个 sa 相关权限即可。

sa 是基于命名空间隔离的，即不同的命名空间可以有相同的 sa 名称。下面创建一个 sa，然后指定 pod 以这个 sa 运行。

以下操作仍然在命名空间 nsrole 里操作。

步骤 1：查看当前命名空间里有多少 sa。

```
[root@vms10 ~]# kubectl get sa
NAME       SECRETS     AGE
default    1           28s
[root@vms10 ~]#
```

步骤 2：创建名字为 app1 的 sa。

```
[root@vms10 ~]# kubectl create sa app1
```

```
serviceaccount/app1 created
[root@vms10 ~]#
[root@vms10 ~]# kubectl get sa
NAME         SECRETS      AGE
app1         1            5s
default      1            86s
[root@vms10 ~]#
```

每创建一个 sa，则会自动为它创建一个 secret，格式为 "sa 名 -token-xxx"。

```
[root@vms10 ~]# kubectl get secrets | grep app1
app1-token-bzhvn          kubernetes.io/service-account-token   3        58s
[root@vms10 ~]#
```

步骤 3：自行创建一个名字为 web1 的 deployment，查看此 deployment。

```
[root@vms10 ~]# kubectl get deployments.apps
NAME    READY    UP-TO-DATE    AVAILABLE      AGE
web1    3/3      3             3              31s
[root@vms10 ~]#
```

要设置 deployment 里的 pod 使用 app1 这个 sa 运行的话，可以用下面的方法。

```
kubectl set sa deploy  namex   saname
```

这里是让名字为 namex 的 deployment 所创建 pod 里的进程以 saname 这个 sa 的身份运行。

步骤 4：设置 web1 这个 deployment 所管理 pod 里的进程，以 app1 这个 sa 来运行。

```
[root@vms10 ~]# kubectl set sa deploy web1 app1
deployment.apps/web1 serviceaccount updated
[root@vms10 ~]#
```

这会删除原有的 pod，然后重新创建新的 pod。

步骤 5：查看 pod。

```
[root@vms10 ~]# kubectl get pods
NAME                      READY    STATUS         RESTARTS      AGE
web1-57cb6d465f-7mg6x     0/1      Terminating    0             85s
web1-57cb6d465f-h7rm4     1/1      Terminating    0             85s
web1-57cb6d465f-nx8tz     0/1      Terminating    0             113s
web1-5d7584ddf9-cpznh     1/1      Running        0             1s
web1-5d7584ddf9-h7gzn     1/1      Running        0             2s
web1-5d7584ddf9-rs5kr     1/1      Running        0             3s
[root@vms10 ~]#
```

步骤 6：验证 pod 是否以指定的 sa 运行。

```
[root@vms10 ~]# kubectl describe deployments.apps web1 | grep -i account
  Service Account:  app1
[root@vms10 ~]#
```

或者打开 kubectl edit deployments.web1 之后，直接切换到最后，如图 15-3 所示。

```
spec:
  containers:
  - image: nginx
    imagePullPolicy: IfNotPresent
    name: nginx
    resources: {}
    terminationMessagePath: /dev/termination-log
    terminationMessagePolicy: File
  dnsPolicy: ClusterFirst
  restartPolicy: Always
  schedulerName: default-scheduler
  securityContext: {}
  serviceAccount: app1
  serviceAccountName: app1
  terminationGracePeriodSeconds: 30
```

图 15-3　验证 sa 是否生效

看到了 service Account: app1，就说明 pod 是以 app1 这个 sa 运行了。

步骤 7：删除此 deployment。

```
[root@vms10 ~]# kubectl delete deployments web1
deployment.apps "web1" deleted
[root@vms10 ~]#
```

把角色授权给 sa 的命令如下。

```
kubectl create  rolebinding 名字 --role=角色 x --serviceaccount= 命名空间 :sa-name
```

把集群角色授权给 sa 的命令如下。

```
kubectl create clusterrolebinding 名字 --clusterrole=角色 x --serviceaccount=
命名空间 :sa-name
```

意思是把某个角色或者集群角色授权给某命名空间里的 sa。

15.3 安装 dashboard

前面所有的操作都是在命令行里进行的，其实也有很多 web 界面的工具帮助我们管理 kubernetes，比如 KubeSphere、rancher 等。本节主要讲的是如何安装 kubernetes 自带的 dashboard。

步骤 1：下载并安装 dashboard 所需要的 yaml 文件。

把 dashboard-recommended.yaml（下载地址为 https://raw.githubusercontent.com/kubernetes/dashboard/ v2.0.0/aio/deploy/recommended.yaml，下载下来之后可以命名为 dashboard-recommended.yaml，也可以不重命名）上传到 master（vms10）上。

步骤 2：查看此文件所使用的镜像。

```
[root@vms10 ~]# grep image dashboard-recommended.yaml
        #image: kubernetesui/dashboard:v2.0.0-beta8
        image: registry.cn-hangzhou.aliyuncs.com/kube-iamges/dashboard:v2.0.0-
```

```
beta8
#上面这个是显示问题，好像自动拐弯的，其实是一行内容
        #imagePullPolicy: Always
        imagePullPolicy: IfNotPresent
        #image: kubernetesui/metrics-scraper:v1.0.1
        image: registry.cn-hangzhou.aliyuncs.com/kube-iamges/metrics-
scraper:v1.0.1
        imagePullPolicy: IfNotPresent
[root@vms10 ~]#
```

在所有节点上把这两个镜像下载下来，并把镜像下载策略改为 IfNotPresent。

步骤 3：应用 dashboard-recommended.yaml。

```
[root@vms10 ~]# kubectl apply -f dashboard-recommended.yaml
namespace/kubernetes-dashboard created
serviceaccount/kubernetes-dashboard created
... 大量输出 ...
service/dashboard-metrics-scraper created
deployment.apps/dashboard-metrics-scraper created
[root@vms10 ~]#
```

这个文件会创建出来一个命名空间 kubernetes-dashboard。

步骤 4：查看 kubernetes-dashboard 命名空间里的 svc。

```
[root@vms10 ~]# kubectl get svc -n kubernetes-dashboard
NAME                        TYPE        CLUSTER-IP      EXTERNAL-IP   PORT(S)     AGE
dashboard-metrics-scraper   ClusterIP   10.102.96.135   <none>        8000/TCP    2m39s
kubernetes-dashboard        ClusterIP   10.111.66.47    <none>        443/TCP     2m39s
```

步骤 5：通过 kubectl edit svc kubernetes-dashboard -n kubernetes-dashboard 命令把 kubernetes-dashboard 的类型改为 NodePort。

```
[root@vms10 ~]# kubectl get svc -n kubernetes-dashboard
NAME                        TYPE        CLUSTER-IP      EXTERNAL-IP   PORT(S)         AGE
dashboard-metrics-scraper   ClusterIP   10.102.96.135   <none>        8000/TCP        5m24s
kubernetes-dashboard        NodePort    10.111.66.47    <none>        443:31112/TCP   5m24s
[root@vms10 ~]#
```

步骤 6：通过物理机的 31112 端口来访问 dashboard，地址栏输入 https://192.168.26.10:31112/ 来访问。单击"高级"按钮，如图 15-4 所示。

图 15-4　访问 dashboard

单击"接受风险并继续"按钮，如图 15-5 所示。

图 15-5　单击"接受风险并继续"按钮

这里可以使用 kubeconfig 的方式登录，也可以使用 Token 的方式登录。此处用 Token 登录，如图 15-6 所示。那么这里令牌是多少呢？

图 15-6　用 Token 登录

步骤 7：确定 dashboard 的 pod 是以哪个 sa 运行的。

查看文件 dahboard-recommended.yaml，里面定义的所有的资源（角色、deployment 等）都是在命名空间 kubernetes-dashboard 里运行的。在定义 deployment 的部分找到 serviceAccountName 字段，可以确定 dashboard 的进程是以命名空间 kubernetes-dashboard 里的 kubernetes-dashboard 这个 sa 的身份运行的。

给这个 sa 赋予相关的权限：

```
kubectl create clusterrolebinding dashsa --clusterrole=cluster-admin
--serviceaccount=kubernetes-dashboard:kubernetes-dashboard
```

这里直接把集群角色 cluster-admin 授权给它了。

步骤 8：在 kubernetes-dashboard 命名空间里查看 secret。

```
[root@vms10 ~]# kubectl get secret -n kubernetes-dashboard
NAME          TYPE                            DATA   AGE
... 输出 ...
kubernetes-dashboard-token-q248x  kubernetes.io/service-account-token3   16m
[root@vms10 ~]#
```

```
[root@vms10 ~]#
```

这里可以看到此 sa 所对应的 secret 是 kubernetes-dashboard-token-q248x。

注意：读者练习时 kubernetes-dashboard-token-- 后面的字符和这里是不一样的，这是随机生成的。

步骤 9：查看此 kubernetes-dashboard-token-q248x 的具体信息。

```
[root@vms10 ~]# kubectl describe secrets kubernetes-dashboard-token-q248x -n
kubernetes-dashboard
... 大量输出 ...
token:        eyJhbGciOiJSUz... 大量输出 ...
ca.crt:       1066 bytes
[root@vms10 ~]#
```

这里 Token 后面的这大段字符就是我们所需要的。

步骤 10：复制粘贴这个 Token 到浏览器，单击登录，如图 15-7 所示。

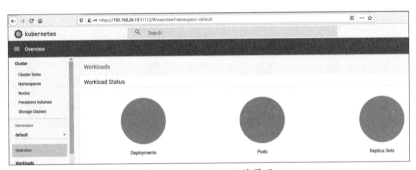

图 15-7　dashboard 的界面

在 dashboard 里的具体操作请自行练习。

15.4 资源限制

【必知必会】：通过 pod 的 resources 字段对资源做限制，创建和删除 limitrange，创建和删除 resourcequota

在前面 docker 里讲资源限制时讲过，容器会把它所在物理机所有资源都认为是自己的。pod 里包含的是容器，所以也会把整个物理机资源（内存、CPU 等）当成是自己的。因此我们也可以限制 pod 里容器对资源的使用。

限制资源可以通过在 pod 里的 resources 字段、limitrange、resourcequota 来限制。

15.4.1 利用容器里的 resources

在定义 pod 的 yaml 文件里，可以通过设置 resources 选项来定义容器所需消耗的最多和最少的

CPU 和内存资源。

步骤 1：创建 pod 的 yaml 文件，按以下内容修改。

```
[root@vms10 ~]# cd role/
[root@vms10 role]#
[root@vms10 role]# cat pod1.yaml
apiVersion: v1
kind: Pod
metadata:
  creationTimestamp: null
  labels:
    run: pod1
  name: pod1
spec:
  containers:
  - image: nginx
    imagePullPolicy: IfNotPresent
    name: pod1
    resources:
      requests:            #requests 设置的是 pod 所在 worker 的最低配置
        cpu: 50m
        memory: 10Gi
      limits:              #limits 设置的是 pod 所能消耗的最多资源
        cpu: 100m
        memory: 20Gi
[root@vms10 role]#
```

这里 requests 设置的是，要运行此容器的话节点所需要的最低配置。limits 设置的是，此容器最多能消耗多少资源。

这里对内存的限制很容易理解，那么 CPU 单位为 m 如何理解呢？在 kubernetets 系统中，一个核心（1 core）CPU 相当于 1000 个微核心（millicores），因此 500m 相当于是 0.5 个核心，即二分之一个核心。CPU 的实验不好模拟，下面以内存来演示。

比如这个例子里，requests 里 memory 设置为 10GB，即要运行此 pod 里的这个容器，节点至少要分配出 10GB 的内存，但是节点上的内存信息是：

```
[root@vms11 ~]# free -m
              total        used        free    ...
Mem:           3935         835         387    ...
Swap:             0           0           0    ...
[root@vms11 ~]#
```

总共就 4GB 内存，现在大概用了 800MB 左右，不过这里缓存占用了一部分。

步骤 2：通过如下命令清理缓存。

```
[root@vms11 ~]# echo 3 > /proc/sys/vm/drop_caches
[root@vms11 ~]# free -m
              total        used        free    ...
Mem:          3935         825         2533    ...
Swap:            0           0            0    ...
[root@vms11 ~]#
```

远远小于 10GB，所以运行此 pod 的结果为 Pending。

步骤 3：创建 pod。

```
[root@vms10 role]# kubectl apply -f pod1.yaml
pod/pod1 created
[root@vms10 ~]# kubectl get pods
NAME     READY     STATUS      RESTARTS      AGE
pod1     0/1       Pending     0             3s
[root@vms10 role]#
```

状态为 Pending，因为节点不能满足容器运行的最低要求。

步骤 4：删除此 pod 并修改 yaml 文件如下。

```
[root@vms10 role]# cat pod1.yaml
apiVersion: v1
kind: Pod
metadata:
  creationTimestamp: null
  labels:
    run: pod1
  name: pod1
spec:
  containers:
  - image: hub.c.163.com/library/centos:latest
    command: ["sh","-c","sleep 10000"]
    imagePullPolicy: IfNotPresent
    name: pod1
    resources:
      requests:
        cpu: 50m
        memory: 256Mi
      limits:
        cpu: 100m
        memory: 512Mi
[root@vms10 ~]#
```

在 limits 里设置 memory 的大小为 512MB，即此容器里最多只能消耗 512MB 内存，验证下。

步骤 5：创建 pod，并查看 pod 在哪台机器上运行。

```
[root@vms10 role]# kubectl apply -f pod1.yaml
```

```
pod/pod1 created
[root@vms10 role]# kubectl get pods -o wide --no-headers
pod1   1/1   Running   0   3s   10.244.14.52   vms12.rhce.cc ...
[root@vms10 role]#
```

此 pod 是在 vms12 上运行的。

步骤 6：把内存测试工具拷贝到 pod，并进入 pod 安装此工具。

```
[root@vms10 role]# kubectl cp memload-7.0-1.r29766.x86_64.rpm pod1:/opt/
[root@vms10 role]# kubectl exec -it pod1 -- bash
[root@pod1 /]# rpm -ivh /opt/memload-7.0-1.r29766.x86_64.rpm
Preparing...                ################################# [100%]
Updating / installing...
   1:memload-7.0-1.r29766   ################################# [100%]
[root@pod1 /]#
```

开始测试，先查看下 vms12 的内容使用情况。

步骤 7：在 vms12 的终端上清除缓存。

```
[root@vms12 ~]# echo 3 > /proc/sys/vm/drop_caches
[root@vms12 ~]# free -m
            total       used       free    ...
Mem:         3935        724       2593    ....
Swap:           0          0          0
[root@vms12 ~]#
```

可以看到这里大概还有 2.6GB 内存可用。

步骤 8：切换到 pod 所在终端，在 pod 里消耗 400MB 内存。

```
[root@pod1 /]# memload 400
Attempting to allocate 400 Mebibytes of resident memory...
```

步骤 9：再次到 vms12 终端上查看内存使用情况。

```
[root@vms12 ~]# free -m
            total       used       free
Mem:         3935       1132       2191
Swap:           0          0          0
[root@vms12 ~]#
```

这里内存剩余 2.2GB 左右，说明 400MB 内存分配出去了。

步骤 10：切换到 pod 所在终端，按【Ctrl+C】组合键终止 memload，这样内存就会释放。

步骤 11：在 pod 里申请 600MB 试试。

```
[root@pod1 /]# memload 600
Attempting to allocate 600 Mebibytes of resident memory...
Killed
[root@pod1 /]#
```

可以看到这里中断了 memload 的进程，显示为 Killed，即申请不到 600MB 内存。

步骤 12：退出并删除此 pod。

```
[root@vms10 role]# kubectl delete pod pod1
pod "pod1" deleted
[root@vms10 role]#
```

15.4.2 limitrange

limitrange 的主要作用是限制 pod 或者容器里最多能运行的内存和 CPU 资源，每个 pvc 最多只能使用多少空间等。

步骤 1：创建 limit.yaml 内容如下。

```
[root@vms10 role]# cat limit.yaml
apiVersion: v1
kind: LimitRange
metadata:
  name: mem-limit-range
spec:
  limits:
  - max:
      memory: 512Mi
    min:
      memory: 256Mi
    type: Container
[root@vms10 role]#
```

这里的意思是，limitrange 的名字是 mem-limit-range，规定每个容器最多只能运行 512MB 内存。

步骤 2：创建此 limitrange 并查看现有的 limitrange。

```
[root@vms10 role]# kubectl apply -f limit.yaml
limitrange/mem-limit-range created
[root@vms10 role]# kubectl get limitrange
NAME                CREATED AT
mem-limit-range     2021-06-10T02:19:53Z
[root@vms10 role]#
```

步骤 3：查看此 limitrange 的具体属性。

```
[root@vms10 role]# kubectl describe limitranges mem-limit-range
Name:       mem-limit-range
Namespace:  nsrole
Type       Resource  Min    Max    Default Request  Default Limit  Max Limit/Request Ratio
----       --------  ---    ---    ---------------  -------------  --------
Container  memory    256Mi  512Mi  512Mi            512Mi          -
[root@vms10 role]#
```

下面开始测试。

步骤 4：创建一个 pod 的 yaml，用于测试。

```
[root@vms10 role]# cat pod2.yaml
apiVersion: v1
kind: Pod
metadata:
  name: demo
  labels:
    purpose: demonstrate-envars
spec:
  containers:
  - name: demo1
    image: hub.c.163.com/library/centos:latest
    imagePullPolicy: IfNotPresent
    command: ['sh','-c','sleep 5000']
[root@vms10 role]#
```

步骤 5：创建 pod 并查看现有的 pod。

```
[root@vms10 role]# kubectl apply -f pod1.yaml
pod/demo created
[root@vms10 role]# kubectl get pods
NAME    READY    STATUS    RESTARTS    AGE
demo    1/1      Running   0           2s
[root@vms10 role]#
```

步骤 6：把测试包 memload 拷贝到此容器，然后安装。

```
[root@vms10 role]# kubectl cp memload-7.0-1.r29766.x86_64.rpm demo:/opt
[root@vms10 role]# kubectl exec demo -it bash
[root@demo /]# rpm -ivh /opt/memload-7.0-1.r29766.x86_64.rpm
Preparing...          ############################### [100%]
Updating / installing...
   1:memload-7.0-1.r29766    ###################### [100%]
[root@demo /]#
```

步骤 7：测试消耗 600MB 的内存。

```
[root@demo /]# memload 600
Attempting to allocate 600 Mebibytes of resident memory...
Killed
[root@demo /]#
```

测试失败，因为最多只能消耗 512MB 的内存。

步骤 8：删除此测试 pod。

```
[root@demo /]# exit
exit
command terminated with exit code 137
[root@vms10 role]# kubectl delete pod demo
pod "demo" deleted
[root@vms10 role]#
```

步骤 9：删除此 limitrange。

```
[root@vms10 role]# kubectl delete -f limit.yaml
limitrange "mem-limit-range" deleted
[root@vms10 role]#
```

15.4.3 resourcequota

resourcequota 的意思是，限制某个命名空间最多只能调用多少资源，比如最多能运行多少个
svc、多少个 pod 等。

步骤 1：创建一个 deployment。

```
[root@vms10 role]# kubectl get deployments.
NAME      READY    UP-TO-DATE    AVAILABLE    AGE
nginx1    1/1      1             1            6s
[root@vms10 role]#
```

步骤 2：查看是否有 resourcequota。

```
[root@vms10 role]# kubectl get resourcequotas
No resources found in nsrole namespace.
[root@vms10 role]#
```

步骤 3：创建 resource.yaml，内容如下。

```
[root@vms10 role]# cat resource.yaml
apiVersion: v1
kind: ResourceQuota
metadata:
  name: compute-resources
spec:
  hard:
    pods: "4"
    services: "2"
[root@vms10 role]#:
```

这里最多只能创建 4 个 pod、2 个 svc。

步骤 4：创建 resourcequota。

```
[root@vms10 role]# kubectl apply -f resource.yaml
resourcequota/compute-resources created
[root@vms10 role]#
```

下面开始测试。

步骤 5：把 deployment 升级到 10 个 pod。

```
[root@vms10 role]# kubectl scale deployment nginx1 --replicas=10
deployment.apps/nginx1 scaled
[root@vms10 role]# kubectl get pods
```

```
NAME                      READY    STATUS              RESTARTS    AGE
nginx1-6d85b46d7-2mm5l    0/1      ContainerCreating   0           2s
nginx1-6d85b46d7-4ws6z    1/1      Running             0           9s
nginx1-6d85b46d7-qcgmr    0/1      ContainerCreating   0           2s
nginx1-6d85b46d7-vpzgd    0/1      ContainerCreating   0           2s
[root@vms10 role]#
```

这里显示还是 4 个 pod，因为我们设置当前命名空间里最多只能运行 4 个 pod。

步骤 6：创建 svc。

```
[root@vms10 role]# kubectl expose deployment nginx1 --name=svc1 --port=80
service/svc1 exposed
[root@vms10 role]#
[root@vms10 role]# kubectl expose deployment nginx1 --name=svc2 --port=80
service/svc2 exposed
[root@vms10 role]# kubectl expose deployment nginx1 --name=svc3 --port=80
Error from server (Forbidden): services "svc3" is forbidden: exceeded quota:
compute-resources, requested: services=1, used: services=2, limited: services=2
[root@vms10 role]#
```

创建完两个 svc 之后，再创建第 3 个 svc 的时候，已经创建不出来了，因为我们限制在当前命名空间里最多只能创建 2 个 service。

步骤 7：删除此 resourcequota。

```
[root@vms10 role]# kubectl delete -f resource.yaml
resourcequota "compute-resources" deleted
[root@vms10 role]#
```

模拟考题

1. 创建一个 role，满足如下需求。

（1）名字为 role1。

（2）此角色对 pod 具有 get、create 权限。

（3）此角色对 deployment 具有 get 权限。

2. 创建 limitrange，满足如下要求。

（1）名字为 mylimit。

（2）对容器进行限制。

（3）最高只能消耗 800MB 内存。

3. 创建 resourcequota，满足如下要求。

（1）名字为 myquota。

（2）在命名空间里，最多只能创建 6 个 pod、6 个 svc。

4. 创建一个名字为 mysa 的 serviceaccount。

5. 创建一个 deployment，满足如下要求。

（1）名字为 mydep，副本数为 3。

（2）镜像为 nginx。

（3）镜像下载策略为 IfNotPresent。

6. 更新 mydep，要求其管理的 pod 以 mysa 身份运行。

7. 删除 mylimit、myquota、mydep。

16

第 16 章

devops

考试大纲

本章不是 CKA 的考试内容，作为综合复习的章节。

前面我们在 k8s 里部署应用，基本上都是从网络上 pull 下来的镜像。在生产环境里，公司有自己开发的一套应用程序，打包成镜像，然后在 k8s 环境里部署。

整个过程包括如下几个步骤。

（1）软件更新或者迭代。

（2）把新版的软件打包成镜像。

（3）把新的镜像在 k8s 集群里部署。

这里有一个问题就是，如果软件迭代或者更新频繁，我们就需要不停地对软件进行打包，然后重新部署。

如果有这样的一台服务器，可以帮助我们自动地把程序打包成镜像，之后自动在 k8s 环境里部署新的镜像，这样即使代码频繁迭代，也可以快速地在 k8s 环境里部署，如图 16-1 所示。

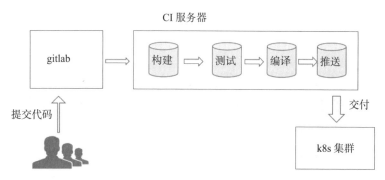

图 16-1　持续集成 / 持续交付流程图

当程序员把代码提交到 gitlab 时，马上会触发 CI（持续集成）服务器，开始将这段新的代码重新编译成镜像，然后自动在 k8s 里部署（CD 持续交付 / 部署），这样整个过程就变得简单了很多。这里的 CI 服务器可以用 jenkins 来做。

16.1 实验拓扑

实验拓扑图如图 16-2 所示。

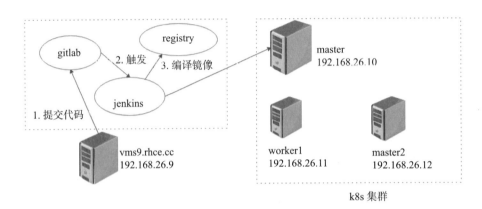

图 16-2　实验拓扑图

此实验里，vms9 是作为客户端（程序员写代码的地方），vms9 上跑了 3 个容器，分别如下。

（1）gitlab：作为代码仓库。

（2）jenkins：作为 CI 服务器。

（3）registry：作为镜像仓库。

当 vms9 上提交代码到 gitlab 之后，会立马触发 jenkins，将新代码编译成镜像，然后在 vms10 上部署新的镜像。

16.2 准备 vms9，并搭建仓库

在 vms9 上运行一个容器 myreg，这个容器作为镜像仓库使用，jenkins 把构建出来的镜像推送到此仓库里。kubernetes 集群从这个仓库下载新的镜像，在环境里部署。

步骤 1：在 vms9 上安装 docker，并设置修改参数。

```
root@vms9 ~]# yum install docker-ce -y
已加载插件：fastestmirror
   ...输出...
```

```
作为依赖被升级：
elinux-policy.noarch 0:3.13.1-229.el7_6.15
selinux-policy-targeted.noarch 0:3.13.1-229.el7_6.15

完毕！
[root@vms9 ~]#
```

步骤 2：修改 docker 启动参数。

因 为 本 机 器 上 运 行 的 一 个 容 器 会 作 为 镜 像 仓 库，所 以 需 要 添 加 参 数 --insecure-registry=192.168.26.9:5000，又因为后续创建 jenkins 容器的时候，需要使用 vms9 上安装的 docker，所以需要添加参数 -H tcp://0.0.0.0:2376，使用 vim 打开文件 /usr/lib/systemd/system/docker.service，修改内容如下：

```
ExecStart=/usr/bin/dockerd --insecure-registry=192.168.26.9:5000 -H tcp://0.0.0.0:2376
-H fd:// --containerd=/run/containerd/containerd.sock
```

上面的粗体字为新增的。

步骤 3：启动 docker 并设置为开机自动启动。

```
[root@vms9 ~]# systemctl daemon-reload
[root@vms9 ~]# systemctl enable docker --now
Created symlink from /etc/systemd/system/multi-user.target.wants/docker.service to
/usr/lib/systemd/system/docker.service.
[root@vms9 ~]#
```

步骤 4：在 vms9 这台机器上下载镜像。

```
[root@vms9 ~]# docker pull hub.c.163.com/library/registry:latest
Trying to pull repository hub.c.163.com/library/registry ...
latest: Pulling from hub.c.163.com/library/registry
25728a036091: Pull complete
...
[root@vms9 ~]#
```

另外请自行把 nginx 镜像下载下来。

步骤 5：创建容器作为 docker 镜像仓库。

```
[root@vms32 ~]# docker run -d --name registry -p 5000:5000 --restart=always -v /
myreg:/var/lib/registry hub.c.163.com/library/registry
aea0cc63e2fa0b6529c7419a9190c324587e94cd12ecb40178b129fddb6f1605
[root@vms32 ~]#
```

因为 kubernetes 里的主机要从此仓库下载镜像，所以需要修改一下 kubernetes 里 3 台主机的 docker 参数。

步骤 6：修改 kubernetes 集群里 3 台节点的 docker 参数。

因为环境里即将使用的仓库地址为 192.168.26.9:5000，所以在 vms10、vms11、vms12 这 3 台机器上使用 vim 打开文件 /usr/lib/systemd/system/docker.service，修改内容如下：

```
ExecStart=/usr/bin/dockerd --insecure-registry=192.168.26.9:5000
-H tcp://0.0.0.0:2376 -H fd:// --containerd=/run/containerd/containerd.sock
```

上面粗体字是新增加的，保存退出。

步骤 7：在 3 台机器上重启 docker。

```
systemctl daemon-reload ; systemctl restart docker
```

16.3 安装 gitlab 并配置

下面开始部署 gitlab，也是以容器的方式来运行，所以需要先下载镜像。

步骤 1：下载 gitlab 中文版的镜像。

```
[root@vms9 ~]# docker pull beginor/gitlab-ce
Using default tag: latest
Trying to pull repository docker.io/beginor/gitlab-ce ...
latest: Pulling from docker.io/beginor/gitlab-ce
  ... 输出 ...
Status: Downloaded newer image for docker.io/beginor/gitlab-ce:latest
[root@vms9 ~]#
```

步骤 2：创建目录，用于存储 gitlab 容器里的数据。

```
[root@vms9 ~]# mkdir -p /data/gitlab/etc /data/gitlab/log /data/gitlab/data
[root@vms9 ~]# chmod 777 /data/gitlab/etc /data/gitlab/log /data/gitlab/data
[root@vms9 ~]#
```

步骤 3：创建 gitlab 容器。

```
[root@vms9 ~]# docker run -dit --name=gitlab --restart=always -p 8443:443 -p 80:80
-p 222:22 -v /data/gitlab/etc:/etc/gitlab -v /data/gitlab/log:/var/log/gitlab -v /
data/gitlab/data:/var/opt/gitlab --privileged=true beginor/gitlab-ce
4d6c98cffb6e9d5f0bce4f7e34070d74def333b2564cca7f74d18bd0c5e45862
[root@vms9 ~]#
```

在创建此容器时，因为使用了数据卷，所以 gitlab 容器的配置也都保存在服务器 vms9 的相关目录上。因为我们需要修改 gitlab 的配置并让其生效，所以大概 1 分钟之后关闭此容器。

步骤 4：关闭 gitlab 的容器。

```
[root@vms9 ~]# docker stop gitlab
gitlab
[root@vms9 ~]#
```

步骤 5：修改 gitlab 相关配置。

因为容器 gitlab 使用了数据卷，所以下面两处位置都是在 vms9 上直接修改。

（1）用 vim 编辑器修改 /data/gitlab/etc/gitlab.rb。

```
external_url 'http://192.168.26.9'
```

```
gitlab_rails['gitlab_ssh_host'] = '192.168.26.9'
gitlab_rails['gitlab_shell_ssh_port'] = 222
```

（2）用 vim 编辑修改 /data/gitlab/data/gitlab-rails/etc/gitlab.yml。

```
11    gitlab:
12      ## Web server settings (note: host is the FQDN, do not include http://)
13      host: 192.168.26.9
14      port: 80
15      https: false
```

步骤 6：启动 gitlab 容器。

```
[root@vms9 ~]# docker start gitlab
gitlab
[root@vms9 ~]#
```

步骤 7：在浏览器里输入 192.168.26.9，会让我们为 root 用户设置新的密码，如图 16-3 所示。

图 16-3 设置新密码

如果密码设置没有满足一定的复杂性，则会有如下报错，如图 16-4 所示。

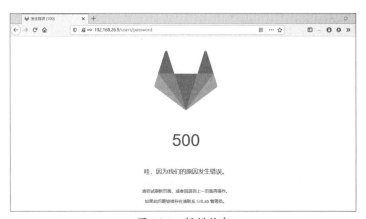

图 16-4 报错信息

重新设置密码，满足一定的复杂性，然后单击"修改密码"按钮，如图 16-5 所示。

图 16-5　修改密码

输入 root 和刚刚设置过的密码，单击"登录"按钮，如图 16-6 所示。

图 16-6　登录界面

步骤 8：登录之后，单击"创建一个项目"按钮，如图 16-7 所示。

图 16-7　创建新项目

步骤 9：在项目名称位置写入 p1，在"可见等级"区域选中"公开"单选项，然后单击"创建项目"按钮，如图 16-8 所示。

图 16-8　设置项目可见等级

步骤 10：项目创建之后，单击"复制"按钮获取 clone 的链接，如图 16-9 所示。

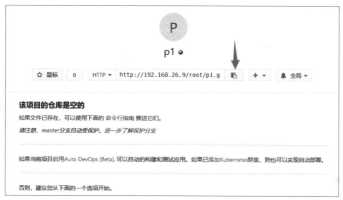

图 16-9　复制链接

步骤 11：在客户端上测试，直接将 vms9 作为客户端。

用命令 yum install git -y 安装 git 客户端软件，然后用 git clone 把此项目的版本库克隆下来。

```
[root@vms9 ~]# git clone http://192.168.26.9/root/p1.git
正克隆到 'p1'...
warning: 您似乎克隆了一个空版本库
[root@vms9 ~]#
```

步骤 12：进入 p1 目录，然后设置一些变量。

```
[root@vms9 ~]# cd p1/
[root@vms9 p1]# git config --global user.name "lduan"
[root@vms9 p1]# git config --global user.email lduan@example.com
[root@vms9 p1]# git config --global push.default simple
[root@vms9 p1]#
```

步骤 13：创建 index.html 并推送到代码仓库。

```
[root@vms9 p1]# echo 1111 > index.html
[root@vms9 p1]# git add .
```

```
[root@vms9 p1]# git commit -m 111
[root@vms9 p1]# git push
Username for 'http://192.168.26.9': root
Password for 'http://root@192.168.26.9':    #输入 root 密码
Counting objects: 3, done.
Writing objects: 100% (3/3), 207 bytes | 0 bytes/s, done.
Total 3 (delta 0), reused 0 (delta 0)
To http://192.168.26.9/root/p1.git
 * [new branch]        master -> master
[root@vms9 p1]#
```

至此，gitlab 配置完毕。

16.4 jenkins 安装

下面开始部署 jenkins，也是以容器的方式来运行，所以需要先下载镜像。

步骤 1：把 jenkins 的镜像下载下来。

```
[root@vms9 ~]# docker pull jenkins/jenkins:2.249.1-lts-centos7
Trying to pull repository docker.io/jenkins/jenkins ...
2.249.1-lts-centos7: Pulling from docker.io/jenkins/jenkins
    ... 大量输出 ...
Status: Downloaded newer image for docker.io/jenkins/jenkins:2.249.1-lts-centos7
[root@vms9 ~]#
```

步骤 2：创建数据卷所需要的目录，并把所有者和所属组改为 1000。

```
[root@vms9 ~]# mkdir /jenkins ; chown 1000.1000 /jenkins
[root@vms9 ~]#
```

这里之所以要改成 1000，是因为容器里是以 jenkins 用户的身份去读写数据的，而在容器里 jenkins 的 uid 是 1000。可以看下此镜像的 Dockerfile 内容，如图 16-10 所示。

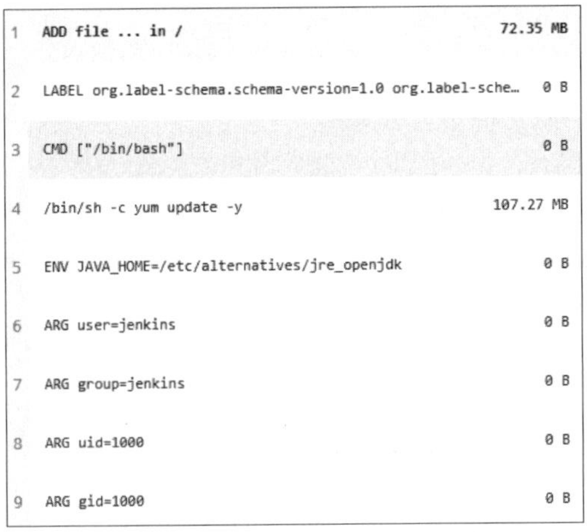

1	ADD file ... in /	72.35 MB
2	LABEL org.label-schema.schema-version=1.0 org.label-sche...	0 B
3	CMD ["/bin/bash"]	0 B
4	/bin/sh -c yum update -y	107.27 MB
5	ENV JAVA_HOME=/etc/alternatives/jre_openjdk	0 B
6	ARG user=jenkins	0 B
7	ARG group=jenkins	0 B
8	ARG uid=1000	0 B
9	ARG gid=1000	0 B

图 16-10　镜像的 Dockerfile 内容

步骤 3：创建 jenkins 容器。

```
[root@vms9 ~]# docker run -dit -p 8080:8080 -p 50000:50000 --name jenkins
--privileged=true  --restart=always -v /jenkins:/var/jenkins_home jenkins/
jenkins:2.249.1-lts-centos7
44a32750c94c400c9e1ddfcacd692f514850ca84bef7f36fe897ce0593a4cb5f
[root@vms9 ~]#
```

注意：最后的 jenkins/jenkins:2.249.1-lts-centos7 是镜像名，因为排版问题，看起来像是换行了。

步骤 4：打开浏览器，输入 192.168.26.9:8080，如图 16-11 所示。

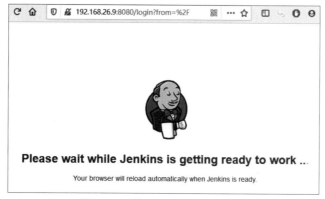

图 16-11　输入 192.168.26.9:8080

记住，此时一定要继续保持这个页面持续运行，让其初始化一下，直到看到解锁界面，如图 16-12 所示。

图 16-12　解锁 jenkins 界面

因为要修改 jenkins 的配置，所以此时关闭 jenkins 容器。

步骤 5：关闭 jenkins 容器。

```
[root@vms9 ~]# docker stop jenkins
jenkins
[root@vms9 ~]#
```

步骤 6：用 vim 编辑器打开 /jenkins/hudson.model.UpdateCenter.xml，按如下修改。

```
<?xml version='1.1' encoding='UTF-8'?>
<sites>
  <site>
    <id>default</id>
    <url>https://updates.jenkins.io/update-center.json</url>
  </site>
</sites>
```

改为：

```
<?xml version='1.1' encoding='UTF-8'?>
<sites>
  <site>
    <id>default</id>
    <url>http://mirrors.tuna.tsinghua.edu.cn/jenkins</url>
  </site>
</sites>
```

步骤 7：用 vim 编辑器打开 /jenkins/updates/default.json，按如下修改。

```
{"connectionCheckUrl":"http://www.google.com/"
```

改成：

```
{"connectionCheckUrl":"http://www.baidu.com/"
```

步骤 8：再次启动 jenkins。

```
[root@vms9 ~]# docker start jenkins
jenkins
[root@vms9 ~]#
```

步骤 9：再次在浏览器里输入 192.168.26.9:8080，如图 16-13 所示。

图 16-13　输入 192.168.26.9:8080

查看密钥：

```
[root@vms9 ~]# cat /jenkins/secrets/initialAdminPassword
728ebaec3d154fb6afba04fc0e232842
[root@vms9 ~]#
```

复制密码并输入 web 界面，单击继续。

步骤 10：单击"安装推荐的插件"按钮，如图 16-14 所示。

图 16-14　安装推荐的插件

直到所有插件全部安装完成，如图 16-15 所示。

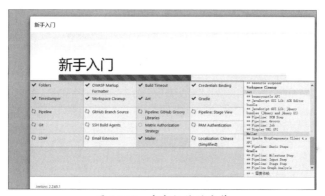

图 16-15　完成插件的安装

步骤 11：填写必要的网络信息，单击"保存并完成"按钮，如图 16-16 所示。

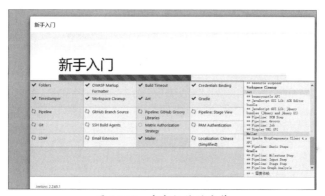

图 16-16　填写信息

再一次单击"保存"按钮并完成，然后单击"开始使用 Jenkins"按钮，如图 16-17 所示。

图 16-17　开始使用 Jenkins

16.5 安装 docker 插件

我们要在 jenkins 服务器里编译镜像，但是 jenkins 容器里本身并没有安装 docker，所以需要连接到其他运行 docker 的机器上才能执行编译操作。所以这里需要为 jenkins 安装 docker 插件。

步骤 1：安装 jenkins 插件。

在 jenkins 主页面依次单击左侧的"Manager jenkins"→"System Configuration"→"Manage Plugins"→"Available"选项，在搜索栏搜索 docker，选中"Docker"和"docker-build-step"复选框，然后单击下面的"直接安装"按钮，如图 16-18 所示。

图 16-18　选中"Docker"和"docker-build-step"复选框

安装完成，单击"返回首页"按钮，如图 16-19 所示。

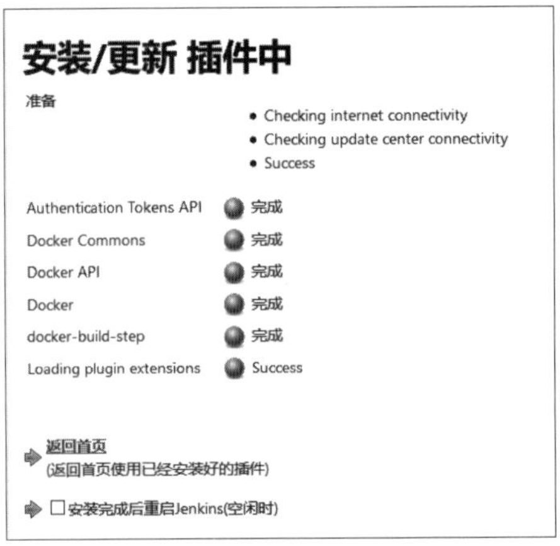

图 16-19　安装完成

步骤 2：在 jenkins 里添加 docker。依次单击"Manager jenkins"→"System Configuration"→"Manage Nodes and Clouds"→"Configure Clouds"选项，在"Add a new cloud"里选择"Docker"选项，如图 16-20 所示。

图 16-20　配置集群

之后跳转到如下页面，如图 16-21 所示，单击"Docker Cloud details"按钮。

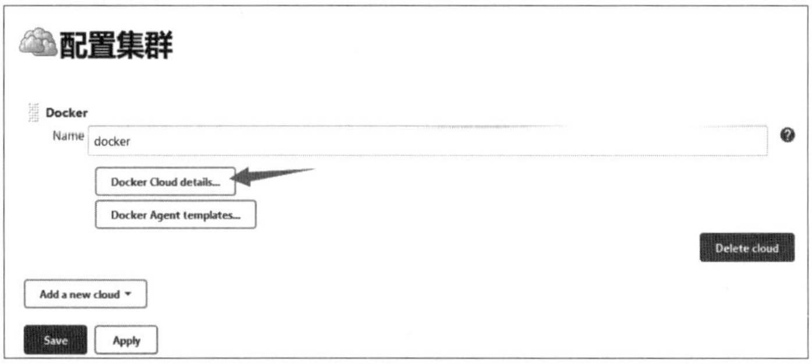

图 16-21　单击"Docker Cloud details"按钮

输入 tcp://192.168.26.9:2376，然后单击"Test Connection"按钮，如图 16-22 所示。

图 16-22　单击"Test Connection"按钮

可以看到当前 docker 的信息，单击最下面的"Save"。

步骤 3：添加 docker build。

在 jenkins 首页，依次单击"Manager jenkins"→"System Configuration"→"Configure System"，在 Docker Build 里输入 tcp://192.168.26.9:2376，单击"Test Connection"按钮，如图 16-23 所示。

图 16-23　输入 tcp://192.168.26.9:2376

单击最下面的保存按钮，这样 jenkins 就和 docker 关联起来了。

16.6 jenkins 安全设置

后面 gitlab 要和 jenkins 进行联动，所以必须要对 jenkins 的安全做一些设置。

步骤 1：依次单击 "Manager jenkins" → "Security" → "Configure Global Security" → "授权策略"，勾选 "匿名用户具有可读权限" 复选框，如图 16-24 所示。

图 16-24　勾选 "匿名用户具有可读权限" 复选框

注意下面的跨站点伪造保护（CSFR）请求必须要关闭，但是 jenkins 版本自 2.2xx 版本之后，在 web 界面里已经无法关闭了，如图 16-25 所示。

图 16-25　跨站点伪造保护

所以在当前 web 界面里暂且不要管它，单击下面的保存。

步骤 2：关闭 jenkins 的跨站点伪造请求。

gitlab 要触发 jenkins 的话，就必须要关闭跨站点伪造请求，web 界面里已经无法关闭了，所以需要做如下设置。

```
[root@vms9 ~]# docker exec -u root  -it jenkins  bash
[root@44a32750c94c /]#
```

```
[root@44a32750c94c /]# vi /usr/local/bin/jenkins.sh
```

找到 exec java 那行（大概是在第 37 行），添加：

```
-Dhudson.security.csrf.GlobalCrumbIssuerConfiguration.DISABLE_CSRF_PROTECTION=true
```

编辑之后看到的效果是这样的：

```
exec java -Duser.home="$JENKINS_HOME" -Dhudson.security.csrf.
GlobalCrumbIssuerConfiguration.DISABLE_CSRF_PROTECTION=true "${java_opts_
array[@]}" -jar ${JENKINS_WAR} "${jenkins_opts_array[@]}" "$@"

[root@44a32750c94c /]# exit
exit
[root@vms9 ~]#
```

步骤 3：重启 jenkins 容器。

```
[root@vms9 ~]# docker restart jenkins
jenkins
[root@vms9 ~]#
```

再次登录到 web 界面查看跨站点伪造请求的设置，这里已经关闭了，如图 16-26 所示。

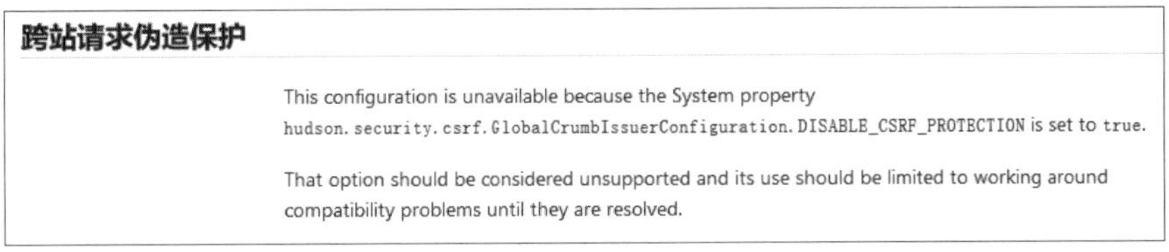

图 16-26　跨站点伪造请求已关闭

16.7 拷贝 kubeconfig 文件

因为在 jenkins 里要远程管理 k8s 集群，所以需要为 jenkins 配置 kubectl 客户端和 kubeconfig 文件。

步骤 1：在 vms9 上下载和当前 k8s 匹配的 kubectl，这里是 v1.21.1 版本。

```
wget https://storage.googleapis.com/kubernetes-release/release/v1.21.1/bin/linux/
amd64/kubectl
```

将其设置为可执行权限。

```
[root@vms9 ~]# chmod +x kubectl
[root@vms9 ~]#
```

这个文件是在 vms9 上下载的，不是在 jenkins 容器里下载的。

步骤 2：把前面安全管理里创建过的 kubeconfig 文件 kc1 拷贝到 vms9 上。

```
[root@vms9 ~]# scp 192.168.26.10:~/role/kc1 .
root@192.168.26.10's password:
kc1                 100% 5506      3.9MB/s   00:00
```

```
[root@vms9 ~]# ls
anaconda-ks.cfg   kc1   kubectl   p1   set.sh
[root@vms9 ~]#
```

步骤 3：把这两个文件拷贝到 jenkins 容器里。

```
[root@vms9 ~]# docker cp   kubectl jenkins:/
[root@vms9 ~]# docker cp   kc1 jenkins:/
[root@vms9 ~]#
```

步骤 4：到 jenkins 容器里进行测试。

```
[root@vms9 ~]# docker exec -it jenkins bash
bash-4.2$
bash-4.2$ /kubectl --kubeconfig=/kc1 get nodes
NAME            STATUS    ROLES      AGE     VERSION
vms10.rhce.cc   Ready     master     12d     v1.21.1
vms11.rhce.cc   Ready     <none>     12d     v1.21.1
vms12.rhce.cc   Ready     <none>     12d     v1.21.1
bash-4.2$ exit
exit
[root@vms9 ~]#
```

记住：在 master 上给 john 用户 cluster-admin 角色的权限

注意：确保 jenkins 容器里的 /kc1 的权限为 644。

步骤 5：切换到 vms10，在其上创建一个名字为 nscicd 的命名空间，在这个命名空间里创建一个名字为 web1 的 deploy（容器名为 nginx），并为这个 deploy 创建一个名字为 web1 的 svc，类型为 NodePort。

```
[root@vms10 ~]# kubectl get deploy  -n nscicd  -o wide
NAME     READY    UP-TO-DATE    AVAILABLE     AGE    CONTAINERS     IMAGES
web1     2/2      2             2             94s    nginx          nginx
[root@vms10 ~]#
[root@vms10 ~]# kubectl expose deployment web1 --port=80 --type=NodePort -n nscicd
service/web1 exposed
[root@vms10 ~]#
[root@vms10 ~]# kubectl get svc web1 -n nscicd
NAME     TYPE         CLUSTER-IP        EXTERNAL-IP       PORT(S)         AGE
web1     NodePort     10.109.15.46      <none>            80:31407/TCP    10s
[root@vms10 ~]#
```

步骤 6：确保在物理机里可以访问到此服务，如图 16-27 所示。

图 16-27   可以访问到此服务

16.8 创建项目

步骤1：在jenkins里创建项目。单击新建任务，任务名称可以自定义，这里设置为"devops001"，单击"构建一个自由风格的软件项目"选项，并单击"确定"按钮，如图16-28所示。

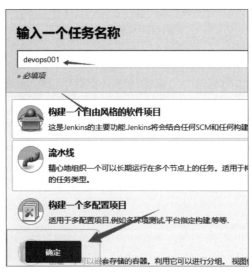

图 16-28 新建项目

步骤2：构建触发器，选中触发远程构建（如使用脚本），在身份验证令牌里输入"123123"，如图16-29所示。

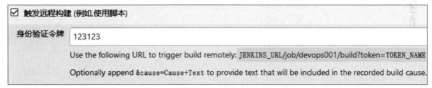

图 16-29 构建触发器

特别注意下面这段链接：JENKINS_URL/job/devops001/build?token=TOKEN_NAME，后面配置gitlab触发jenkins的时候，要用到这个链接，这里TOKEN_NAME的值是123123，JENKINS_URL是192.168.26.9:8080，所以整个链接为：http://192.168.26.9:8080/job/devops001/build?token=123123。

步骤3：依次添加构建1，在"构建"→"增加构建"步骤里选择执行shell，在里面输入如下内容。

```
cd ~
rm -rf p1
git clone http://192.168.26.9/root/p1.git
```

如图16-30所示。

图 16-30　添加构建 1

步骤 4：添加构建 2。

再次增加构建步骤，在"构建"→"增加构建"步骤里选择 build/publish docker image，根据以下内容进行填写。

Directory for Dockerfile：/var/jenkins_home/p1/，这里写的是容器里的目录。

Image：192.168.26.9:5000/cka/nginx:${BUILD_NUMBER}。

选中 Push image，如图 16-31 所示。

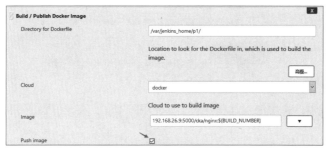

图 16-31　添加构建 2

步骤 5：添加构建 3，再次增加构建步骤，在"构建"→"增加构建"步骤里选择执行 shell，里面输入以下内容。

```
export KUBECONFIG=/kc1
/kubectl set image deployment/web1  nginx="192.168.26.9:5000/cka/nginx:${BUILD_
NUMBER}" -n nscicd
```

注意：这里 deploy web1 里的容器名为 nginx，大家做的时候看清自己所创建的 deploy 里的容器名。

效果如图 16-32 所示，最后保存即可。

图 16-32　添加构建 3

16.9 配置 gitlab 和 jenkins 的联动

配置 gitlab 和 jenkins 的联动，当程序员往 gitlab 里提交代码之后，gitlab 会自动触发 jenkins，开始对新的代码进行编译，之后在 kubernetes 环境里部署新编译出来的镜像。

步骤 1：配置 gitlab 允许往外连接，在 gitlab 配置页面，单击最上层的"扳手"图标，如图 16-33 所示。

图 16-33　单击"扳手"图标

然后单击左侧最下方的设置，展开 Outbound requests，选中"允许钩子和服务访问本地网络"复选框，然后单击"保存修改"按钮，如图 16-34 所示。

图 16-34　保存修改

步骤 2：配置 gitlab 和 jenkins 联动，依次单击"项目"→"您的项目"选项，如图 16-35 所示。

图 16-35　选择"您的项目"选项

进入 p1 项目，单击左侧的"设置"→"集成"选项，如图 16-36 所示。

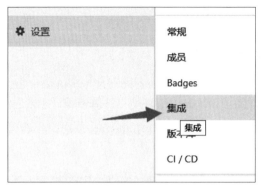

图 16-36　选择"集成"选项

在"集成"链接里输入 http://192.168.26.9:8080/job/devops001/build?token=123123，这个地址是在 jenkins 里创建项目构建触发器时得到的链接，如图 16-37 所示。

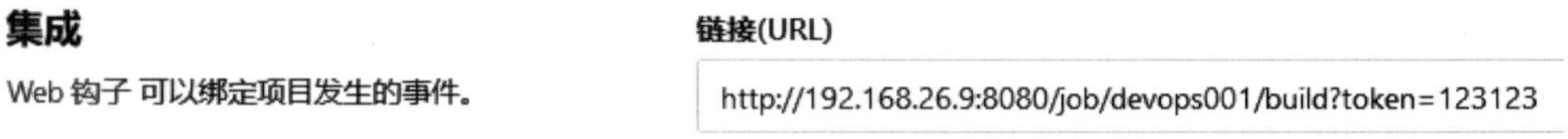

集成

Web 钩子 可以绑定项目发生的事件。

链接(URL)

http://192.168.26.9:8080/job/devops001/build?token=123123

图 16-37　添加链接

单击"增加 Web 钩子"按钮，如图 16-38 所示。

SSL 证书验证

☑ **开启 SSL 证书验证**

增加 Web 钩子

图 16-38　单击"增加 Web 钩子"按钮

web 钩子添加成功之后如图 16-39 所示。

Web 钩子 (1)

http://192.168.26.9:8080/job/devops001
/build?token=123123
Push Events

SSL 证书验证：enabled　编辑

Test ▼　🗑

图 16-39　添加钩子后的界面

16.10 验证 CICD

步骤 1：再次检查物理机上的浏览器，看到的页面内容如图 16-40 所示。

Welcome to nginx!

If you see this page, the nginx web server is successfully installed and
working. Further configuration is required.

For online documentation and support please refer to nginx.org.
Commercial support is available at nginx.com.

Thank you for using nginx.

图 16-40　检查浏览器看到的内容

步骤 2：在 vms9 上下载 dockerfile 所需要的镜像。

```
[root@vms9 p1]# docker pull nginx
Using default tag: latest
Trying to pull repository docker.io/library/nginx ...
    ... 输出 ...
Status: Downloaded newer image for docker.io/nginx:latest
[root@vms9 p1]#
```

步骤 3：在 vms9 上 git clone 下来的目录 p1 里创建 Dockerfile 文件，内容如下。

```
[root@vms9 p1]# cat Dockerfile
FROM docker.io/nginx
MAINTAINER lduan
ADD index.html /usr/share/nginx/html/
EXPOSE 80
CMD ["nginx", "-g","daemon off;"]
[root@vms9 p1]#
```

步骤 4：开始提交代码。

```
[root@vms9 p1]# git add .
[root@vms9 p1]# git commit -m '22'
[master 127d00c] 22
 1 file changed, 5 insertions(+)
 create mode 100644 Dockerfile
[root@vms9 p1]# git push
Username for 'http://192.168.26.9': root
Password for 'http://root@192.168.26.9':
Counting objects: 4, done.
Delta compression using up to 2 threads.
Compressing objects: 100% (3/3), done.
Writing objects: 100% (3/3), 375 bytes | 0 bytes/s, done.
Total 3 (delta 0), reused 0 (delta 0)
To http://192.168.26.9/root/p1.git
   968de38..127d00c  master -> master
[root@vms9 p1]#
```

步骤 5：切换至 jenkins，可以看到已经编译成功，如图 16-41 所示。

图 16-41　编译成功

单击控制台输出，可以看到完成编译过程，如图 16-42 所示。

图 16-42　编译过程

切换回浏览器，效果如图 16-43 所示。

图 16-43　切换回浏览器

习 题 答 案

第1章 docker 基础

1. 在 vms100 上查看当前系统里有多少镜像。

答案：

```
docker images
```

2. 在 vms100 上对 nginx:latest 做标签，名字为 192.168.26.100/nginx:v1，并导出此镜像为一个文件 nginx.tar。

答案：

```
docker  tag  nginx:latest  192.168.26.100/nginx:v1
docker save 192.168.26.100/nginx:v1 > nginx.tar
```

3. 在 vms100 上使用镜像 192.168.26.100/nginx:v1 创建容器，满足如下要求。

（1）容器名为 web。

（2）容器重启策略设置为 always。

（3）把容器的端口 80 映射到物理机 (vms100) 的端口 8080 上。

（4）把物理机 (vms100) 目录 /web 挂载到容器的 /usr/share/nginx/html 里。

答案：

```
docker run -dit --name=web --restart=always -p 8080:80 -v /web:/usr/share/nginx/
html 192.168.26.100/nginx:v1
```

4. 在容器 web 的目录 /usr/share/nginx/html 里创建文件 index.html，内容为"hello docker"。

答案：

```
docker exec -it web sh -c "echo hello docker > /usr/share/nginx/html/index.html"
```

或者

```
docker exec -it web  bash 进入容器里，然后执行
echo hello docker > /usr/share/nginx/html/index.html
```

退出容器 exit

5. 打开浏览器，地址栏输入 192.168.26.100:8080，查看是否能查看到 hello docker。

答案：

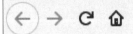

hello docker

或者

```
[root@vms100 ~]# curl 192.168.26.100:8080
hello docker
[root@vms100 ~]#
```

6. 删除容器 web 和镜像 192.168.26.100/nginx:v1。

答案：

```
docker rm -f web
docker rmi 192.168.26.100/nginx:v1
```

第 2 章 docker 进阶

1. 在 vms100 上为了构建一个新的镜像，请编写一个 Dockerfile，要求如下。

（1）基于镜像 hub.c.163.com/library/centos:latest。

（2）新的镜像里包含 ifconfig 命令。

（3）新的镜像里包含变量 myname=test。

（4）新的镜像里包含一个用户 tom，并且使用此镜像运行容器时，容器里的进程以 tom 身份运行。

（5）使用此镜像创建容器时，默认运行的进程为 /bin/bash。

答案：

```
FROM hub.c.163.com/library/centos
MAINTAINER duan
RUN yum install net-tools -y
RUN useradd tom
ENV myname=test

USER tom

CMD ["/bin/bash"]
```

2. 使用此 Dockerfile 构建一个名字为 192.168.26.101:5000/cka/centos:v1 的镜像。

答案：

```
docker build -t 192.168.26.101:5000/cka/centos:v1  .
```

注意，最后有一个点，表示当前目录。

3. 在 vms101 上以容器的方式 搭建一个本地私有仓库，要求如下。

（1）使用镜像 hub.c.163.com/library/registry:latest。

（2）推送的镜像要能持久保存在物理机 (vms101) 的 /myreg 目录里。

（3）容器名为 myreg。

（4）此容器的端口 5000 映射到物理机（vms101）的端口 5000 上。

（5）重启策略设置为 always。

答案：

```
docker run -d --name myreg -p 5000:5000 --restart=always -v /myreg:/var/lib/
registry hub.c.163.com/library/registry
```

4. 在 vms100 和 vms101 上适当修改配置，使得在 vms100 上不管是从 vms101 拉取镜像，还是往 vms101 上推送镜像，都以 http 的方式，而不是以 https 的方式。

答案：

在两台机器上分别编辑 /usr/lib/systemd/system/docker.service，在 ExecStart 里增加如下黑体字。

```
ExecStart=/usr/bin/dockerd  --insecure-registry=192.168.26.101:5000 -H fd://......
```

保存退出之后，重启服务。

```
systemctl daemon-reload
systemctl restart docker
```

第 3 章 安装 kubernetes

1. 查看当前集群里有多少个命名空间，并创建命名空间 ns1。

答案：

```
kubectl get ns
kubect create ns ns1
```

2. 查看集群中共多少台主机。

答案：

```
kubectl get nodes
```

3. 找出命名空间 kube-system 里消耗内存最高的怕 pod。

答案：

```
kubectl top pods -n kube-system
然后找出内存（MEMORY 那列）消耗最高的
```

4. 找出集群中消耗 CPU 最高的节点。

答案：

```
kubectl top nodes
```

在 CPU 那列找出最高值

5.kubeadm join 命令是用于 worker 加入集群的，如果这个命令想不起来了，在 master 上执行什么命令能获取到 kubeadm join 的完整命令？

答案：

```
kubeadm token create --print-join-command
```

6. 默认 kubectl 的子命令及选项是不能使用 Tab 键的，请写出设置其可以用 Tab 键的步骤。

答案：

```
编辑 /etc/profile，在第二行加上 source <(kubectl completion bash) 并使之生效
source /etc/profile
```

第 4 章 升级 kubernetes

在第 3 章介绍过安装集群，我们安装的第二套 kubernetes 集群版本是 v1.20.1，拓扑图如图 4-2 所示。

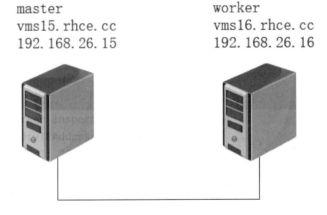

```
master                    worker
vms15.rhce.cc             vms16.rhce.cc
192.168.26.15             192.168.26.16
```

图 4-2 拓扑图

请把 vms15 升级到 v1.21.1，注意只要升级 master，worker 不需要升级。

答案：

步骤 1：在 vms15 上安装 1.21.1 版本的 kubeadm。

```
yum install -y kubeadm-1.21.1-0 --disableexcludes=kubernetes
```

步骤 2：执行 kubeadm upgrade plan。

```
kubeadm upgrade plan
```

步骤 3：把 vms15 设置为维护模式，并清空上面运行的 pod。

```
kubectl drain vms15.rhce.cc --ignore-daemonsets
```

步骤 4：开始升级 master 上 kubernetes 组件。

注意：别忘记提前通过命令 wget ftp://ftp.rhce.cc/cka-tool/coredns-1.21.tar 下载镜像并导入。

```
kubeadm upgrade apply v1.21.1
```

步骤 5：取消 master 的维护模式。

```
kubectl uncordon vms15.rhce.cc
```

步骤 6：升级 vms15 上的 kubelet 和 kubectl。

```
yum install -y kubelet-1.21.1-0 kubectl-1.21.1-0 --disableexcludes=kubernetes
```

步骤 7：在 vms15 上重启服务。

```
systemctl daemon-reload ; systemctl restart kubelet
```

第 5 章 pod

1. 请列出命名空间 kube-system 中的 pod。

答案：

```
kubectl get pods -n kube-system
```

2. 列出命名空间 kube-system 中标签为 k8s-app=kube-dns 的 pod。

答案：

```
kubectl get pods -n kube-system -l k8s-app-kube-dns
```

3. 请列出所有命名空间中的 pod。

答案：

```
kubectl get pods --all-namespaces
```

4. 给 CPU 消耗最低的 worker 设置标签 disktype=ssd。

答案：

```
先用 kubectl  top nodes 找出消耗 CPU 最低的主机，比如是 vms12.rhce.cc
然后给此主机添加标签
kubectl label node vms12.rhce.cc disktype=ssd
```

5. 创建名字为 pod1 的 pod，要求如下。

（1）镜像为 nginx。

（2）镜像下载策略为 IfNotPresent。

（3）标签为 app-name=pod1。

答案：

```
先生成 yaml 文件
kubectl run pod1 --image=nginx --labels=app-name=pod1 --dry-run=client -o yaml >
pod1.yaml
```

修改 pod1.yaml，添加 imagePullPolicy: IfNotPresent，注意缩进关系

```
apiVersion: v1
kind: Pod
metadata:
  creationTimestamp: null
  labels:
    app-name: pod1
  name: pod1
spec:
  containers:
  - image: nginx
    name: pod1
    imagePullPolicy: IfNotPresent
    resources: {}
  dnsPolicy: ClusterFirst
  restartPolicy: Always
status: {}
```

```
kubectl apply -f pod1.yaml
```

6. 创建含有 2 个容器的 pod，要求如下。

（1）pod 名为 pod2。

（2）第一个容器名字为 c1，镜像为 nginx。

（3）第二个容器名字为 c2，镜像为 busybox，里面运行的命令为 echo "hello pod" && sleep 10000。

（4）此 pod 必须要运行在含有标签为 disktype=ssd 的节点上。

答案：

先生成 yaml 文件：
```
kubectl run pod2 --image=nginx --dry-run=client -o yaml > pod2.yaml
```
然后修改 pod2.yaml，内容如下：

```
[root@vms10 ~]# cat pod2.yaml
apiVersion: v1
kind: Pod
metadata:
  creationTimestamp: null
  labels:
    run: pod2
  name: pod2
spec:
  nodeSelector:
    disktype: ssd
  containers:
  - image: nginx
    imagePullPolicy: IfNotPresent
    name: c1
    resources: {}
  - image: busybox
    name: c2
    command: ['sh','-c','echo "hello pod" && sleep 10000']
    imagePullPolicy: IfNotPresent
    resources: {}
  dnsPolicy: ClusterFirst
  restartPolicy: Always
status: {}
[root@vms10 ~]#
```

7.master 的静态 pod 的 yaml 文件是放在 /etc/kubernetes/manifests/ 里的，请找出这个目录是在哪里定义的。

答案：

```
/var/lib/kubelet/config.yaml 里的字段 staticPodPath 指定的
```

8. 在 vms12 上定义静态 pod 的路径为 /etc/kubernetes/kubelet.d/，并创建一个静态 pod。

（1）pod 名为 pod3。

（2）镜像为 nginx。

（3）镜像下载策略为 IfNotPresent。

（4）所在的命名空间为 ns1。

答案：

```
在 vms12 上，打开文件 /etc/systemd/system/kubelet.services.d/10-kubeadm.conf
在 Environment 最后添加 --pod-manifest-path=/etc/kubernetes/kubelet.d
创建目录 mkdir /etc/kubernetes/kubelet.d
重启服务 systemctl daemon-reload ; systemctl restart kubelet
创建 pod 的 yaml 文件
[root@vms12 ~]# cat /etc/kubernetes/kubelet.d/test.yaml
apiVersion: v1
kind: Pod
metadata:
  name: pod3
  namespace: ns1
  labels:
    role: myrole
spec:
  containers:
    - name: web
      image: nginx
  imagePullPolicy: IfNotPresent
[root@vms11 ~]#
```

9. 获取 pod2 里容器 c2 的日志信息。

答案：

```
kubectl logs pod2 -c c2
```

10. 把 master 上的 /etc/hosts 拷贝到 pod2 的 c1 容器的 /opt 目录里。

答案：

```
kubectl cp /etc/hosts pod2:/opt -c c1
```

11. 找出所有被设置为污点的主机。

答案：

```
kubectl get nodes，找出所有节点，分别对每台节点执行
kubectl describe nodes 节点名 | grep -i Taints
如果 Taints 的值不是 <none>，则此主机有污点
```

12. 删除 pod1,pod2,pod3。

```
kubectl delete pod pod1
kubectl delete pod pod2
kubectl delete pod pod3
```

第 6 章 存储管理

1. 创建含有初始化容器的 pod，满足如下要求。

（1）pod 名为 pod1，镜像为 nginx。

（2）创建一个名字为 v1 的卷，这个卷的数据不能永久存储。

（3）初始化容器名字为 initc1，镜像使用 busybox，挂载此卷 v1 到目录 /data。

（4）在初始化容器里，创建文件 /data/aa.txt。

（5）普通容器名字为 c1，镜像为 nginx。

（6）把卷 v1 挂载到 /data 里。

（7）当次 pod 运行起来之后，在 pod1 的 c1 容器里查看是不是存在 /data/aa.txt。

答案：

```
1. 创建 pod 的 yaml 文件 initpod.yaml
apiVersion: v1
kind: Pod
metadata:
  name: pod1
  labels:
    app: pod1
spec:
  volumes:
  - name: v1
    emptyDir: {}
  containers:
  - name: c1
    image: nginx
    imagePullPolicy: IfNotPresent
    volumeMounts:
    - name: v1
      mountPath: "/xx"
  initContainers:
  - name: initc1
    image: busybox
    imagePullPolicy: IfNotPresent
    command: ['sh', '-c', 'touch /data/aa.txt']
    volumeMounts:
```

```
    - name: v1
      mountPath: "/data"
2. 创建 pod
kubectl apply -f initpod.yaml
```

2. 创建一个持久性存储，满足如下要求。

（1）持久性存储的名字为 pv10。

（2）容量大小设置为 2GB。

（3）访问模式为 ReadWriteOnce。

（4）存储类型为 hostPath，对应目录 /pv10。

（5）.storageClassName 设置为 cka。

答案：

```
创建 yaml 文件 pv10.yaml
apiVersion: v1
kind: PersistentVolume
metadata:
  name: pv10
spec:
  capacity:
    storage: 2Gi
  volumeMode: Filesystem
  storageClassName: cka
  accessModes:
    - ReadWriteOnce   #注意这里 - 后面有个空格
  persistentVolumeReclaimPolicy: Recycle
  hostPath:
path: /pv10
然后创建 pv
kubectl apply -f pv10.yaml
```

3. 创建 pvc，满足如下要求。

（1）名字为 pvc10。

（2）让此 pvc 和 pv10 进行关联。

（3）所在命名空间为 default。

答案：

```
1. 创建 pvc 的 yaml pvc10.yaml
kind: PersistentVolumeClaim
apiVersion: v1
metadata:
  name: pvc10
spec:
  storageClassName: cka
```

```
    accessModes:
      - ReadWriteOnce   #注意这里 - 后面有个空格
    volumeMode: Filesystem
    resources:
      requests:
        storage: 2Gi
2. 创建 pvc
kubectl apply -f pvc10.yaml
```

4. 创建 pod，满足如下要求。

（1）名字为 pod-pvc。

（2）创建名字为 v1 的卷，让其使用 pvc10 作为后端存储。

（3）容器所使用的镜像为 nginx。

（4）把卷 v1 挂载到 /data 目录。

答案：

```
1. 创建 pod 的 yaml 文件 pod-pvc.yaml
apiVersion: v1
kind: Pod
metadata:
  name: pod-pvc
spec:
  volumes:
    - name: v1
      persistentVolumeClaim:
        claimName: pvc10
  containers:
  -  image: nginx        #注意这里的缩进，image 和下行的 image 是对齐的
    imagePullPolicy: IfNotPresent
    name: nginx
    volumeMounts:
      - mountPath: "/data"
        name: v1
  restartPolicy: Always
2. 创建 pod
kubectl apply -f pod-pvc.yaml
```

5. 删除 pod-pvc、pvc10、pv10。

答案：

```
kubectl delete pod pod-pvc
kubectl delete pvc pvc10
kubectl delete pv pv10
```

第 7 章 密码管理

1. 创建 secret，并以变量的方式在 pod 里使用。

（1）创建 secret，名字为 s1，键值对为 name1/tom1。

（2）创建一个名字为 nginx 的 pod，镜像为 nginx。此 pod 里定义一个名字为 MYENV 的变量，此变量的值为 s1 里 name1 对应的值。

（3）当 pod 运行起来之后，进入 pod 里查看变量 MYENV 的值。

答案：

```
1. 创建 secret s1
kubectl create secret generic s1  --from-literal=name1=tom1

2. 创建 pod 的 yaml 文件 pod-secret.yaml
apiVersion: v1
kind: Pod
metadata:
  name: nginx
  labels:
    name: nginx
spec:
  containers:
  - image: nginx #注意，这里 image 和下行的 name 是对齐关系，这里是排版问题
    name: nginx
    imagePullPolicy: IfNotPresent
    env:
    - name: MYENV
      valueFrom:
        secretKeyRef:
          name: s1
          key: name1
 创建 pod
 kubectl apply -f pod-secret.yaml
3. 进入到 pod, kubectl exec -it nginx -- bash
执行 echo $MYENV
```

2. 创建 configmap，并以卷的方式使用这个 configmap。

（1）创建 configmap，名字 cm1，键值对为 name2/tom2。

（2）创建一个名字为 nginx2 的 pod，镜像为 nginx。

此 pod 里把 cm1 挂载到 /also/data 目录里。

答案：

```
1. 创建 cm1
kubectl create configmap cm1 --from-literal=name2=tom2
```

2. 创建 pod 的 yaml 文件 pod-cm.yaml，内容如下

```
apiVersion: v1
kind: Pod
metadata:
  labels:
    run: nginx2
  name: nginx2
spec:
  volumes:
  - name: xx
   configMap:
     name: cm1
  containers:
  - image: nginx
   name: nginx
   imagePullPolicy: IfNotPresent
   volumeMounts:
   - name: xx
mountPath: "/also/data"
readOnly: true
创建 pod: kubectl apply -f pod-cm.yaml
```

3. 删除 nginx 和 nginx2 这两个 pod。

答案：

```
kubectl delete pod  nginx
kubectl delete pod nginx2
```

第 8 章 deployment

1. 创建一个 deployment，满足如下要求。

（1）名字为 web1，镜像为 nginx:1.9。

（2）此 web1 要有 2 个副本。

（3）pod 的标签为 app-name=web1。

答案：

```
创建 deployment 的 yaml 文件 web1.yaml，内容如下：
kubectl create deployment web1 --image=nginx:1.9 --dry-run=client -o yaml > web1.
yaml
修改 web1.yaml 内容如下：
apiVersion: apps/v1
```

```
kind: Deployment
metadata:
  labels:
    app: web1
  name: web1
spec:
  replicas: 2
  selector:
    matchLabels:
      app-name: web1
  template:
    metadata:
      labels:
        app-name: web1
    spec:
      containers:
      - image: nginx:1.9
        name: nginx
        resources: {}
创建 deployment: kubectl apply -f web1.yaml
```

2. 更新此 deployment，把 maxSurge 和 maxUnavailable 的值都设置为 1。

答案：

```
执行命令 kubectl edit deployments web1，然后搜索 maxSurge，修改内容如下：
  strategy:
    rollingUpdate:
      maxSurge: 1
      maxUnavailable: 1
保存并退出
```

3. 修改此 deployment 的副本数为 6。

答案：

```
kubectl scale deployment web1 --replicas=6
```

4. 更新此 deployment，让其使用镜像 nginx，并记录此次更新。

答案：

```
通过如下命令获取容器的名字
kubectl get deployments web1 -o wide
kubectl set image deploy web1 nginx=nginx --record=true
```

5. 回滚此次更新至升级之前的镜像版本 nginx:1.9。

答案：

```
kubectl rollout undo deployment  web1
```

6. 删除此 deployment。

答案：

```
kubectl delete deployments web1
```

第 9 章 daemonset 及其他控制器

1. 创建一个 daemonset，满足如下要求。

（1）名字为 ds-test1。

（2）使用的镜像为 nginx。

答案：

```
创建 ds 的配置文件 ds-test1.yaml，内容如下：
apiVersion: apps/v1
kind: DaemonSet
metadata:
  labels:
    app: ds-test1
  name: ds-test1
spec:
  selector:
    matchLabels:
      app: ds-test1
  template:
    metadata:
      labels:
        app: ds-test1
    spec:
      containers:
      - image: nginx
        name: nginx
        resources: {}
创建 ds
kubectl apply -f ds-test1.yaml
```

2. 解释此 daemonset 为什么没有在 master 上创建 pod。

答案：

```
因为 master 上配置了污点（Taint）
```

3. 创建一个 daemonset，满足如下要求。

（1）名字为 ds-test2。

（2）使用的镜像为 nginx。

（3）此 daemonset 所创建的 pod 只在含有标签为 disktype=ssd 的 worker 上运行。

答案：

```
创建 ds 的 yaml 文件 ds-test2.yaml，内容如下：
apiVersion: apps/v1
kind: DaemonSet
metadata:
  labels:
    app: ds-test2
  name: ds-test2
spec:
  selector:
    matchLabels:
      app: ds-test2
  template:
    metadata:
      labels:
        app: ds-test2
    spec:
      nodeSelector:
        diskxx: ssdxx
      containers:
      - image: nginx
        name: nginx
        resources: {}
创建 ds：kubectl apply -f ds-test2.yaml
```

4. 删除这两个 daemonset。

答案：

```
kubectl delete -f ds-test1.yaml
kubectl delete -f ds-test2.yaml
```

第 10 章 探针

创建一个 pod，满足如下要求。

（1）pod 名为 web-nginx，使用的镜像为 nginx。

（2）用 livenessProbe 探测 /usr/share/nginx/index.html，如果此文件丢失了，则通过重启 pod 来解决问题。

（3）在 pod 启动的前 10s 内不探测，然后每隔 5s 探测一次。

（4）等待此 pod 运行起来之后，删除 pod 里的 /usr/share/nginx/index.html，检查 pod 是否会重启。

（5）删除此 pod。

答案：

```
创建 pod 的 yaml 文件 pod-probe.yaml，内容如下：
apiVersion: v1
kind: Pod
metadata:
  labels:
    app: web-nginx
  name: web-nginx
spec:
  containers:
  - name: web-nginx
    image: nginx
    imagePullPolicy: IfNotPresent
livenessProbe:
    exec:
      command:
      - cat
      - /usr/share/nginx/index.html
    initialDelaySeconds: 10
    periodSeconds: 5
创建 pod：kubectl apply -f pod-probe.yaml

删除 /usr/share/nginx/html/index.html
kubectl exec -it web-nginx -- rm /usr/share/nginx/html/index.html
检查 pod 的重启状况
kubectl get pods 查看 RESTARTS 字段
kubectl delete -f pod-probe.yaml
```

第 11 章 job

1. 创建 job，满足如下要求。

（1）job 的名字为 job1，镜像为 busybox。

（2）在 pod 里执行 echo "hello k8s" && sleep 10。

（3）重启策略为 Nerver，执行此 job 时，一次性运行 3 个 pod。

（4）此 job 只有 6 个 pod 正确运行完毕，才算成功。

答案：

```
先生成 job1 的 yaml 文件 job1.yaml
kubectl create job  job1 --image=busybox  --dry-run=client -o yaml  -- sh -c 'echo
hello k8s && sleep 10'  >  job1.yaml
然后修改 job1.yaml 的内容如下：
apiVersion: batch/v1
kind: Job
```

```
metadata:
  creationTimestamp: null
  name: job1
spec:
  parallelism: 3
  completions: 6
  template:
    metadata:
      creationTimestamp: null
    spec:
      containers:
      - command:
        - sh
        - -c
        - echo hello k8s && sleep 10
        image: busybox
        imagePullPolicy: IfNotPresent
        name: job1
        resources: {}
      restartPolicy: Never
status: {}
创建 job kubectl apply -f job1.yaml
```

2. 创建 job，名字为 job2，镜像为 perl，计算圆周率小数点后 100 位。

答案：

```
kubectl create job job2 --image=perl -- perl -Mbignum=bpi -wle 'print bpi(100)'
```

3. 创建 cronjob，满足如下要求。

（1）cronjob 的名字为 testcj。

（2）容器名为 c1，镜像为 busybox。

（3）每隔 2 分钟，执行一次 date 命令。

答案：

```
kubectl create cronjob testcj --image=busybox --schedule="*/2 * * * *"  --  /bin/
sh -c "date"
```

4. 删除 job1，testcj。

```
kubectl delete job job1
kubectl delete cj testcj
```

第 12 章 服务管理

1. 列出命名空间 kube-system 里名字为 kube-dns 的 svc 所对应的 pod 名称。

答案：

先确定此 svc 所使用的 selector 值
kubectl get svc kube-dns -n kube-system -o wide 查看最后一列，可得 k8s-app=kube-dns
查看 pod
列出所对应的 pod
kubectl get pods -n kube-system -l k8s-app=kube-dns

2. 创建 deployment，满足如下要求。

（1）deployment 的名字为 web2。

（2）pod 使用两个标签，app-name1=web1 和 app-name2=web2。

（3）容器所使用镜像为 nginx，端口为 80。

答案：

先生出 deployment 的 yaml 文件：
kubectl create deployment web2 --image=nginx --dry-run=client -o yaml > web2.yaml
修改 web2.yaml 的内容如下：

```
apiVersion: apps/v1
kind: Deployment
metadata:
  creationTimestamp: null
  labels:
    app: web2
  name: web2
spec:
  replicas: 1
  selector:
    matchLabels:
      app-name1: web1
      app-name2: web2
  strategy: {}
  template:
    metadata:
      creationTimestamp: null
      labels:
        app-name1: web1
        app-name2: web2
    spec:
      containers:
      - image: nginx
        imagePullPolicy: IfNotPresent
        name: nginx
        resources: {}
        ports:
        - name: web
          containerPort: 80
```

```
status: {}
```

3. 创建 svc，满足如下要求。

（1）服务名为 svc-web。

（2）类型为 NodePort。

答案：

```
kubectl expose deployment web2 --name=svc-web --target-port=80 --type=NodePort
```

4. 查看此 NodePort 映射的物理机端口是多少。

答案：

```
执行 kubectl get svc
在 PORTS 字段里找到映射到物理机的端口
```

5. 在其他非集群机器上打开浏览器，访问此服务。

答案：

6. 删除此服务及 deployment。

答案：

```
kubectl delete -f web2.yaml
kubectl delete svc svc-web
```

第 13 章 网络管理

根据下面的拓扑图进行解答。

1. 创建 4 个 pod，满足如下要求。

（1）名字为 c1 和 c2 的 pod 使用 busybox 镜像。

（2）名字为 c3 和 c4 的 pod 使用 nginx。

答案：

```
kubectl run c1  --image-pull-policy=IfNotPresent -it  --image=busybox sh
kubectl run c1  --image-pull-policy=IfNotPresent -it  --image=busybox sh
kubectl run c3  --image-pull-policy=IfNotPresent   --image=nginx
kubectl run c4  --image-pull-policy=IfNotPresent   --image=nginx
```

2. 创建网络策略 myp1。

（1）此 myp1 应用在 c3 pod 上。

（2）设置 c3 pod 只允许 c1 pod 访问。

（3）只允许访问 c3 的端口 80。

答案：

```
查看 c1 和 c3 pod 的标签
kubectl get pods --show-labels ，  得到 c1 的标签为 run=c1, c3 的标签为 run=c3
创建网络策略 my1 的 yaml 文件 myp1.yaml, 内容如下：
apiVersion: networking.k8s.io/v1
kind: NetworkPolicy
metadata:
  name: myp1
spec:
  podSelector:
    matchLabels:
      run: c3
  policyTypes:
  - Ingress
  ingress:
  - from:
    - podSelector:
        matchLabels:
          run: c1
    ports:
    - protocol: TCP
      port: 80
创建策略 kubectl apply -f myp1.yaml
此时 c1 可以访问
c2 不可以访问
```

3. 创建网络策略 myp2。

（1）此策略应用在 c4 pod 上。

（2）设置 c4 pod 允许所有 192.168.26.0/24 网段的主机可以访问。

（3）只允许访问 c4 的端口 80。

答案：

```
查看 c4 的 pod 的标签
kubectl get pods c4 --show-labels ，得到 run=c4
创建 myp2 的 yaml 文件 myp2.yaml

apiVersion: networking.k8s.io/v1
kind: NetworkPolicy
metadata:
  name: myp2
spec:
  podSelector:
    matchLabels:
      run: c4
  policyTypes:
  - Ingress
  ingress:
  - from:
    - ipBlock:
        cidr: 192.168.26.0/24
    ports:
    - protocol: TCP
      port: 80
创建策略： kubectl apply -f myp2.yaml
测试：
在 c1 和 c2 里均不能 ping 通 c4 的 IP，也不能访问 c4 的端口 80( 即 wget c4 的 IP  会卡住 )
```

4. 删除这 4 个 pod，删除这两个网络策略。

答案：

```
 kubectl delete -f myp1.yaml
 kubectl delete -f myp2.yaml
```

第 15 章 安全管理

1. 创建一个 role，满足如下需求。

（1）名字为 role1。

（2）此角色对 pod 具有 get、create 权限。

（3）此角色对 deployment 具有 get 权限。

答案：

```
通过命令行创建 role1 的 yaml 文件 role1.yaml
kubectl create role pod-reader --verb=get,create --resource=pods,deployment --dry-
```

```
run=client -o yaml > role1.yaml
```

这里 pod 和 deployments 都具有 get 和 create 权限，但是题目要求 pod 和 deployments 的权限不一样，所以修改 role1.yaml 内容如下。

```
apiVersion: rbac.authorization.k8s.io/v1
kind: Role
metadata:
  creationTimestamp: null
  name: role1
rules:
- apiGroups:
  - ""
  resources:
  - pods
  verbs:
  - get
  - create
- apiGroups:
  - apps
  resources:
  - deployments
  verbs:
  - get
```

或者写成如下格式也行。

```
apiVersion: rbac.authorization.k8s.io/v1
kind: Role
metadata:
  creationTimestamp: null
  name: role1
rules:
- apiGroups: [""]
  resources: ["pods"]
  verbs: ["get","create"]
- apiGroups: ["apps"]
  resources: ["deployments"]
  verbs: ["get"]

创建 role1:
kubectl apply -f role1.yaml
```

2. 创建 limitrange，满足如下要求。

（1）名字为 mylimit。

（2）对容器进行限制。

（3）最高只能消耗 800MB 内存。

答案：

```
创建 limitrange 所需要的 yaml 文件 mylimit.yaml，内容如下：
apiVersion: v1
kind: LimitRange
metadata:
  name: mylimit
spec:
  limits:
  - max:
      memory: 512Mi
    type: Container


创建 limitrange:
kubectl apply -f mylimit.yaml
```

3. 创建 resourcequota，满足如下要求。

（1）名字为 myquota。

（2）在命名空间里，最多只能创建 6 个 pod、6 个 svc。

答案：

```
创建 myquota 所需要的 yaml 文件 myquota.yaml，内容如下：
apiVersion: v1
kind: ResourceQuota
metadata:
  name: myquota
spec:
  hard:
    pods: "6"
    services: "6"
创建 resourcequota:
kubectl apply -f myquota.yaml
```

4. 创建名字一个名字为 mysa 的 serviceaccount。

答案：

```
kubectl create sa mysa
```

5. 创建一个 deployment，满足如下要求。

（1）名字为 mydep，副本数为 3。

（2）镜像为 nginx。

（3）镜像下载策略为 IfNotPresent。

答案：

```
先用命令生成 mydep 的 yaml 文件 mydep.yaml：
```

```
kubectl create deploy mydep --image=nginx --dry-run=client -o yaml > mydep.yaml
```
修改 mydep.yaml 的内容如下：
```
apiVersion: apps/v1
kind: Deployment
metadata:
  labels:
    app: mydep
  name: mydep
spec:
  replicas: 3
  selector:
    matchLabels:
      app: mydep
  strategy: {}
  template:
    metadata:
      labels:
        app: mydep
    spec:
      containers:
      - image: nginx
        name: nginx
        imagePullPolicy: IfNotPresent
        resources: {}
status: {}
```
创建 deployment：
```
kubectl apply -f mydep.yaml
```

6. 更新 mydep，要求其管理的 pod 以 mysa 身份运行。

答案：

```
kubectl set sa deploy mydep mysa
```

7. 删除 mylimit、myquota、mydep。

答案：

```
kubectl delete limitranges  mylimit

kubectl delete resourcequotas  myquota

kubectl delete deploy mydep
```